21世纪高等教育计算机规划教材

计算机网络实用教程

Computer Network Technology

于德海 主编

王亮 胡冠宇 陈明 王金甫 副主编

人民邮电出版社

北 京

图书在版编目（ＣＩＰ）数据

计算机网络实用教程 / 于德海主编. -- 北京：人
民邮电出版社，2014.9（2019.2 重印）
21世纪高等教育计算机规划教材
ISBN 978-7-115-36257-5

Ⅰ. ①计… Ⅱ. ①于… Ⅲ. ①计算机网络－高等学校
－教材 Ⅳ. ①TP393

中国版本图书馆CIP数据核字(2014)第170806号

内 容 提 要

本书定位为理工及应用型学科计算机网络课程的教材。全书具有知识覆盖面宽、知识点讲解浅显易懂、基础知识和应用紧密结合等特点。全书分为理论知识和实训操作两个部分，理论知识部分对基本的网络原理进行了讲解，并介绍了主流的网络服务器、网络安全、网络互联设备配置、网络工程与综合布线，讲述了目前最新的无线局域网技术、物联网和云计算技术，使得本书紧跟计算机网络技术发展的步伐。实训操作部分精选了 8 个与组建局域网相关的实践案例，使读者可以将理论与实践紧密结合。全书每章后都配有相应的习题，以便读者巩固所学知识。

本书可作为普通高等院校计算机专业和理工科非计算机专业的计算机网络教材，也可作为计算机爱好者学习计算机网络相关知识的参考书。

◆ 主　　编　于德海
　　副 主 编　王 亮　胡冠宇　陈 明　王金甫
　　责任编辑　许金霞
　　责任印制　彭志环　焦志炜
◆ 人民邮电出版社出版发行　　北京市丰台区成寿寺路 11 号
　　邮编　100164　电子邮件　315@ptpress.com.cn
　　网址　http://www.ptpress.com.cn
　　北京捷迅佳彩印刷有限公司印刷
◆ 开本：787×1092　1/16
　　印张：17.75　　　　　　　2014 年 9 月第 1 版
　　字数：462 千字　　　　　　2019 年 2 月北京第 4 次印刷

定价：39.00 元

读者服务热线：**(010)81055256**　印装质量热线：**(010)81055316**
反盗版热线：**(010)81055315**
广告经营许可证：京东工商广登字 20170147 号

前言

　　据统计，截至 2011 年年底，全球的互联网用户已有 20 多亿，已经超过了全球人口的 1/3，这个比例在发达国家更高，在发展中国家也达到了十几个百分点。目前我国的互联网用户数量已经超过了 5 亿，占总人口的 40%左右。

　　随着 Internet 的迅速发展以及用户人数爆炸式的增长，基本的网络技能已经不再是专业人士才需要掌握的本领了，更多的人需要使用计算机连接网络来完成日常工作和休闲娱乐等活动。网络已经成为人们生活、工作和学习不可或缺的一门技术，为此我们编写了《计算机网络实用教程》这本教材。

　　本教材旨在用浅显的文字介绍最基本的网络原理和最常用的网络操作技术。读者在阅读本教材之后，可以掌握连接局域网、连接互联网以及常见网络故障的解决等方面的知识，可以轻松"DIY"自己的网络。

　　本教材共分 10 章，第 1 章对计算机网络进行了概述，介绍了计算机网络的发展史、基本概念和体系结构；第 2 章介绍了常用的通信介质和通信设备的工作原理以及基本配置；第 3 章按照分层思想简要介绍了计算机网络的工作原理和常用通信协议原理；第 4 章介绍了网络客户端最常见、最基本的配置；第 5 章介绍了各种网络应用服务的配置；第 6 章介绍了网络安全涉及的主要技术；第 7 章介绍了目前比较流行的无线局域网技术；第 8 章介绍了常用网络互连设备及配置；第 9 章介绍了网络工程与综合布线的基础知识；第 10 章介绍了目前流行的物联网和云计算技术。根据各章介绍的内容还配有相应的技术实训环节。另外，我们在每章后都配有习题，以便读者巩固所学知识。

　　为方便教师教学，本教材还配有电子教案和各章节习题的答案，可登录人民邮电出版社教学资源与服务网（www.ptpedu.com.cn）下载。

　　本教材由长春工业大学于德海、王亮、陈明、胡冠宇和长春理工大学王金甫共同编写。全书由于德海进行统编、定稿；王亮编写了第 1 章、第 2 章、第 7 章、第 9 章和第 10 章；胡冠宇编写了第 3 章和第 4 章；陈明编写了第 5 章、第 6 章和第 8 章，王金甫编写了实训和习题部分。

　　特别感谢长春工业大学李万龙教授对本教材的编写提出了许多宝贵意见。在教材的编写过程中，杨明、吕佳阳、刘岩、崔景霞给予许多帮助，在此一并表示感谢！

　　由于时间仓促，加之编者水平有限，书中不当之处在所难免，恳请读者不吝赐教。我们的 E-mail 是：wangliang@mail.ccut.edu.cn。

编　者
2014 年 5 月

目　录

第1章
计算机网络概述

1.1　计算机网络的基本概念

计算机网络技术是通信技术与计算机技术相结合的产物。计算机网络是指将地理位置不同的具有独立功能的多台计算机及其外部设备，通过通信线路连接起来，在网络操作系统、网络管理软件及网络通信协议的管理和协调下，实现资源共享和信息传递的计算机系统。连接介质可以是电缆、双绞线、光纤、微波、载波和通信卫星。计算机网络具有共享硬件、软件和数据资源的功能，具有对共享数据资源集中处理及管理和维护的能力。

简单地说，计算机网络就是通过连接介质将两台以上的计算机互连起来的集合。

1.2　计算机网络的形成与发展

计算机网络从 20 世纪 60 年代开始发展至今，已形成从小型的办公室局域网到全球性的大型广域网的规模，对现代人类的生产、经济、生活等各个方面都产生了巨大的影响。仅仅在过去的 20 多年里，计算机和计算机网络技术就取得了惊人的发展，处理和传输信息的计算机网络形成了信息社会的基础，不论是企业、机关、团体，还是个人，他们的生产率和工作效率都由于使用这些革命性的工具而有了实质性的提高。在当今的信息社会中，人们不断地依靠计算机网络来处理个人和工作上的事务，并且这种趋势越来越明显，显示出了计算机和计算机网络功能的强大。计算机网络的形成大致分为以下几个阶段。

1.2.1　以主机为中心的联机系统

20 世纪 60 年代中期以前，计算机主机昂贵，而通信线路和通信设备的价格相对便宜，为了共享主机资源和进行信息的采集及综合处理，联机终端网络是一种主要的系统结构形式，这种以单计算机为中心的联机系统如图 1-1 所示。

在单处理机联机网络中，已涉及多种通信技术、多种数据传输设备和数据交换设备等。从计算机技术上来看，这是由单用户独占一个系统发展到分时多用户系统，即多个终端用户分时占用主机上的资源，这种结构被称为第一代网络。在单处理机联机网络中，主机既要承担通信工作，又要承担数据处理，因此，主机的负荷较重，且效率低。另外，每一个分散的终端都要单独占用一条通信线路，线路利用率低，且随着终端用户的增多，系统费用也在增加。因此，为了提高通信线路的利用率并减轻主机的负担，使用了多点通信线路、集中器以及通信控制处理机。

多点通信线路就是在一条通信线路上连接多个终端，如图 1-2 所示，多个终端可以共享同一条通信线路与主机进行通信。由于主机与终端间的通信具有突发性和高带宽的特点，所以各个终端与主机间的通信可以分时地使用同一高速通信线路。相对于每个终端与主机之间都设立专用通信线路的配置方式，这种多点线路能极大地提高信道的利用率。

图 1-1　以主机为中心的联机系统　　　　　　图 1-2　多点通信线路

通信控制处理机（communication control processor，CCP）或称前端处理机（front end processor，FEP），它的作用是完成全部的通信任务，让主机专门进行数据处理，以提高数据处理的速率，如图 1-3 所示。

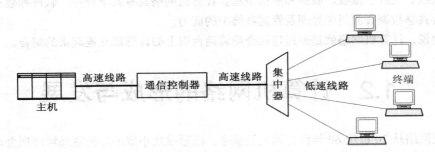

图 1-3　使用通信控制处理机和集中器的通信系统

集中器主要负责从终端到主机的数据集中以及从主机到终端的数据分发，它可以放置于终端相对集中的位置，其一端用多条低速线路与各终端相连，收集终端的数据，另一端用一条较高速率的线路与主机相连，实现高速通信，以提高通信效率。

联机终端网络典型的范例是美国航空公司与 IBM 公司在 20 世纪 50 年代初开始联合研究、20世纪 60 年代初投入使用的飞机订票系统（SABRE-D）。这个系统由一台中央计算机与全美范围内的 2000 个终端组成，这些终端采用多点线路与中央计算机相连。美国通用电气公司的信息服务系统（GE Information Service）则是世界上最大的商用数据处理网络。

1.2.2　计算机–计算机网络

20 世纪 60 年代中期到 20 世纪 70 年代中期，随着计算机技术和通信技术的发展，已经形成了将多个单处理机联机终端互相连接起来，以多处理机为中心的网络，并利用通信线路将多台主机连接起来，为用户提供服务。连接形式有以下两种。

第一种形式是通过通信线路将主机直接连接起来，主机既承担数据处理，又承担通信工作，如图 1-4（a）所示。

　　第二种形式是把通信任务从主机分离出来，设置通信控制处理机（CCP），主机间的通信通过 CCP 的中继功能间接进行。由 CCP 组成的传输网络称为通信子网，如图 1-4（b）所示。

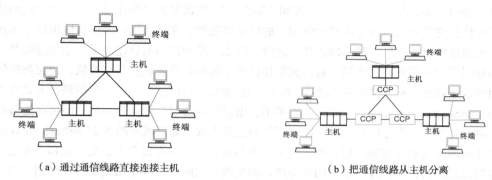

（a）通过通信线路直接连接主机　　　　　　　　（b）把通信线路从主机分离

图 1-4　计算机——计算机网络

　　通信控制处理机负责网上各主机间的通信控制和通信处理，由它们组成了带有通信功能的内层网络，也称为通信子网，是网络的重要组成部分。主机负责数据处理，是计算机网络资源的拥有者，而网络中的所有主机构成了网络的资源子网。通信子网为资源子网提供信息传输服务，资源子网上用户间的通信是建立在通信子网的基础上的。没有通信子网，网络就不能工作，而没有资源子网，通信子网的传输也失去了意义，两者结合起来组成了统一的资源共享的网络。

1.2.3　分组交换技术的产生

　　为了掌握分组交换的概念，先简单回顾一下电路交换的特点。

　　在电话问世后不久，人们就发现，要让所有的电话机都两两相连接是不现实的。图 1-5（a）表示两部电话只需要用一对电线就能够互相连接起来，但若有 5 部电话要两两相连，则需要 10 对电线，如图 1-5（b）所示。显然，若 N 部电话要两两相连，就需要 $N(N-1)/2$ 对电线。当电话机的数量很大时，这种连接方法需要的电线数量就太大了（与电话机数量的平方成正比）。于是人们认识到，要使得每一部电话能够很方便地和另一部电话进行通信，就应当使用电话交换机将这些电话连接起来，如图 1-5（c）所示。每一部电话都连接到交换机上，而交换机使用交换的方法，让电话用户彼此之间可以很方便地通信。一百多年来，电话交换机虽然经过多次更新换代，但交换的方式一直都是电路交换。

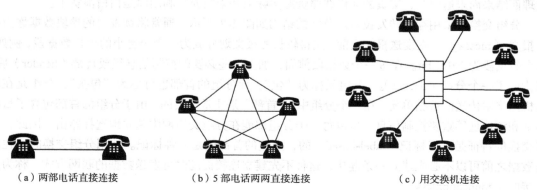

（a）两部电话直接连接　　　　　（b）5 部电话两两直接连接　　　　　（c）用交换机连接

图 1-5　电路交换

当电话机的数量增多时，就要使用很多彼此连接起来的交换机来完成全网的交换任务。用这样的方法，就构成了覆盖全世界的电信网。

从通信资源的分配角度来看，"交换"就是按照某种方式动态分配传输线路的资源。人们在使用电路交换时，在通电话之前，必须先呼叫（即拨号），当拨号的信令通过一个个交换机到达被叫用户所连接的交换机时，该交换机就向用户的电话机振铃，在被叫用户摘机且摘机信令传送回主叫用户所连接的交换机后，呼叫即成功。这时，从主叫端到被叫端就建立了一条物理通路，此后主叫和被叫双方才能互相通电话，通话完毕挂机后，挂机信令告诉这些交换机，使交换机释放刚才使用的这条物理通路。这种必须经过"建立连接-通信-释放连接"3个步骤的联网方式称为面向连接的（connection-oriented）。这里必须指出，电路交换必定是面向连接的，但面向连接的却不一定是电路交换，因为分组交换也可以使用面向连接方式（如广域网的 X.25 网络和 ATM 网络）。

图 1-6 所示为电路交换的示意图，为了简单起见，图中没有区分市话交换机和长途电话交换机。应当注意的是，用户线归电话用户专用，而交换机之间拥有大量话路的中继线则是许多用户共享的，正在通话的用户只占用了其中的一个话路，而在通话的全部时间内，通话的两个用户始终占用端到端的固定传输带宽。图 1-6 中电话机 A 和 B 之间的通路共经过了 4 个交换机，而电话机 C 和 D 是属于同一个交换机的地理覆盖范围中的用户，因此这两个电话机之间建立的连接就不需要再经过其他的交换机了。

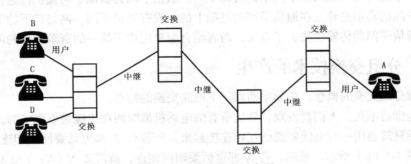

图 1-6　电路交换的示意图

当使用电路交换来传送计算机数据时，其线路的传输效率往往很低。由于计算机数据是突发式地出现在传输线路上，因此线路上真正用来传送数据的时间往往不到 10%甚至不到 1%。在绝大部分时间里，通信线路实际上是空闲的（但对电信公司来说，通信线路已被用户占用，因而要收费）。例如，当用户阅读终端屏幕上的信息或用键盘输入和编辑一份文件时，或计算机正在进行处理而结果尚未返回时，宝贵的通信线路资源实际上并未被充分利用而是白白浪费了。

分组交换则采用存储转发技术。分组的结构如图 1-7 所示。通常将欲发送的整块数据称为一个报文（message）。在发送报文之前，先将较长的报文划分成为一个个更小的等长数据段，例如，每个数据段为 1 024 bit。在每一个数据段前面，加上一些必要的控制信息组成首部（header）后，就构成了一个分组（packet）。分组又称为"包"，而分组的首部也可称为"包头"，分组是在计算机网络中传送的数据单元。在一个分组中，"首部"是非常重要的，由于分组的首部包含了目的地址和源地址等重要控制信息，所以每一个分组都能在分组交换网中独立地选择路由。因此，分组交换的特征是基于标记（label-based）的，上述的首部就是一种标记。使用分组交换时，在传送数据之前可以不必先建立一条连接，这种不先建立连接而随时可发送数据的联网方式，称为无连接的（connectionless）。

图 1-7　分组的结构

　　分组交换网由若干节点交换机（node switch）和连接这些交换机的链路组成，如图 1-8（a）所示，用圆圈表示的节点交换机是网络的核心部件。从概念上讲，一个节点交换机就是一个小型计算机。图 1-8（b）和图 1-8（a）的表示方法相同，但强调了节点交换机具有多个端口的概念。

　　这里用一个方框表示节点交换机。我们应注意到，每一个节点交换机都有两组端口，一些小半圆表示的一组端口用来和计算机相连，所连接的链路速率较低，而一些小方框表示的一组端口则用高速链路和网络中其他的节点交换机相连。图 1-8 中 H1～H6 都是可进行通信的计算机，但在计算机网络中常称它们为主机（host）。在 ARPANET 建网初期，分组交换网中的节点交换机曾被称为接口报文处理机（interface message processor，IMP），IMP 这一名词现已不再使用。在图 1-8 中的主机和节点交换机都是计算机，但它们的作用明显不同，主机是为用户进行信息处理的，并且可以通过网络和其他的主机交换信息，而节点交换机则是进行分组交换的，是用来转发分组的。各节点交换机之间也要经常交换路由信息，但这是为了进行路由选择，即为转发分组找出一条最好的路径。

　　这里特别需要强调的是，在节点交换机中的输入和输出端口之间是没有直接连线的。节点交换机处理分组的过程是：将收到的分组先放入缓存，再查找转发表（转发表中写有到何目的地址应从何端口转发的信息），然后由交换机构从缓存中将该分组取出，传递给适当的端口转发出去。

　　现在假定图 1-8（b）的主机 H1 向主机 H5 发送数据，主机 H1 先将分组一个个地发往与它直接相连的节点交换机 A，此时除链路 H1—A 外，网内其他通信链路并不被目前通信的双方所占用。需要注意的是，即使是链路 H1—A，也只是当分组正在此链路上传送时才被占用。在各分组传送之间的空闲时间，链路 H1—A 仍可为其他主机发送的分组使用。

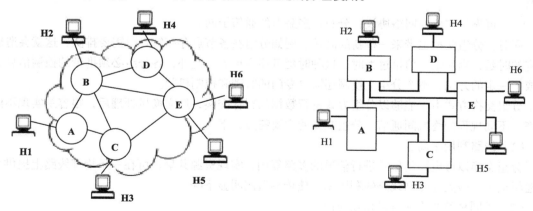

（a）分组交换机和主机　　　　　　　　　　（b）具有两组端口的节点交换机

图 1-8　分组交换网示意图

　　节点交换机 A 将主机 H1 发来的分组放入缓存。假定从转发表中查出应将该分组送到节点交换机的端口 4，于是分组就经链路 A—C 到达节点交换机 C，当分组正在链路 A—C 传送时，该分组并不占用网络其他部分的资源。

节点交换机 C 继续按上述方式查找转发表，假定查出应从端口 3 进行转发。于是分组又经端口 3 向节点交换机 E 转发。当分组到达节点交换机 E 时，就将分组交给主机 H5。

假定在某一个分组的传送过程中，链路 A—C 的通信量太大并产生了拥塞，那么节点交换机 A 可以将分组转发端口改为端口 1。于是分组就沿另一个路由到达节点交换机 B。节点交换机 B 再通过其端口 3 将分组转发到节点交换机 E，最后将分组送到主机 H5。图 1-8（a）还画出了在网络中可同时有其他主机也在进行通信，如主机 H2 经过节点交换机 B 和 E 与主机 H6 通信。这里需要注意，节点交换机暂时存储的是一个个短分组，而不是整个的长报文。短分组是暂存在交换机的存储器（即内存）中，而不是存储在磁盘中，这就保证了较高的交换速率。

上述过程只描述了两对主机（H1 和 H5，H2 和 H6）在进行通信。实际上，一个分组交换网可以容许很多主机同时进行通信，而一个主机中的多个进程（即正在运行中的多道程序）也可以各自和不同主机中的不同进程进行通信。

在传送分组的过程中，由于采取了专门的措施，因而保证了数据的传送具有非常高的可靠性。当分组交换网中的某些节点或链路突然被破坏时，网络可使用的路由选择协议能够自动找到其他的路径来转发分组。

从上述可知，采用存储转发的分组交换，实质上是采用了在数据通信的过程中断续（或动态）分配传输带宽的策略。这对传送突发式的计算机数据非常合适，大大提高了通信线路的利用率。为了提高分组交换网的可靠性，常采用网状拓扑结构，当发生网络拥塞或少数节点、链路出现故障时，可灵活地改变路由而不致引起通信的中断或全网的瘫痪。此外，通信网络的主干线路往往由一些高速链路构成，这样就能迅速地传送大量的计算机数据。

综上所述，分组交换网的主要优点可归纳如下。

（1）高效。在分组传输的过程中动态分配传输带宽，对通信链路是逐段占有。

（2）灵活。每个节点均智能，为每一个分组独立地选择转发的路由。

（3）迅速。以分组作为传送单位，通信之前可以不先建立连接就能发送分组；网络使用高速链路。

（4）可靠。完善的网络协议；分布式多路由的通信子网。

同时，分组交换也带来一些新的问题。例如分组在各节点存储转发时需要排队，这就会造成一定的时延，当网络通信量过大时，这种时延可能会很大。此外，各分组必须携带的控制信息也造成了一定的开销，整个分组交换网还需要专门的管理和控制机制。

分组交换方式由于能够以分组方式进行数据的暂存交换，经交换机处理后，很容易实现不同速率、不同规程的终端间通信。分组交换的主要特点如下。

（1）线路利用率高。

分组交换以虚电路的形式进行信道的多路复用，实现资源共享，可在一条物理线路上提供多条逻辑信道，极大地提高线路的利用率，使传输费用明显下降。

（2）不同种类的终端可以相互通信。

分组网以 X.25 协议向用户提供标准接口，数据以分组为单位在网络内存储转发，使不同速率的终端、不同协议的设备经网络提供的协议变换功能后实现互相通信。

（3）信息传输可靠性高。

在网络中，每个分组进行传输时，节点交换机之间采用差错校验与重发的功能，因而在网中传送的误码率大大降低，而且在网内发生故障时，网络中的路由机制会使分组自动选择一条新的路由避开故障点，不会造成通信中断。

（4）分组多路通信。

由于每个分组都包含控制信息，所以分组型终端可以同时与多个用户终端进行通信，可把同一信息发送给不同用户。

（5）计费与传输距离无关。

网络计费按时长、信息量计费，与传输距离无关，特别适合那些非实时性，而通信量不大的用户。

电路交换、报文交换和分组交换的主要区别，如图 1-9 所示。图中的 A 和 D 分别是源节点和目的节点，而 B 和 C 是在 A 和 D 之间的中间节点。

从图 1-9 中不难看出，若要连续传送大量的数据，而且其传送时间远大于呼叫建立时间，则采用在数据通信之前预先分配传输带宽的电路交换较为合适。报文交换和分组交换不需要预先分配传输带宽，在传送突发数据时可提高整个网络的信道利用率。分组交换比报文交换的时延小，但其节点交换机必须具有更强的处理能力。

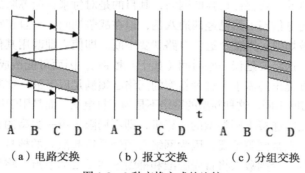

（a）电路交换　　　（b）报文交换　　　（c）分组交换

图 1-9　3 种交换方式的比较

我们还可以看出，当端到端的通路是由很多段的链路组成时，采用分组交换传送数据的另一个好处是：采用电路交换时，只要整个通路中有一段链路不能使用，通信就不能进行。就像我们给一个很远的用户打电话一样，由于要经过多个交换机的多次转接，只要整个通路中有一段线路不能使用，电话就打不通。但分组交换就不存在这样的问题，它可以将数据一段一段地像接力赛跑那样传递过去。

ARPANET 的试验成功后，计算机网络的概念发生了根本的变化。图 1-10（a）是早期的面向终端的计算机网络，它是以单个主机为中心的星形网，各终端通过通信线路共享昂贵的中心主机的硬件和软件资源。而分组交换网是以网络为中心，主机和终端都处在网络的外围，如图 1-10（b）所示。用户通过分组交换网可共享连接在网络上的许多硬件和各种丰富的软件资源。

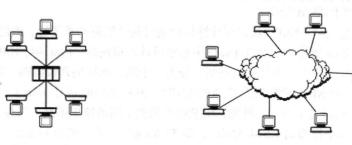

（a）以单个主机为中心　　　　　　　（b）以分组交换网为中心

图 1-10　两种计算机网络

这种以分组交换网为中心的计算机网络比最初的面向终端的计算机网络的功能扩大了很多，成为 20 世纪 70 年代计算机网络的主要形式。

必须指出，分组交换网之所以能得到迅速的发展，很重要的一个原因是：分组交换技术给用户带来了经济上的好处，其费用比使用电路交换更为低廉。在美国，分组交换的计算机网络能如此迅速发展的其他因素如下。

- 已经建成了一个相当发达的电信网络作为物质基础。
- 社会生产力的发展使整个社会对信息的处理、传递与交换有迫切的要求。
- 及时开展了有关计算机网络的理论研究，并在试验网络上进行现场实验。

1.2.4　Internet 的产生与发展

现代计算机网络实际上是 20 世纪 60 年代美苏冷战时期的产物。在 20 世纪 60 年代初，美国国防部领导的远景研究规划局（Advanced Research Project Agency，ARPA）提出要研制一种崭新的、能够适应现代战争的、残存性很强的网络，其目的是对付来自前苏联的核进攻威胁。我们知道，传统的电路交换的电信网虽然已经四通八达，但在战争期间，一旦正在通信的电路中有一个交换机或有一条链路被炸毁，则整个通信电路就要中断。即使立即改用其他迂回电路通信，也必须重新拨号建立连接，这将要延误一些时间（如十几秒钟），因而可能造成不可挽回的重大损失。

根据当时美国军方提出的需求，这种新型的网络必须满足以下的一些基本要求。

（1）和传统的电信网不同，这种新型的网络不是为了打电话，而是用于计算机之间的数据传送。

（2）新型的网络能够连接不同类型的计算机，即不局限于单一类型的计算机。

（3）所有的网络节点都同等重要，因为网络必须经受得起敌人的核打击，所以在网络中不能有某些特别重要的节点，否则敌人将首先瞄准和摧毁这些重要的节点。将所有的节点设计成同等重要的，就可以大大提高网络的生存性，生存性有时也称为顽存性。

（4）计算机在进行通信时，必须有冗余的路由，并且当网络中的某一个节点或链路被敌人破坏时，冗余的路由能够使通信自动找到合适的路由，使通信维持畅通。

（5）网络的结构应当尽可能的简单，但能够非常可靠地传送数据。

20 世纪 80 年代末期以来，在网络领域最引人注目的就是起源于美国的因特网（Internet）的飞速发展。现在，Internet 已发展成为世界上最大的国际性计算机互联网。由于 Internet 已影响到人们生活的各个方面，这就使得 20 世纪 90 年代成为因特网时代，或简称为网络时代，下面简单介绍 Internet 的发展过程。

自 1969 年美国的 ARPANET 问世后，其规模一直增长很快。1984 年 ARPANET 上的主机已超过 1000 台，ARPANET 于 1983 年分解成两个网络，一个仍称为 ARPANET，是民用科研网；另一个是军用计算机网络 MILNET。

美国国家科学基金会（NSF）认识到计算机网络对科学研究的重要性，因此从 1985 年起，美国国家科学基金会就围绕其 6 个大型计算机中心建设计算机网络。1986 年，NSF 建立了国家科学基金网 NSFNET，它是一个三级计算机网络，分为主干网、地区网和校园网，覆盖了全美国主要的大学和研究所。NSFNET 后来接管了 ARPANET，并将网络改名为 Internet，即因特网。1987 年，Internet 上的主机超过 1 万台。最初，NSFNET 的主干网的速率不高，仅为 56 kbit/s，1989 年 NSFNET 主干网的速率提高到 1.544 Mbit/s，即 T1 的速率，并且成为 Internet 中的主要部分。到了 1990 年，鉴于 ARPANET 的实验任务已经完成，在历史上起过非常重要作用的 ARPANET 就正式宣布关闭。

　　1991 年，NSF 和美国的其他政府机构开始认识到，Internet 必将扩大其使用范围，不会仅限于大学和研究机构。世界上的许多公司纷纷接入 Internet，网络上的通信量急剧增大，每日传送的分组数达 10 亿之多。Internet 的容量又满足不了需要了，于是美国政府决定将 Internet 的主干网转交给私人公司来经营，并开始对接入 Internet 的单位收费。1992 年，Internet 上的主机超过 100 万台。1993 年 Internet 主干网的速率提高到 45 Mbit/s（T3 速率）。到 1996 年主干网 vBNS（very high-speed Backbone Service）的速率为 155 Mbit/s。

　　进入 21 世纪，Internet 已不再是计算机人员和军事部门进行科研的领域，而是变成了一个开发和使用信息资源的覆盖全球的信息海洋。在 Internet 上，按从事的业务分类包括了广告、航空、农业生产、艺术、导航设备、书店、化工、通信、计算机、咨询、娱乐、财贸、商店、旅馆等 100 多类，覆盖了社会生活的方方面面，构成了一个信息社会的缩影。

　　根据 2011 全球互联网发展报告显示，截至 2011 年底，全球电子邮件账户数量已经达到 314.6 亿，网站数量达到 5.55 亿，注册域名的数量达到 2.2 亿，全球互联网用户总数更是突破了 21 亿。

1.3　计算机网络的功能和拓扑结构

1.3.1　计算机网络的功能

1. 数据交换和通信

　　计算机网络中的计算机之间或计算机与终端之间，可以快速可靠地相互传递数据、程序和文件。例如，电子邮件（E-mail）可以使相隔万里的异地用户快速准确地相互通信；电子数据交换（EDI）可以实现在商业部门（如海关、银行等）或公司之间进行订单、发票、单据等商业文件安全准确的交换，文件传输服务（FTP）可以实现文件的实时传递，为用户复制和查找文件提供了有力的工具。

2. 资源共享

　　充分利用计算机网络中提供的资源（包括硬件、软件和数据）是计算机网络组网的主要目标之一。计算机的许多资源是十分昂贵的，不可能为每个用户所拥有。例如，进行复杂运算的巨型计算机、海量存储器、高速激光打印机、大型绘图仪和一些特殊的外设等，另外，还有大型数据库和大型软件等。这些昂贵的资源都可以为计算机网络上的用户所共享。资源共享既可以减少投资，又可以提高这些计算机资源的利用率。

3. 提高系统的可靠性

　　在一些用于计算机实时控制和要求高可靠性的场合，通过计算机网络实现的备份技术可提高计算机系统的可靠性。当某一台计算机出现故障时，可以立即由计算机网络选择另一台计算机来代替其完成所承担的任务。例如，空中交通管理、工业自动化生产线、军事防御系统、电力供应系统等都可以通过计算机网络设置备用或替换的计算机系统，以保证实时性管理和不间断运行系统的安全性和可靠性。

4. 分布式网络处理和负载均衡

　　对于大型的任务或当网络中某台计算机的任务负荷太重时，可将任务分散到网络中的其他计算机进行大型的处理任务，使得一台计算机不会负担过重，提高计算机的可用性，起到了分布式处理和均衡负荷的作用。

1.3.2 计算机网络的拓扑结构

计算机网络的拓扑结构就是网络中通信线路和站点（计算机或设备）的几何排列形式。在计算机网络中，将主机和终端抽象为点，通信介质抽象为线，形成点和线组成的图形，使人们对网络整体有明确的全貌印象。常见的几种计算机网络拓扑结构如图 1-11 所示。

1. 星型拓扑网络

星型拓扑网络结构中，各节点通过点到点的链路与中心节点相连，中心节点可以是转接中心，起到连通的作用；也可以是一台主机，此时就具有数据处理和转接的功能。星型拓扑结构的优点是易于在网络中增加新的站点，容易实现数据的安全性和优先级控制，易实现网络监控，但缺点是属于集中控制，对中心节点的依赖性大，一旦中心节点有故障，就会引起整个网络的瘫痪。

2. 树型拓扑网络

在树型拓扑结构中，网络的各节点形成了一个层次化的结构，树中的各个节点都为计算机。树中低层计算机的功能和应用有关，一般都具有明确定义的和专业化很强的任务，如数据的采集和变换等，而高层的计算机具备通用的功能，以便协调系统的工作，如数据处理、命令执行和综合处理等。一般来说，层次结构的层不宜过多，以免转接开销过大，使高层节点的负荷过重。若树型拓扑结构只有两层，就变成了星型结构，因此，树型拓扑结构可以看成是星型拓扑结构的扩展。

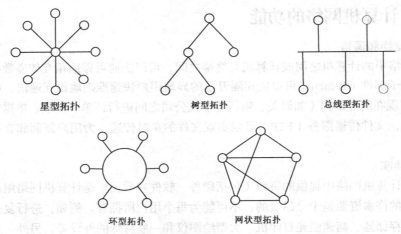

图 1-11 计算机网络的拓扑结构

3. 总线型拓扑网络

在总线型拓扑网络中，所有的站点共享一条数据通道，一个节点发出的信息可以被网络上的多个节点接收。由于多个节点连接到一条公用信道上，所以必须采取某种方法分配信道，以决定哪个节点可以发送数据。

总线型网络结构简单，安装方便，需要铺设的线缆最短，成本低，且某个站点自身的故障一般不会影响整个网络，因此它是使用最普遍的一种网络。其缺点是实时性较差，总线上任何一点的故障都会导致整个网络瘫痪。

4. 环型拓扑网络

在环型拓扑网络中，节点通过点到点通信线路连接成闭合环路。环中数据将沿一个方向逐站传送。环型拓扑网络结构简单，传输时延确定，但是环中每个节点与连接节点之间的通信线路都会成为网络可靠性的屏障。环中节点出现故障，有可能造成网络瘫痪。另外，对于环型网络，网络节点的加入、退出以及环路的维护和管理都比较复杂。

5. 网状型拓扑网络

在网状型拓扑网络中，节点之间的连接是任意的，没有规律。其主要优点是可靠性高，但结构复杂，必须采用路由选择算法和流量控制方法。广域网基本上都采用网状型拓扑结构。

6. 混合型拓扑网络

从上面的介绍可知，每一种拓扑结构都有自己的优缺点。一般来说，较大的网络都不会采用单一的网络拓扑结构，而是由多种拓扑结构混合而成，充分发挥各种拓扑结构的特长，这就是所谓的混合型拓扑结构。

1.4 计算机网络的分类

由于计算机网络自身的特点，对其划分也有多种形式，例如，可以按网络的作用范围、网络的传输技术方式、网络的使用范围以及通信介质等分类。此外，还可以按信息交换方式和拓扑结构等进行分类。下面介绍常见的几种分类方法。

1.4.1 按功能分类

一、电路交换

电路交换（circuit switching）方式类似于传统的电话交换方式，用户在开始通信前，必须申请建立一条从发送端到接收端的物理信道，并且在双方通信期间始终占用该信道。由于电路交换在通信之前要在通信双方之间建立一条被双方独占的物理通路（由通信双方之间的交换设备和链路逐段连接而成），因而有以下优缺点。

1. 优点

（1）由于通信线路为通信双方用户专用，数据直达，所以传输数据的时延非常小。

（2）通信双方之间的物理通路一旦建立，双方就可以随时通信，实时性强。

（3）双方通信时按发送顺序传送数据，不存在失序问题。

（4）电路交换既适用于传输模拟信号，也适用于传输数字信号。

（5）电路交换的设备（交换机等）及控制均较简单。

2. 缺点

（1）电路交换的平均连接建立时间对计算机通信来说过长。

（2）电路交换连接建立后，物理通路被通信双方独占，即使通信线路空闲，也不能供其他用户使用，因而信道利用低。

（3）电路交换时，数据直达，不同类型、不同规格、不同速率的终端很难相互进行通信，也难以在通信过程中进行差错控制。

二、报文交换

报文交换是以报文为数据交换的单位，报文携带有目标地址、源地址等信息，在交换节点采用存储转发的传输方式，因而有以下优缺点。

1. 优点

（1）报文交换不需要为通信双方预先建立一条专用的通信线路，不存在连接建立时延，用户可随时发送报文。

（2）采用存储转发的传输方式，使其具有下列优点。

● 在报文交换中便于设置代码检验和数据重发设施，并且交换节点还具有路径选择，因此可以在某条传输路径发生故障时，重新选择另一条路径传输数据，从而提高了传输的可靠性。

● 在存储转发中容易实现现代代码转换和速率匹配，甚至收发双方可以不同时处于可用状态。这样就便于类型、规格和速度不同的计算机之间进行通信。

● 提供多目标服务，即一个报文可以同时发送到多个目的地址，这在电路交换中是很难实现的。

● 允许建立数据传输的优先级，使优先级高的报文优先转换。

（3）通信双方不是固定占有一条通信线路，而是在不同的时间一段一段地部分占有这条物理通路，因而大大提高了通信线路的利用率。

2. 缺点

（1）由于数据进入交换节点后要经历存储、转发这一过程，从而引起转发时延（包括接收报文、检验正确性、排队、发送时间等），而且网络的通信量愈大，造成的时延就愈大，因此报文交换的实时性差，不适合传送实时或交互式业务的数据。

（2）报文交换只适用于数字信号。

（3）由于报文长度没有限制，而每个中间节点都要完整地接收传来的整个报文，当输出线路不空闲时，还可能要存储几个完整报文等待转发，要求网络中每个节点有较大的缓冲区。为了降低成本，减少节点的缓冲存储器的容量，有时要把等待转发的报文存在磁盘上，进一步增加了传送时延。

三、分组交换

分组交换仍采用存储转发传输方式，但将一个长报文先分割为若干较短的分组，然后把这些分组（携带源、目的地址和编号信息）逐个地发送出去，因此分组交换除了具有报文的优点外，与报文交换相比有以下优缺点。

1. 优点

（1）加速了数据在网络中的传输。因为分组是逐个传输，可以使后一个分组的存储操作与前一个分组的转发操作并行，所以这种流水线式传输方式减少了报文的传输时间。此外，传输一个分组所需的缓冲区比传输一份报文所需的缓冲区小得多，这样因缓冲区不足而等待发送的概率及等待的时间也必然少得多。

（2）简化了存储管理。因为分组的长度固定，相应缓冲区的大小也固定，所以在交换节点中存储器的管理通常被简化为对缓冲区的管理，这实现起来相对比较容易。

（3）减少了出错概率和重发数据量。因为分组较短，其出错概率必然减少，所以每次重发的数据量也就大大减少，这样不仅提高了可靠性，也减少了传输时延。

（4）由于分组短小，更适用于采用优先级策略，便于及时传送一些紧急数据，因此对于计算机之间的突发式的数据通信，分组交换显然更为合适些。

2. 缺点

（1）尽管分组交换比报文交换的传输时延少，但仍存在存储转发时延，而且其节点交换机必须具有更强的处理能力。

（2）分组交换与报文交换一样，每个分组都要加上源、目的地址和分组编号等信息，这使传送的信息量增加 5%～10%，一定程度上降低了通信效率，增加了处理的时间，使控制复杂，时延增加。

（3）当分组交换采用数据报服务时，可能出现失序、丢失或重复分组，分组到达目的节点时，要对分组按编号进行排序等工作，增加了麻烦。若采用虚电路服务，虽无失序问题，但有呼叫建立、数据传输和虚电路释放 3 个过程。

1.4.2　按地理范围划分

一、局域网（local area network，LAN）

局域网是计算机通过高速线路相连组成的网络。一般限定在较小的区域内，如图 1-12 所示。LAN 通常安装在一个建筑物或校园（园区）中，覆盖的地理范围从几十米至数千米，例如，一个实验室、一栋大楼、一个校园或一个单位。将各种计算机、终端及外部设备互连成网。网上的传输速率较高，从 10Mbit/s 到 100Mbit/s，甚至可以达到 1 000Mbit/s，各种计算机可以共享资源，如共享打印机和数据库。

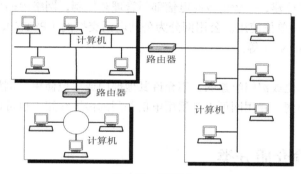

图 1-12　局域网

二、城域网（metropolitan area network，MAN）

城域网规模局限在一座城市的范围内，覆盖的地理范围从几十千米至数百千米。如图 1-13 所示。城域网是对局域网的延伸，用于局域网之间的连接，在传输介质和布线结构方面涉及范围较广。例如，在城市范围内，政府部门、大型企业、机关、公司以及社会服务部门的计算机联网，可实现大量用户的多媒体信息传输，包括语音、动画和视频图像，以及电子邮件及超文本网页等。

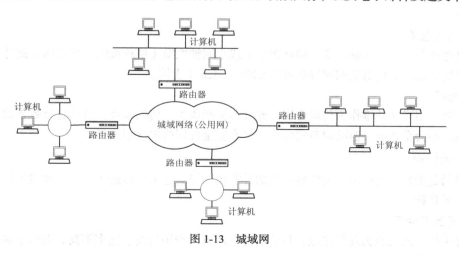

图 1-13　城域网

三、广域网（wide area network，WAN）

广域网覆盖的地理范围从数百千米至数千千米，甚至上万千米，且可以是一个地区或一个国家，甚至世界几大洲，故又称远程网。广域网在采用的技术、应用范围和协议标准方面与局域网和城域网有所不同。在广域网中，通常是利用电信部门提供的各种公用交换网，将分布在不同地区的计算机系统互连起来，达到资源共享的目的，如图 1-14 所示。广域网使用的主要技术为存储转发技术。

图 1-14　广域网

1.4.3　按使用范围分类

1. 公用网

公用网由电信部门组建，一般由政府电信部门管理和控制，网络内的传输和交换装置可提供（如租用）给任何部门和单位使用。公用网分为公共电话交换网（PSTN）、数字数据网（DDN）和综合业务数字网（ISDN ）等。

2. 专用网

专用网是由某个单位或部门组建的，不允许其他部门或单位使用。例如，金融、石油、铁路等行业都有自己的专用网。专用网可以是租用电信部门的传输线路，也可以是自己铺设的线路，但后者的成本非常高。

1.4.4　按传输介质分类

一、有线网

有线网是指采用双绞线、同轴电缆以及光纤作为传输介质的计算机网络。有线网的传输介质包括以下几种。

1. 双绞线

通过专用的各类双绞线来组网。双绞线网是目前最常见的联网方式，它比较经济，且安装方便，传输率和抗干扰能力一般，广泛应用于局域网中，还可以通过电话线上网，通过现有电力网电缆建网。

2. 同轴电缆

可以通过专用的中同轴电缆（俗称粗缆）或小同轴电缆（俗称细缆）来组网，此外，还可通过有线电视电缆，使用电缆调制解调器（cable modem）上网。

3. 光纤

光纤网采用光导纤维作为传输介质，光纤传输距离大，传输率高，可达每秒数吉比特，且抗干扰性强，不会受到电子监听设备的监听，是高安全性网络的理想选择。

二、无线网

无线网是指使用电磁波作为传输介质的计算机网络，它可以传送无线电波和卫星信号。无线网包括以下几种。

1. 无线电话网

通过手机上网已成为新的热点，目前这种联网方式费用较高、速率不高，但由于联网方式灵活方便，所以仍是一种很有发展前途的联网方式。

2．语音广播网

价格低廉、使用方便，但保密性和安全性差。

3．无线电视网

普及率高，但无法在一个频道上和用户进行实时交互。

4．微波通信网

通信保密性和安全性较好。

5．卫星通信网

能进行远距离通信，但价格昂贵。

1.4.5　按企业公司管理分类

一、内联网（Intranet）

内联网一般是指企业的内部网，是由企业内部原有的各种网络环境和软件平台组成的。例如，传统的客户机/服务器模式经过逐步改造、过渡、统一到像使用 Internet 那样方便，即使用 Internet 上的浏览器服务器模式。在内部网络上采用通用的 TCP／IP 作为通信协议，利用 Internet 的 3W 技术，并以 Web 模型作为标准平台。它一般具备自己的 Intranet Web 服务器和安全防护系统，为企业内部服务。

二、外联网（Extranet）

相对于企业内部网，外联网是泛指企业之外，需要扩展连接到与自己相关的其他企业网。它是采用 Internet 技术，同时又有自己的 WWW 服务器，但不一定是与 Internet 直接连接的网络。必须建立防火墙把内联网与 Internet 隔离开，以确保企业内部信息的安全。

三、因特网（Internet）

Internet 起源于美国，自 1995 年开始启用，发展非常迅速，特别是随着 Web 浏览器和即时聊天工具的普遍应用，Internet 已在全世界范围得到应用。在全球性的各种通信系统基础上，它像一个无法比拟的巨大数据库，并结合多媒体的"声、图、文"表现能力，不仅能处理一般的数据和文本，而且能处理语音、静止图像、电视图像、动画和三维图形等。

1.5　计算机网络的组成

1.5.1　计算机网络的系统组成

计算机网络要完成数据处理与数据通信两大基本功能。那么，它在结构上必然也可以分成两个部分：负责数据处理的计算机与终端；负责数据通信的通信控制处理机（CCP）与通信线路。从计算机网络系统组成的角度看，典型的计算机网络从逻辑功能上可以分为资源子网和通信子网两部分，其结构如图 1-15 所示。

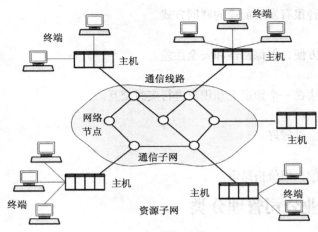

图 1-15　计算机网络的组成

一、资源子网

资源子网由主机、终端、终端控制器、联网外设、各种软件资源与信息资源组成。资源子网负责全网的数据处理业务，并向网络用户提供各种网络资源与网络服务。

1. 主机系统

主机系统是资源子网的主要组成单元，安装有本地操作系统、网络操作系统、数据库、用户应用系统等软件。它通过高速通信线路与通信子网的通信控制处理机相连接。普通用户终端通过主机系统连入网内。网络中的主机可以是大型机、中型机、小型机、工作站或微机。主机是资源子网的主要组成单元，它通过高速通信线路与通信子网的通信控制处理机相连接。普通用户终端通过主机连入网内。主机除了要为本地用户访问网络其他主机设备与资源提供服务外，还要为网中的远程用户共享本地资源提供服务。随着微型机的广泛应用，连入计算机网络的微型机数量日益增多，它既可以作为主机的一种类型直接通过通信控制处理机连入网内，又可以通过联网的大、中、小型计算机系统间接连入网内。

2. 终端

终端是用户访问网络的界面。终端可以是简单的输入、输出终端，也可以是带有微处理器的智能终端。智能终端除具有输入、输出信息的功能外，还具有存储与处理信息的能力。终端可以通过主机系统连入网内，也可以通过终端设备控制器、报文分组组装与拆卸装置或通信控制处理机连入网内。终端控制器连接一组终端，负责这些终端和主计算机的信息通信，或直接作为网络节点。终端是直接面向用户的交互设备，可以是由键盘和显示器组成的简单的终端，也可以是微型计算机系统。

3. 网络操作系统

网络操作系统是建立在各主机操作系统之上的一个操作系统，用于实现不同主机之间的用户通信，以及全网硬件和软件资源的共享，并向用户提供统一的、方便的网络接口，便于用户使用网络。

4. 网络数据库

网络数据库是建立在网络操作系统之上的一种数据库系统，可以集中驻留在一台主机上（集中式网络数据库系统），也可以分布在每台主机上（分布式网络数据库系统），它向网络用户提供存取、修改网络数据库的服务，以实现网络数据库的共享。

5. 应用系统

应用系统是建立在上述部件基础的具体应用,以实现用户的需求。图1-16为主机操作系统、网络操作系统、网络数据库系统和应用系统之间的层次关系。图中 UNIX、Windows 为主机操作系统,NOS 为网络操作系统,NDBS 为网络数据库系统,AS 为应用系统。

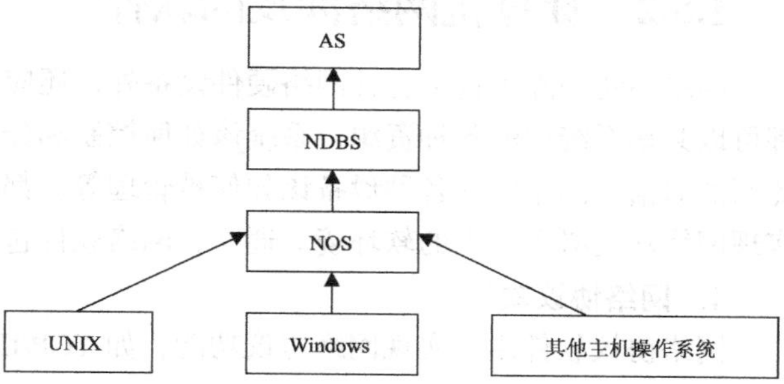

图 1-16　层次关系

二、通信子网

通信子网由通信控制处理机、通信线路与其他通信设备组成,用于完成网络数据传输、转发等通信处理任务。

通信控制处理机在通信子网中又被称为网络节点。它一方面作为与资源子网的主机、终端连接的接口,将主机和终端连入网内;另一方面又作为通信子网中的分组存储转发节点,完成分组的接收、校验、存储和转发等功能,具有将源主机报文准确发送到目的主机的作用。

通信线路为通信控制处理机与通信控制处理机、通信控制处理机与主机之间提供通信信道。计算机网络采用了多种通信线路,如电话线、双绞线、同轴电缆、光纤、无线通信信道、微波与卫星通信信道等。一般在大型网络中和相距较远的两节点之间的通信链路都利用现有的公共数据通信线路。

信号变换设备的功能是对信号进行变换,以适应不同传输媒体的要求。这些设备一般有:将计算机输出的数字信号变换为电话线上传送的模拟信号的调制解调器、无线通信接收和发送器、用于光纤通信的编码解码器等。

三、现代网络结构的特点

在现代的广域网结构中,随着使用主机系统用户的减少,资源子网的概念已经有了变化。目前,通信子网由交换设备与通信线路组成,它负责完成网络中数据传输与转发任务。交换设备主要是路由器与交换机。随着微型计算机的广泛应用,连入局域网的微型计算机数目日益增多,它们一般通过路由器将局域网与广域网相连接。

另外,从组网的层次角度来看网络的组成结构,也不一定是一种简单的平面结构,而可能变成一种分层的立体结构。图1-17是一个典型的三层网络结构,最上层为核心层,中间层为分布层,最下层为访问层,为最终用户接入网络提供接口。

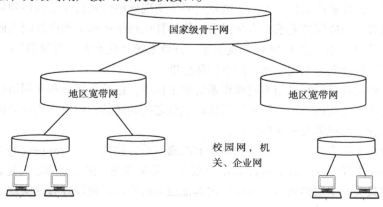

图 1-17　典型的三层网络结构

1.5.2　计算机网络涉及的软件

网络系统中除了包括各种网络硬件设备外，还应该具备网络的软件。在网络上，每一个用户都可以共享系统中的各种资源，系统该如何控制和分配资源、网络中各种设备以何种规则实现彼此间的通信、网络中的各种设备该如何被管理等，都离不开网络的软件系统。因此，网络软件是实现网络功能必不可少的软环境。通常，网络软件包括以下几种。

1．网络协议软件

网络协议软件用于实现网络协议功能，如 TCP/IP、IPX/SPX 等。

2．网络通信软件

网络通信软件是用于实现网络中各种设备之间进行通信的软件。

3．网络操作系统

网络操作系统用于实现系统资源共享，管理用户的应用程序对不同资源的访问。典型的操作系统有 NetWare、UNIX 等。

4．网络管理软件和网络应用软件

网络管理软件是用来对网络资源进行管理和对网络进行维护的软件，而网络应用软件是为网络用户提供服务的，是网络用户在网络上解决实际问题的软件。

网络软件最重要的特征是，它研究的重点不是网络中各个独立的计算机本身的功能，而是如何实现网络特有的功能。

1.6　计算机网络的体系结构

1.6.1　网络的层次体系结构

一、计算机网络的分层思想

计算机网络在 20 世纪 70 年代迅速发展，特别是在 ARPANET 建立以后，世界上许多计算机大公司都先后推出了自己的计算机网络体系结构，如 IBM 公司的系统网络结构 SNA、DEC 公司的分布式网络结构 DNA 等，但这些网络体系结构具有封闭的特点，它们只适合于本公司的产品联网，其他公司的计算机产品很难入网，这就妨碍了实现异种计算机互联以达到信息交换、资源共享、分布处理和分布应用的需求。客观需求迫使计算机网络体系结构由封闭走向开放式。国际标准化组织 ISO 经过多年努力于 1984 年提出了"开放系统互连基本参考模型"（ ISO/OSI-RM ），从此开始了有组织有计划地制定一系列网络国际标准。

用户的资源和信息存储在采用不同操作系统的主机中，这些主机分布在网络的不同地方，需要在不同的传输介质上实现采用不同操作系统的主机之间的通信，解决异构计算机和异构网络互连问题的方法是分层思想需要解决的问题。

分层思想带来了许多好处，如使我们易于解决通信的异构性（ hetero- geneity ）问题，上层解决不同语言的相互翻译（数据的不同表示），下层解决信息传递，使复杂问题简化，高层屏蔽低层细节问题，每层只关心本层的内容，不用知道其他层如何实现，使设计容易实现，每个层次向上一层提供服务，向下一层请求服务。

ISO 7498 信息处理系统-开放系统互连-基本参考模型（ISO 7498，Information Processing

Systems-Open Systems Interconnection-Basic references model）是 OSI 标准中最基本的，它从 OSI 体系结构方面规定了开放系统在分层、相应层对等实体的通信、标识符、服务访问点、数据单元、层操作和 OSI 管理等方面的基本组成元素和功能，并从逻辑上把每个开放系统划分为功能上相对独立的 7 个有序的子系统。所有互连的开放系统中，对应的各子系统结合起来构成开放系统互连基本参考模型中的一层。这样，OSI 体系结构就构成了相对独立的 7 个层次。

按照一般的概念，网络技术和设备只有符合有关的国际标准才能在大范围内获得工程上的应用，但现在情况却反过来了，得到最广泛应用的不是法律上的国际标准 OSI，而是非国际标准 TCP/IP，所以，TCP/IP 就常被称为是事实上的国际标准。从这种意义上说，能够占领市场的就是标准，在过去制定标准的组织中往往以专家、学者为主，但现在许多公司都纷纷挤进各种各样的标准化组织，使得技术标准具有浓厚的商业气息。一个新标准的出现，有时不一定反映出其技术水平是最先进的，而是往往有着一定的市场背景。

二、网络体系层次的相关概念

计算机的网络结构可以从网络体系结构、网络组织和网络配置 3 个方面来描述，网络体系结构是从功能上来描述计算机网络结构；网络组织是从网络的物理结构和网络的实现两方面来描述计算机网络；网络配置是从网络应用方面来描述计算机网络。

1．计算机网络体系结构

网络体系结构最早由 IBM 公司在 1974 年提出，名为 SNA。计算机网络体系结构中定义了相关概念。

计算机网络体系结构是指计算机网络层次结构模型和各层协议的集合。结构化是指将一个复杂的系统设计问题分解成一个个容易处理的子问题，然后加以解决。层次结构是指将一个复杂的系统设计问题分成层次分明的一组组容易处理的子问题，各层执行自己所承担的任务。

计算机网络结构采用结构化层次模型，有如下优点。

（1）各层之间相互独立，即不需要知道低层的结构，只要知道是通过层间接口所提供的服务。

（2）灵活性好，只要接口不变就不会因层的变化（甚至是取消该层）而变化。

（3）各层采用最合适的技术实现而不影响其他层。

（4）有利于促进标准化，这是因为每层的功能和提供的服务都已经有了精确的说明。

2．网络协议

网络中计算机的硬件和软件存在各种差异，为了保证相互通信及双方能够正确地接收信息，必须事先形成一种约定，即网络协议。协议是为实现网络中的数据交换而建立的规则标准或约定。网络协议三要素是指：语法、语义、同步。语法确定通信双方"如何讲"，定义了数据格式、编码和信号电平等。语义确定通信双方"讲什么"，定义了用于协调同步和差错处理等控制信息。同步确定通信双方"讲话的次序"，定义了速度匹配和排序等。

1.6.2　ISO/OSI 参考模型

一、ISO/OSI 参考模型体系的形成

计算机网络是计算机的互连，它的基本功能是网络通信。网络通信根据网络系统的拓扑结构可归纳为两种基本方式。

第一种为相邻节点之间通过直达通路的通信，称为点到点通信。

第二种为不相邻节点之间通过中间节点链接起来形成间接可达通路的通信，称为端到端通信。

很显然，点到点通信是端到端通信的基础，端到端通信是点到点通信的延伸。点到点通信时，在两台计算机上必须有相应的通信软件。这种通信软件除了具有与各自操作管理系统的接口外，还应有两个接口界面：一个向上，也就是向用户应用的界面；一个向下，也就是向通信的界面。这样通信软件的设计就自然划分为两个相对独立的模块，形成用户服务层 US 和通信服务层 CS 两个基本层次体系。

端到端通信链路是把若干点到点的通信线路通过中间节点链接起来而形成的。因此，要实现端到端通信，除了要依靠各自相邻节点间点到点通信连接的正确可靠外，还要解决两个问题：第一，中间节点要具有路由转接功能，即源节点的报文可通过中间节点的路由转发，形成一条到达目标节点的端到端的链路；第二，端节点上要具有启动、建立和维护这条端到端链路的功能。启动和建立链路是指发送端节点与接收端节点在正式通信前双方进行的通信，以建立端到端链路的过程，维护链路是指在端到端链路通信过程中对差错或流量控制等问题的处理。

为了实现不同厂家生产的计算机系统之间以及不同网络之间的数据通信，就必须遵循相同的网络体系结构模型，否则异种计算机就无法连接成网络，这种共同遵循的网络体系结构模型就是国际标准——开放系统互连参考模型，即 ISO/OSI。

ISO 发布的最著名的标准是 ISO/IEC 7498，又称为 X.200 建议，将 ISO/OSI 参考模型依据网络的整个功能划分成应用层、表示层、会话层、传输层、网络层、链路层和物理层 7 个层次，以实现开放系统环境中的互连性、互操作性和应用的可移植性。

ISO 将整个通信功能划分为 7 个层次，分层原则如下。

（1）网络中各节点都有相同的层次。

（2）不同节点的同等层具有相同的功能。

（3）同一节点内相邻层之间通过接口通信。

（4）每一层使用下层提供的服务，并向其上层提供服务。

（5）不同节点的同等层按照协议实现对等层之间的通信。

二、ISO/OSI 参考模型体系结构

ISO/OSI 配置管理的主要目标就是网络适应系统的要求。ISO/OSI 参考模型层次结构如图 1-18 所示，低三层可看作是传输控制层，负责有关通信子网的工作，解决网络中的通信问题。高三层为应用控制层，负责有关资源子网的工作，解决应用进程的通信问题；传输层为通信子网和资源子网的接口，起到连接传输和应用的作用。

ISO/OSI 的最高层为应用层，面向用户提供应用的服务，最低层为物理层，连接通信媒体实现数据传输。层与层之间的联系是通过各层之间的接口进行的，上层通过接口向下层提供服务请求，而下层通过接口向上层提供服务。

两个计算机通过网络进行通信时，除了物理层之外（说明了只有物理层才有直接连接），其余各对等层之间均不存在直接的通信关系，而是通过各对等层的协议来进行通信。例如，两个对等的网络层使用网络层协议通信，只有两个物理层之间才通过媒体进行真正的数据通信。

当通信实体通过一个通信子网进行通信时，必然会经过一些中间节点，通信子网中的节点只涉及低三层的结构。

在 ISO/OSI 中，系统间的通信信息流动过程是：发送端的各层从上到下逐步加上各层的控制信息构成的比特流传递到物理信道，然后再传输到接收端的物理层，经过从下到上逐层去掉相应层的控制信息得到的数据流最终传送到应用层的进程。

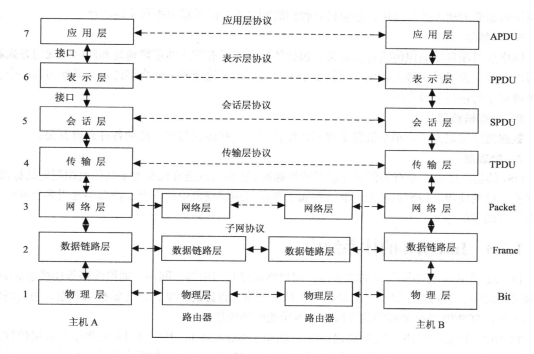

图 1-18　ISO/OSI 参考模型的层次结构

由于通信信道的双向性，因此数据的流向也是双向的。比特流的形成可以描述为如下过程：
数据 DATA→应用层（DATA+报文头 AH，用 L7 表示）→表示层（L7+控制信息 PH）→会话层（L6+
控制信息 SH）→传输层（L5+控制信息 TH）→网络层（L4+控制信息 NH）→数据链路层（差错
检测控制信息 DT+L3+控制信息 DH）→物理层（比特流）。

三、ISO /OSI 参考模型的各层功能

1．应用层

应用层负责与其他计算机进行通信，它对应应用程序的通信服务。例如，一个没有通信功能
的文字处理程序就不能执行通信的代码，从事文字处理工作的程序员也不关心 OSI 的第 7 层。但
是，如果添加了一个传输文件的选项，那么字处理程序的程序员就需要实现 OSI 的第 7 层。应用
层常用的协议有 Telnet、HTTP、FTP、WWW、NFS 和 SMTP 等。

2．表示层

表示层的主要功能是定义数据格式及加密。例如，FTP 允许选择以二进制或 ASCII 格式传输。
如果选择二进制，那么发送方和接收方不改变文件的内容。如果选择 ASCII 格式，则发送方将把
文本从发送方的字符集转换成标准的 ASCII 后发送数据。在接收方将标准的 ASCII 转换成接收方
计算机的字符集。

3．会话层

会话层定义了如何开始、控制和结束一个会话，包括对多个双向消时的控制和管理，以便在
只完成连续消息的一部分时可以通知应用，从而使表示层看到的数据是连续的，在某些情况下，
如果表示层收到了所有的数据，则用数据代表表示层。

4．传输层

传输层的功能包括确定是选择差错恢复协议，还是无差错恢复协议，以及在同一主机上对不

同应用数据流的输入进行复用，还包括对收到的顺序不对的数据包进行重新排序。

5．网络层

网络层对端到端的包传输进行定义，包括能够标识所有节点的逻辑地址和路由实现的方式和学习的方式。为了适应最大传输单元长度小于包长度的传输介质，网络层还定义了如何将一个包分解成更小的包的分段方法。

6．数据链路层

数据链路层定义了在单个链路上如何传输数据。这些协议与被讨论的各种介质有关。

7．物理层

OSI 的物理层规范是有关传输介质的特性标准，这些规范通常也参考了其他组织制定的标准。连接头、针的使用、编码以及光调制等都属于各种物理层规范中的内容。物理层常用多个规范完成对所有细节的定义。

1.6.3　Internet 的体系结构

Internet 是由无数不同类型的服务器、用户终端以及路由器、网关、通信线路等连接组成的，不同网络之间、不同类型设备之间要完成信息的交换、资源的共享，就需要有功能强大的网络软件的支持，TCP/IP 就是能够完成互联网这些功能的协议集。

TCP/IP（传输控制协议/网际协议）源于美国的 ARPANET，其主要目的是提供与底层硬件无关的网络之间的互连，包括各种物理网络技术。TCP/IP 并不是单纯的两个协议，而是一组通信协议的聚合，所包含的每个协议都具有特定的功能，完成相应 OSI 层的任务。

TCP/IP 协议具有如下特点。

（1）开放的协议标准（与硬件、OS 无关）。

（2）独立于特定的网络硬件（运行于 LAN、WAN，特别是互联网中）。

（3）统一网络编址（网络地址的唯一性）。

（4）标准化高层协议可提供多种服务。

一、TCP/IP 的层次结构

TCP/IP 采用四层结构，如图 1-19 所示，由于设计时并未考虑到要与具体的传输媒体相关，所以没有对数据链路层和物理层做出规定。实际上，TCP/IP 的这种层次结构遵循着对等实体通信原则，每一层实现特定功能。TCP/IP 的工作过程可以通过"自上而下，自下而上"形象地描述，数据信息的传递在发送方按照应用层—传输层—网际层—网络接口层顺序，在接收方则相反，按低层为高层服务的原则。

OSI 参考模型	TCP/IP 参考模型
应用层	应用层
表示层	
会话层	
传输层	传输层
网络层	网际层
数据链路层	接入层
物理层	

图 1-19　TCP/IP 四层结构与 OSI/RM 七层结构对比

应用层与 OSI 参考模型中的高三层任务相同,用于提供网络服务。传输层又称为主机至主机层,与 OSI 传输层类似,负责主机到主机之间的端到端通信,使用传输控制协议 TCP 和用户数据包协议 UDP。网际层也称互连层、网间网层,主要功能是处理来自传输层的分组,将分组形成数据包(IP 数据包),并为该数据包进行路径选择,最终将数据包从源主机发送到目的主机。常用的协议是网际协议 IP。网络接口层对应 OSI 的物理层和数据链路层,负责通过网络发送和接收 IP 数据报。

二、TCP/IP 协议集

TCP/IP 协议集包含的主要协议,如图 1-20 所示。

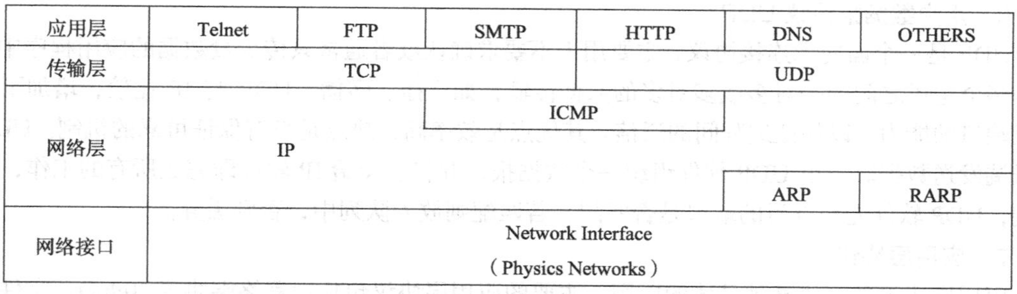

应用层	Telnet	FTP	SMTP	HTTP	DNS	OTHERS
传输层	TCP			UDP		
网络层	IP		ICMP			
					ARP	RARP
网络接口	Network Interface（Physics Networks）					

图 1-20　TCP/IP 协议集

1. 网际协议（IP）

IP 是一个无连接的协议,在对数据传输处理上,只提供"尽最大努力传送机制",也就是尽最大努力完成投递服务,而不管传输正确与否。

IP 的特点一是提供无连接的数据报传输机制,二是能完成点对点的通信。IP 协议用于主机与网关、网关与网关、主机与主机之间的通信。IP 的主要功能有 IP 的寻址(体现在能唯一标识的通信媒体)、面向无连接数据报传送(实现 IP 向 TCP 协议所在的传输层提供统一的 IP 数据报,主要采用的方法是分段、重装、实现物理地址到 IP 地址的转化)、数据报路由选择(同一网络沿实际物理路由传送的直接路由选择和跨网络的经路由器或网关传送的间接路由选择)和差错处理(是指 ICMP 提供的功能)等。

2. 网际控制报文协议 ICMP

ICMP 允许主机或路由器报告差错情况和提供有关异常情况的报告。

3. 网际主机组管理协议 IGMP

IGMP 可以将分组传播到位置不在一起,但属于一个子网的许多个主机。

4. 地址解析协议 ARP 和反向地址解析协议 RARP

在一个物理网络中,网络中的任何两台主机之间进行通信时,都必须获得对方的物理地址,而使用 IP 地址的作用就在于它提供了一种逻辑的地址,能够使不同网络之间的主机进行通信。当 IP 把数据从一个物理网络传输到另一个物理网络之后,就不能完全依靠 IP 地址了,而要依靠主机的物理地址。为了完成数据传输,IP 必须具有一种确定目标主机物理地址的方法,也就是说要在 IP 地址与物理地址之间建立一种映射关系,而这种映射关系被称为地址解析。地址解析包括正向地址解析协议 ARP(从 IP 地址到物理地址的映射)和逆向地址解析协议 RARP(从物理地址到 IP 地址的映射)。

5. 传输控制协议 TCP

TCP 是一个面向连接、端对端的全双工通信协议,通信双方需要建立由软件实现的虚连接,为数据报提供可靠的数据传送服务。

TCP 主要完成对数据报的确认、流量控制和网络拥塞的处理，自动检测数据报，并提供错误重发功能，将多条路由传送的数据报按照原序排列，并对重复数据进行择取；控制超时重发，自动调整超时值，提供自动恢复丢失数据等功能。

TCP 的数据传输过程是建立 TCP 连接、传送数据(传输层将应用层传送的数据存在缓存区中，由 TCP 将它分成若干段再加上 TCP 包头构成传送协议数据单元 TPDU 发送给 IP 层，采用 ARQ 方式发送到目的主机，目的主机对存入输入缓存区的 TPDU 进行检验，确定是要求重发还是接收)、结束 TCP 连接。

6. 用户数据报协议 UDP

UDP 是一个面向无连接协议，主要用于不要求确认或者通常只传少量数据的应用程序中，或者是多个主机之间的一对多或多对多的数据传输，如广播、多播。UDP 与 IP 比较，增加了提供协议端口的能力，以保证进程间的通信。其优点是效率高，缺点是没有保证可靠的机制。UDP 在发送端发送数据时，由 UDP 软件组织一个数据报，并将它交给 IP 软件即完成所有的工作，在接收端，UDP 软件先检查目的端口是否匹配，若匹配则放入队列中，否则丢弃。

7. 应用层协议

应用层协议要完成某种具体的应用，主要的应用层协议包括远程终端协议 Telnet、文件传输协议 FTP、超文本传输协议 HTTP、域名服务 DNS、动态主机配置协议 DHCP、网络文件系统 NFS、简单网络管理协议 SNMP、简单邮件传输协议 SMTP 和路由信息协议 RIP 等。

三、OSI 与 TCP/IP 参考模型的比较

1. 共同点

(1) 两者都以协议栈的概念为基础，并且协议中的协议彼此独立。

(2) 两个模型中各层的功能也大体相似。

(3) 两个模型传输层之上的各层也都是传输服务的用户，并且用户是面向应用的用户。

2. 不同点

(1) 对于 OSI 模型有 3 个明确的核心概念：服务、接口、协议。而 TCP/IP 对此没有明确的区分。

(2) OSI 模型是在协议发明之前设计的，而 TCP/IP 是在协议出现之后设计的。

(3) 一个更直接的区别在于 OSI 模型有 7 层，而 TCP/IP 只有 4 层。

(4) OSI 的网络层同时支持无连接和面向连接的通信，但在传输层上只支持面向连接的通信。而 TCP/IP 模型的网络层上只有一种无连接通信模式，但在传输层上同时支持两种通信模式。

1.6.4 计算机网络的原理体系结构

OSI 的七层协议体系结构既复杂又不实用，但其概念清楚，体系价格低廉，理论完整。TCP/IP 的协议现在得到了全世界的承认，但它实际上并没有一个完整的体系结构。TCP/IP 是一个 4 层的体系结构，包括应用层、传输层、网际层和网络接口层。但从实际上讲，TCP/IP 只有 3 层，应用层、传输层、网际层，因为最下面的网络接口层并没有什么具体内容。因此在学习计算机网络的原理时往往采取折中的办法，即综合 OSI 和 TCP/IP 的优点，采用一种原理体系结构，它只有 5 层，如图 1-21 所示，这样既简洁，又能将概念阐述清楚。

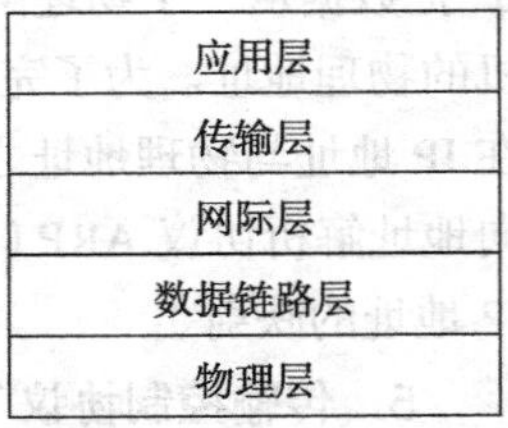

应用层
传输层
网际层
数据链路层
物理层

图 1-21 网络原理体系结构

　　下面结合 Internet 的情况，自上而下简单介绍各层的主要功能，但只有认真学习完第三章的协议后才能真正弄清各层的作用。

1. 应用层（application layer）

　　应用层是原理体系结构中的最高层。应用层确定进程之间通信的性质，以满足用户的需要（这反映在用户所产生服务请求），这里的进程就是指正在运行的程序。应用层不仅要提供应用进程所需要的信息交换和远程操作，还要作为互相作用的应用进程的用户代理（useragent），来完成一些为进行语义上有意义的信息交换所必须的功能。它直接为用户提供应用邮件的 SMTP 和文件传输的 FTP 等应用层协议。

2. 传输层（transport layer）

　　传输层的主要工作就是负责主机中两个进程之间的通信，其数据传输的单位是报文段。传输层具有复用和分用的功能。传输层中的多个进程可复用下面网络层的传输功能，到了目的主机的网络层后，再使用分用功能，将数据交付给相应的进程。Internet 的传输层可使用两种不同协议，即面向连接的传输控制协议 TCP 和无连接的用户数据报协议 UDP。面向连接的服务能够提供可靠的交付，但无连接服务则不能提供可靠的交付，它只是"尽最大努力交付"。这两种服务方式都很有用，各有其优缺点。

　　在分组交换网内的各个节点交换机都没有传输层。传输层只能存在于分组交换网外面的主机之中，传输层以上的各层就不再关心信息传输的问题了。正因为如此，传输层才成为计算机网络体系结构中非常重要的一层。

3. 网络层（network layer）

　　网络层负责为分组交换网上的不同主机提供信息。在网络层，数据的传送单位是分组或包。在 TCP/IP 体系中，分组也叫作 IP 数据报，或简称为数据报。因此不要将传输层的用户数据报和网络层的 IP 数据报弄混。网络层的任务就是选择合适的路由，使发送站的传输层所传下来的分组能够按照地址找到目的主机。

　　这里要强调指出，网络层中的"网络"二字，已不是我们通常谈到的具体的网络，而是在计算机网络体系结构模型中的专用名词。Internet 是一个很大的互联网，它由大量的异构网络通过路由器相互连接起来。Internet 主要的网络层协议是无连接的网际协议 IP 和许多种路由选择协议，因此，Internet 的网络层也叫做网际层或 IP 层。在本书中，网络层、网际层和 IP 层都是同义语。

4. 数据链路层（data link layer）

　　数据链路层的任务是在两个相邻节点间的线路上无差错地传送以帧（frame）为单位的数据，每一帧包括数据和必要的控制信息。在传送数据时，若接收节点检测到所收到的数据中有差错，就要通知发方重发这一帧，直到这一帧正确无误地到达接收节点为止。每一帧控制信息都包括同步信息、地址信息、差错控制以及流量控制信息等。数据链路层有时也常简称为链路层。这样，数据链路层就把一条有可能出差错的实际链路，转变成为让网络层向下看去好像是一条不出差错的链路。

5. 物理层（physical layer）

　　物理层的任务就是透明地传送比特流。物理层所传数据的单位是比特。透明是一个很重要的术语。它表示某个实际存在的事物看起来好像不存在一样，透明地传送比特流表示经实际电路传送后的比特流没有发生变化。因此，对于传送比特流来说，由于这个电路并没有对其产生什么影响，因而比特流就看不见这个电路。或者说，这个电路对该比特流来说是透明的。这样，任意组合的比特流都可以在这个电路上传送。当然，哪几个比特代表什么意思，则不是物理层所要考虑的。

物理层要考虑用多大的电压代表"1"和"0"，以及当发送端发出比特"1"时，在接收端如何识别出这是比特"1"而不是比特"0"。物理层还要确定连接电缆的插头应当有多少引脚以及各个引脚应如何连接。

在 Internet 所使用的各种协议中，最重要的和最著名的就是 TCP 和 IP 两个协议。现在人们经常提到的 TCP/IP 并不一定是指 TCP 和 IP 这两个具体的协议，而往往是表示 Internet 所使用的体系结构或是指整个 TCP/IP 协议集。

习 题 一

一、填空题

1. 网络按地理覆盖范围分为_____、_____、_____。

2. 常用的网络拓扑结构有_____。

3. 网络按计算机系统功能可分为_____和_____两部分。

4. 计算机网络是_____与_____密切结合的产物。

5. 计算机之间要通信，要交换信息，彼此就需要有某些约定和规则，这些约定和规则就是_____。

6. 从逻辑上看，计算机网络是由_____子网和_____子网组成的。

7. OSI 参考模型自低到高依次是_____、_____、_____、_____、_____、_____、_____。

二、选择题

1. Internet 的拓扑结构是（　　　）。

   A. 总线型　　　　　B. 星型　　　　　C. 环型　　　　　D. 网状型

2. 下列哪些是计算机网络正确的定义（　　　）。

   A. 计算机网络仅仅只是计算机的集合

   B. 计算机网络的目的是相互共享资源

   C. 计算机网络只是通过网线来实现计算机之间的连接

   D. 计算机网络中的一台计算机不可以参与另一台计算机的工作

3. 下列哪一项描述是 Internet 的不正确的定义（　　　）。

   A. 互联网　　　　　　　　　　　B. 一个由许多个网络组成的网络

   C. 是网状的拓扑结构　　　　　　D. 采用 CSMA/CD 协议

4. 下列协议不属于网络层的是（　　　）。

   A. TCP　　　　　B. IP　　　　　C. ARP　　　　　D. ICMP

5. TCP/IP 将计算机网络分为（　　　）层。

   A. 三　　　　　B. 四　　　　　C. 五　　　　　D. 七

6. 最早出现的计算机网络是（　　　）。

   A. APANET　　　B. Ethernet　　　C. Internet　　　D. Windows NT

7. 便于管理和控制的拓扑结构是（　　　）。

   A. 总线型　　　　　B. 星型　　　　　C. 环型　　　　　D. 网状型

8. 一般将校园网归于 (   )。

    A. 局域网   B. 城域网   C. 互联网   D. 广域网

三、简答题

1. 简述通信子网与资源子网的主要工作。

2. 简述总线型、星型和环型拓扑结构的优缺点。

3. 简述计算机网络的分层思想，分析分层思想给网络应用带来的好处。

4. 简述 OSI/RM 七层结构各层的功能。

5. 简述 TCP/IP 四层结构与 OSI/RM 七层结构的相同点与不同点。

6. 简述数据链路层的主要功能。

第2章
网络通信介质及通信设备

计算机网络是通过各种网络设备和通信介质连接的。本章将介绍计算机网络中各种通信介质和通信设备的特点以及选择网络通信介质及通信设备的方法。

2.1 网络通信介质

2.1.1 有线通信介质

目前，计算机网络的有线通信介质主要有同轴电缆、双绞线和光纤3种。

一、同轴电缆

同轴电缆是计算机网络中常见的传输介质之一，它是一种带宽宽、误码率低、性价比较高的传输介质，在早期的局域网中应用广泛。

1. 同轴电缆的结构

顾名思义，同轴电缆由一组共轴心的电缆构成。其由内到外通常包括中心铜线、绝缘层、网状屏蔽层和塑料封套4个部分，如图2-1所示。

同轴电缆中的铜芯外包裹一层绝缘层，这是为了将铜芯与金属屏蔽层隔开，避免接触短路而造成数据传输错误。网状屏蔽层是为了屏蔽外界对数据传输的干扰，同时也起到接地的作用。同轴电缆的最外层通常由橡胶、塑料或其他绝缘材料做成，用于保护内部的结构不易被破坏。因为铜芯外的屏蔽层可以阻挡外

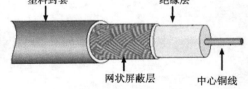

图2-1　同轴电缆结构示意图

界的干扰信号，所以同轴电缆有较强的抗干扰能力，能够保证数据在电缆中准确无误地传输，同时在没有中继器的情况下，数据在同轴电缆中的传输距离也比双绞线远，不过价格自然也比双绞线高。

2. 同轴电缆的分类

应用于计算机网络的同轴电缆主要有两种，即"粗缆"和"细缆"，它们都属于"基带同轴电缆"（以区别于广播电视所用的"宽带同轴电缆"）。下面分别进行介绍。

（1）粗缆。

粗缆的全称为"粗同轴电缆"，简称为"AUI"，其直径为1.27cm，阻抗为50Ω，每隔2.5m有

一个标记，该标记用于连接收发器。最大干线段长度为 500m，最大网络干线电缆长度为 1 500m，每条干线段支持的最大节点数为 100，收发器之间的最小距离为 2.5m，收发器电缆的最大长度为 50m，最大传输距离为 500m。同轴粗缆的结构与同轴细缆一样，区别在于其线芯是一根完整的铜芯。

粗缆由于直径较大，因此弹性较差，不适合在室内狭窄的环境内架设。它的连接头的制作方法也相对复杂得多，不能直接与计算机连接，它需要通过一个转接器转换后，才能连接到计算机上。另一方面，由于粗缆的强度较大，具有较高的可靠性，网络抗干扰能力强，最大传输距离也比细缆远，因此粗缆适用于较大型的局域网，粗缆的主要用作网络的主干线。粗缆及其配件主要有：BNC 接头、收发器、终端电阻。

（2）细缆。

细缆是指"细同轴电缆"，它的英文简称为"BNC"，细同轴电缆与粗同轴电缆结构类似，只是直径不同，有时是由多条细铜线组成的。剥开同轴细缆外层保护胶皮，可以看到里面分别是金属屏蔽网线（接地屏蔽线）、乳白色透明绝缘层和芯线（信号线），芯线由多条铜线构成，金属屏蔽网线是由金属线编织的金属网，内外层导线之间用乳白色透明绝缘物填充。

细缆的直径为 0.26cm，最大传输距离为 180m，线材价格和连接头成本都比较低，且不需要购置集线器等设备，十分适合架设终端设备较为集中的小型以太网络。安装时，细缆线总长不要超过 180m，否则信号将严重衰减。

二、双绞线

双绞线（twisted pair，TP）是综合布线工程中最常用的一种传输介质。双绞线由两根具有绝缘保护层的铜导线组成，把两根绝缘的铜导线按一定密度互相绞在一起，可降低信号干扰的程度，每一根导线在传输中辐射的电波会被另一根线上发出的电波抵消。双绞线一般由两根绝缘铜导线相互缠绕而成。如果把一对或多对双绞线放在一个绝缘套管中便成了双绞线电缆。在双绞线电缆（也称双扭线电缆）内，不同线对具有不同的扭绞长度，扭绞的长度一般为 14～38.1mm，按逆时针方向扭绞，相邻线对的扭绞长度在 12.7mm 以上。与其他传输介质相比，双绞线在传输距离、信道宽度和数据传输速率等方面均受到一定限制，但价格较为低廉。

1. 双绞线的结构

双绞线的结构类似于电话线，由彩色、绝缘的铜线对组成，每根铜线的直径为 0.4～0.8mm，两根铜线互相缠绕在一起，如图 2-2 所示。每对铜线中的一根传输信号，另一根接地并吸收干扰。

每一对铜线中，每英寸的缠绕数量越多，对所有形式噪音的抗噪性就越好，质量越好，价格越高的双绞线电缆在每英寸中的缠绕数量也越多。但每米或每英尺的缠绕率也越高，这也会导致更大的信号衰减。为使性能最优化，双绞线缆生产厂商必须在串扰和衰减之间取得平衡。

由于双绞线被广泛用于许多不同的领域，它有上百种不同的设计形式。这些设计的不同之处在于它们的缠绕率、所包含的铜线线对数、所使用的铜线级别、屏蔽类型以及屏蔽使用的材料。

图 2-2　双绞线

一根双绞线可以包括 1～4 对铜线，早期的网络电缆一般是两对，一对负责发送数据，另一对负责接收数据。现代网络一般使用包含 2～4 对铜线的双绞线，从而有多根电线同时发送和接收数据。

双绞线电缆可以分为屏蔽双绞线和非屏蔽双绞线两种。

（1）屏蔽双绞线。

屏蔽双绞线（STP）的缠绕电线对被一种用金属箔制成的屏蔽层包围，而且每个线对中的电线也是相互绝缘的。屏蔽层上的噪音与双绞线上的噪音反相，从而使得两者相抵消来达到屏蔽噪音的目的。影响 STP 屏蔽作用的因素包括环境噪音的级别和类型、屏蔽层的厚度和所使用的材料、接地方法以及屏蔽的对称性和一致性等。图 2-3 为屏蔽双绞线的结构示意图。

（2）非屏蔽双绞线。

非屏蔽双绞线（UTP）包括一对或多对由塑料封套包裹的绝缘电线对。UTP 没有屏蔽双绞线的屏蔽层。因此，UTP 比 STP 便宜，抗噪性也相对较低。图 2-4 为典型的非屏蔽双绞线。

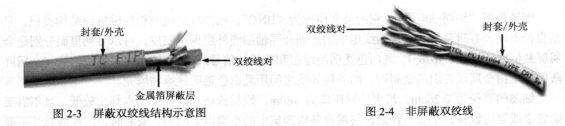

图 2-3 屏蔽双绞线结构示意图   图 2-4 非屏蔽双绞线

IEEE 已将 UTP 命名为"10 Base T"，其中"10"代表最大数据传输速率为 10Mbit/s，"Base"代表采用基带传输方法传输信号，"T"代表 UTP。

2. 双绞线的分类

TIA/EIA 568 标准中对双绞线进行了规范的说明，这个标准是早在 1991 年，由 TIA（电信工业协会）和 EIA（电子工业协会）两个标准化组织完成的。TIA/EIA 568 标准将双绞线电线分成 1、2、3、4、5 和 6 类，不久又提出了 7 类，所有这些电缆都必须符合 TIA/EIA 568 标准，使用最多的当数 3 类和 5 类双绞线。

（1）1 类线（CAT 1）。

1 类线是一种包括两个电线对的 UTP 形式。1 类线适用于话音通信，而不适用于数据通信。因为其每秒最多只能传输 20 千位（kbit/s）的数据。

（2）2 类线（CAT 2）。

2 类线是一种包括 4 个电线对的 UTP 形式。数据传输速率可以达到 4Mbit/s。由于其数据传输速率较低，因此 2 类线很少用于目前的网络中。

（3）3 类线（CAT 3）。

3 类线是一种包括 4 个电线对的 UTP 形式。在带宽为 16MHz 时，数据传输速率最高可达 10Mbit/s，3 类线一般用于 10Mbit/s 的 Ethernet 或 4Mbit/s 的 TokenRing。

（4）4 类线（CAT 4）。

4 类线是一种包括 4 个电线对的 UTP 形式。它能支持 10Mbit/s 的吞吐量，可确保信号带宽高达 20MHz，可用于 16Mbit/s 的 Token Ring 或 10Mbit/s 的 Ethernet 网络。

（5）5 类线（CAT 5）。

5 类线用于新网安装及更新到 Ethernet 的最流行的 UTP 形式。CAT 5 包括 4 个电线对，支持 100Mbit/s 吞吐量和 100Mbit/s 信号速率。除 100Mbit/s Ethernet 之外，CAT 5 电缆还支持其他快速联网技术，如异步传输模式（ATM）。

（6）超 5 类线（CAT 5e）。

超 5 类线是 CAT 5 电缆更高级别的版本。它包括高质量的铜线，能提供高的缠绕率，并使用先进的方法以减少串扰。超 5 类线能支持高达 200MHz 的信号速率，是常规 CAT 5 容量的 2 倍，是目前比较主流的线缆。

（7）6 类线（CAT 6）。

6 类线包括 4 对电线对的双绞线电缆。每对电线被绝缘箔包裹，另一层绝缘箔包裹在所有电线对的外面，同时一层防火塑料封套包裹在第二层箔层外面，绝缘箔对串扰提供了较好的阻抗，从而使 CAT 6 能支持更大的吞吐量。6 类线已经逐渐取代超 5 类线成为主流的布线选择。

（8）7 类线（CAT 7）。

7 类双绞线标准带宽为 600MHz。但是到目前为止，该标准还没有被产业化。

3. 双绞线的连接方法

5 类双绞线中有 8 根电缆，每根电缆用 1、2、3、4、5、6、7、8 进行编号，其颜色顺序分别为棕色、棕白色、橙色、橙白色、蓝色、蓝白色、绿色、绿白色，每种颜色和与之配套的白色线对缠绕在一起。

双绞线的线序标准有两种，即 EIA/TIA 568 A 和 EIA/TIA 568 B。568 A 的线序为绿白、绿、橙白、蓝、蓝白、橙、棕白、棕，568 B 的线序为橙白、橙、绿白、蓝、蓝白、绿、棕白、棕。

双绞线的制作方法大致有两种，即直接连接法和交叉连接法，下面分别进行讲解。

（1）直接连接法。

直接连接法主要用于两台或两台以上的计算机通过集线器（交换机或其他网络设备）进行连接，此时双绞线的一端按照一定顺序将线头接入水晶头，另一端也采用相同的连接顺序将其连入水晶头（RJ-45 接头）。这样的连线在大部分情况下可以完成数据信号的传输。但是这种连接方法在数据通信方面并不安全，可能会造成数据包丢失。直接连接法示意图如图 2-5 所示。

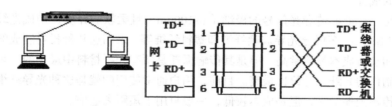

图 2-5　双绞线直接连接法

（2）交叉连接法。

交叉连接法适用于两台计算机直接连接或者在集线器之间相互连接。交叉连接法只需要将双绞线的一端采用 568 A 排序，另一端使用 568 B 排序，即将双绞线的一端与水晶头连接好后，在此基础之上将另一端与水晶头相连接，连接方法与第一端相同，只不过将连接水晶头第 1 脚与第 3 脚、第 2 脚与第 6 脚的网线位置对换。交叉连接法示意图如图 2-6 所示，采用双绞线交叉连接法时，各线的作用如表 2-1 所示。

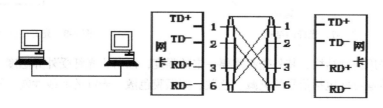

图 2-6　双绞线交叉连接法

表 2-1 　　　　　　　　　　　　　　　交叉连接法各线的作用

连接顺序	双绞线颜色（568B）	用　　途
1	橙白	TD+（发送信号正）
2	橙	TD-（发送信号负）
3	绿白	RD+（接收信号正）
4	蓝	不用（保留）
5	蓝白	不用（保留）
6	绿	RD-（接收信号负）
7	棕白	不用（保留）
8	棕	不用（保留）

三、光纤

光纤是光导纤维的简称，是一种性能非常优秀的网络传输介质。相对于其他传输介质而言，光纤具有众多的优点，如低损耗、高带宽和高抗干扰性等。目前，光纤是网络传输介质中发展最为迅速和最有前途的一种。

1. 光纤的结构和物理特性

光纤主要是在要求传输距离较长、布线条件特殊的情况下用于主干网的连接。光纤以光脉冲的形式来传输信号，因此材质也以玻璃或有机玻璃为主。光纤的结构和同轴电缆很类似，也是中心为一根由玻璃或透明塑料制成的光导纤维，周围包裹着保护材料，根据需要还可以将多根光纤并合在一根光缆里面，它由纤芯、色层和护套组成，如图 2-7 所示。

（1）光纤的成分。

光导纤维是一种能够传导光信号的极细（1~100μm）且柔软的介质，构成光纤的材料主要有超纯二氧化硅（SiO_2）、多成分光导玻璃纤维和塑料纤维等，采用这几种材料制成的光纤的特点是光纤技术成本和价格成本都非常高，但是其传输损耗是所有光纤材料中最小的。采用多成分光导玻璃纤维材质制作的光纤，性价比最高。目前，用户通常使用的就是这种光导纤维。采用塑料纤维制造的光纤传输损耗最大，但是成本较低，一般只用于短距离通信。

（2）光纤的构成。

要想真正了解光纤的构成，不妨将光纤从横向切断，其横截面为方形，由纤芯、保护层两部分组成，如图 2-8 所示。其中，纤芯为光通路；保护层由多层反射玻璃纤维构成，用来将光反射到纤芯上。

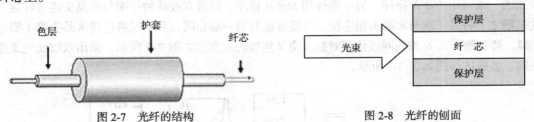

图 2-7　光纤的结构　　　　　　　　　　　　　　图 2-8　光纤的剖面

无论光纤采用何种结构，其外壳都需要一定的强度，以防止光纤受外界温度、撞击而折断。此外，光纤的传输特性包括信号的衰减、色散、偏振膜色散、光纤的非线性效应等。

2. 光纤的分类

根据光纤所用的材料、折射率分布形状、零色散波长等因素，可以把光纤分为多模光纤和单模光纤两大类。

（1）多模光纤。

多模光纤的中心玻璃芯较粗，一般为 50μm 或 62.5μm，可传输多种模式的光。但其模间色散较大，这就限制了传输数字信号的频率，而且随距离的增加会更加严重。因此，多模光纤传输的距离比较小，一般只有几千米。

（2）单模光纤。

单模光纤的中心玻璃芯很细，一般为 9μm 或 10μm，只能传输一种模式的光，这是与多模光纤最大的区别。正因为如此，单模光纤的模间色散很小，对光源的谱宽和稳定性的要求较高，适用于远程通信。

单模光纤和多模光纤的区别在于光线在光纤内的传播方式不同，如图 2-9 所示。单模光纤的传输性能优于多模光纤，但价格也较昂贵，多用于长距离、大容量的主干光缆传输系统，一般的局域网中多使用多模光纤。

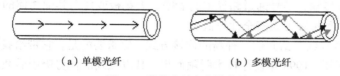

（a）单模光纤　　　　　　　　（b）多模光纤

图 2-9　单模光纤和多模光纤

3. 光纤的特点

光纤是一种新型的传输介质，其与双绞线、同轴电缆相比，具有以下几个突出的特点。

（1）体积小、质量轻：光纤与同轴电缆相比，其直径只有同轴电缆的 1/10 甚至更小。

（2）频带宽：光纤的频带较宽，因此其传输距离能达几十甚至上百千米，数据传输速率也能够高达 2Gbit/s。

（3）信号衰减小：光纤的物理特性导致数据在光纤内部进行传播，信号衰减比其他传输介质要小，而且能在长距离中保持常量进行传输。

（4）电磁隔离：光纤中的数据都是以光信号的形式传播，因此不会受到外部电磁场、脉冲噪音或串音等影响。

（5）中继器数量少：采用光纤作为传输介质，在传输过程中只需要使用少量的中继器，从而可以让误码率达到最低。

4. 光纤的连接方式

目前，光纤主要在大型的局域网中用作主干线路，光纤主要有 3 种连接方式，下面分别进行介绍。

（1）将光纤接入连接头并插入光纤插座。连接头要损耗 10%～20% 的光，但是它使重新配置系统很容易。

（2）用机械方法将其接合。方法是小心地将两根切割好的光纤的一端放在一个套管中，然后钳起来，让光纤通过结合处来调整，以使信号达到最大。这种连接方式会损失大约 10% 的光。

（3）两根光纤可以融合在一起。融合方法形成的光纤和单根光纤差不多相同，但也有一点衰减。

以上 3 种光纤连接方法的结合处都有反射，并且反射的能量会和信号交互作用。

2.1.2　无线通信介质

无线传输，顾名思义，是一种不用线缆传输方式，利用可以在空气中传播的微波、红外线等无线介质进行传输，由无线传输介质组成的局域网称为无线局域网（简称 WLAN）。利用无线通信技术，可以有效扩展通信空间，摆脱有线介质的束缚。应用于计算机网络的无线通信介质主要有红外线传输、蓝牙和微波通信三大类。

一、红外线传输

红外线传输速率可达 100Mbit/s，最大有效传输距离达到了 1 000m，这些指标几乎与多模光纤并驾齐驱。

红外线具有较强的方向性，它采用低于可见光的部分频谱作为传输介质。红外线信号要求视距传输，并且窃听困难，对外界几乎没有干扰。红外线作为传输介质时，可以分为直接红外线传输和间接红外线传输两种，其各自的特点如下。

（1）直接红外线传输：此种方式要求发射方和接收方彼此处在"看得见"的范围内，这种"看得见"范围内的要求，使得红外线传输比其他多种传输方法更加安全。

（2）间接红外线传输：信号通过路径中的墙壁、天花板或任何其他物体的反射传输数据。从传输的环境来看，这种传输方式安全性较低。

1974 年发明的红外线带给我们一种新的连接方式，更重要的是，它带给我们新的概念，让我们感到一种无线的清新。1998 年蓝牙技术脱颖而出，其以强劲的优势吸引着我们，并大有覆盖红外线之势。

二、蓝牙（Bluetooth）

蓝牙是 1998 年推出的一种新的无线传输方式，实际上就是取代数据电缆的短距离无线通信技术，通过低带宽电波实现点对点，或点对多点连接之间的信息交流。这种网络模式也被称为私人空间网络（personal area network，PAN），它以多个微网络或精致的蓝牙主控器/附属器构建的迷你网络为基础，每个微网络由 8 个主动装置和 255 个附属装置构成，而多个微网络连接起来又形成了扩大网，从而方便、快速地实现各类设备之间的通信。它是实现语音和数据无线传输的开放性规范，是一种低成本、短距离的无线连接技术。

三、微波通信

传统意义上的微波通信，可以分为地面微波通信与卫星通信两方面，下面分别进行介绍。

1．地面微波通信

地面微波通信以直线方式传播，各个相邻站点之间必须形成无障碍的直线连接，这就是经常看到采用高架天线塔进行微波发送的主要原因。地面微波通信需要在通信节点间建立多个微波中继站，以降低信号的衰减，使信号进行接力传输。由于地面微波使用的高频波段的频带范围很宽，具有较大的通信容量，微波通信受到的干扰相对较小，通信质量较高；建设微波站的成本相对较低，建设周期短，适合快速发展。

2．卫星通信

利用卫星进行通信是微波的另外一种常用的形式。由于卫星通信使用的频段相当宽，因此其信道容量很大，具有很强的数据传输能力。

卫星通信适合广播数据发送，通过卫星中继站，可以将信号向多个接收节点进行发送。信息传输的时延和安全性差是卫星通信的两个最大的弊端。

后续章节将继续介绍无线局域网的相关知识与典型配置。

2.2　网络通信设备

在计算机网络中，不仅需要网络传输介质，还需要一些常用的网络设备。常用网络设备包括网卡、调制解调器、交换机和路由器等，它们为计算机网络提供了数据传输和交换的功能，是组成计算机网络的硬件基础。

2.2.1　网卡

目前，几乎所有接入网络的计算机都需要用到网卡这个设备，由此可见其重要性非同一般。网卡质量的好坏，直接影响到计算机网络传输的稳定性和传输速率。

一、网卡的外观与用途

网卡，又称为网络卡、网络接口卡或者网络适配器，其英文全称为"network interface card"，简称为 NIC。

网络有多种类型，如以太网、令牌环和无线网络等，不同的网络必须采用与之相适应的网卡。现在使用最多的仍然是以太网，因此这里只讨论以太网网卡。图 2-10 为网卡的外观。

网卡作为重要的网络设备之一，其用途主要包括以下两个方面。

（1）接收网络中传送过来的数据包，对数据包进行解析后，传输给 CPU 进行处理。

（2）发送本地计算机上的数据包到网络中。

挡板　　网卡主芯片
信号指示灯　　金手指
网卡接口

图 2-10　网卡

二、网卡的种类

网卡的种类很多，根据不同的标准，有不同的分类方法。网卡常用的分类方法有根据网络种类划分、根据传输速率划分、根据工作对象划分、根据主板类型划分等，下面分别进行介绍。

1. 根据网络种类划分

由于目前的网络有 ATM 网、令牌环网和以太网之分，所以网卡也有 ATM 网卡、令牌环网网卡和以太网网卡之分。以太网的连接比较简单，使用和维护起来比较容易，所以目前市面上也以以太网网卡居多。

2. 根据传输速率划分

网卡还可按其传输速率（即其支持的带宽）分为 10Mbit/s 网卡、100Mbit/s 网卡、10/100Mbit/s 自适应网卡和千兆网卡等。其中，10/100Mbit/s 自适应网卡的最大传输速率为 100Mbit/s，该类网卡可根据网络连接对象的速度，在 10Mbit/s 与 100Mbit/s 速率之间自动切换。千兆网卡的最大传输速率为 1000Mbit/s，这主要用在专用的网络线路中，在平常不会经常使用，而且其传输速率也受到其他网络环境的限制。目前通常使用的是 10/100/1000Mbit/s 自适应网卡。

3. 根据工作对象划分

网卡根据工作对象的不同，还可以分为服务器专用网卡、PC 网卡、笔记本电脑专用网卡和无线局域网网卡 4 种。

（1）服务器专用网卡。

服务器专用网卡是为了适应网络服务器的工作特点而设计的。为了尽可能降低服务器 CPU 的负荷，一般都自带控制芯片，这类网卡售价较高，一般只安装在一些专用的服务器上。

（2）PC 网卡。

市场上常见的通常都是适合于 PC 使用的 PC 网卡，俗称为"兼容网卡"，此类网卡价格低廉、工作稳定，现已被广泛应用。

（3）笔记本电脑专用网卡。

笔记本电脑专用网卡，即 PCMCIA 网卡，其大小与扑克牌差不多，只是厚度稍微厚一些。PCMCIA 是笔记本电脑使用的总线，PCMCIA 插槽是笔记本电脑用于扩展功能的扩展槽。PCMCIA 总线分为两类，一类为 16 位的 PCMCIA，另一类为 32 位的 CardBus。

（4）无线局域网网卡。

无线局域网网卡是最近新推出的针对无线用户的网卡，它遵循 IEEE 802.11a、IEEE 802.11b、IEEE 802.11g 3 个标准，最高传输速率高达 54Mbit/s。目前很多办公场所都提倡使用无线局域网，无线局域网网卡的使用前景值得期待。在无线局域网中，还需要使用无线局域网交换机等设备。

4. 根据主板总线类型划分

按照主板的总线类型，网卡又可划分为 ELSA、ISA、PCI 和 USB 4 种，下面分别进行介绍。

（1）ELSA 与 ISA 网卡。

由于 EISA 和 ISA 是早期的总线类型，ELSA 与 ISA 总线不支持 100MHz 的数据传输，因此 ELSA 与 ISA 总线的网卡几乎被淘汰了。

（2）PCI 网卡。

PCI 是一种 32 位或 64 位的总线结构，它已经成为几乎所有个人计算机所采用的总线结构之一。PCI 比 ISA 板卡能更快地传输数据，与 PCI 总线对应的是 PCI 网卡，PCI 网卡是现在应用最广泛、最流行的网卡，它具有性价比高、安装简单等特点。

（3）USB 网卡。

USB 接口网卡是新近推出的产品，这种网卡是外置式的，具有不占用计算机扩展槽的优点，因而安装更为方便，主要是为了满足没有内置网卡的笔记本电脑用户。

5. 根据网卡接口划分

最为常见的网卡接口有 RJ-45、BNC 以及采用这两种模式的混合接口这 3 类，通常也根据接口情况来划分网卡类型。

（1）RJ-45 接口网卡。

与 RJ-45 接口匹配的传输介质是双绞线，采用这种接口类型的网卡最大传输速率可达到 1 000Mbit/s，能够满足一般用户对网络传输速率的需要。

（2）BNC 接口网卡。

BNC 接口网卡专门用于与同轴电缆连接。由于同轴电缆的传输特性，导致 BNC 接口网卡的传输速率最大只能达到 10Mbit/s，因此目前使用较少。

（3）混合接口网卡。

所谓混合接口，是指在网卡上同时具有 RJ-45 和 BNC 两种接口，这种网卡能适应不同的网络连接需求，但是，此类网卡的传输速率最大只能达到 10Mbit/s。

三、网卡的选择

网卡在计算机网络中扮演着十分重要的角色，因此，选择一款性能好的网卡能保证网络稳定、正常运行。在选择网卡时，需要注意以下几个方面。

1. 留意网卡的编号

由于每块网卡都有一个属于自己的物理地址卡号，负责与用户名直接连接，并进行网卡用户识别，网卡物理地址对应实际信号传输过程。网卡的编号是全球唯一的，未经认证或授权的厂家无权生产网卡。在购买网卡时，一定要注意网卡的编号。

正规厂家生产的网卡上都直接标明了该网卡所拥有的卡号，一般为一组 12 位的十六进制数，其中前 6 位代表网卡的生产厂商，后 6 位是由生产厂商自行分配给网卡的唯一号码。

2. 注意网卡的工作模式

通常情况下，网卡有全双工和半双工两种工作模式，与此对应的是全双工网卡和半双工网卡。

（1）全双工网卡，网卡在向网络中发送数据的同时，也能从网络中接收数据，发送和接收数据互不影响，能够同时进行，提高了网卡的使用效率。

（2）半双工网卡，简言之，网卡在某个时间点上，只能单一地完成向网络发送数据或者从网络接收数据的工作，而不能同时发送和接收数据，两者不能同时进行。

采用全双工网卡能够极大地提高数据传输和处理的能力，可以更好地利用网络带宽，提高网络资源的利用率。

3. 查看网卡的做工

正规厂商生产的网卡，做工精良，用料和走线都十分精细，金手指明亮光泽无晦涩感，很少出现虚焊现象，而且产品中附带有相应的精美包装和一册详细的说明书，驱动软盘甚至配置光盘，以及为方便用户使用的各种配件。而质量差的网卡产品，其包装粗糙无光，更没有详细使用说明。用户在选择时需要仔细查看。

4. 根据网卡的类型进行判断

前面已经提到，BNC 接口网卡由于网络速率的物理限制，无法超过 10Mbit/s，根本不能达到 100Mbit/s 的传输速率，因此市面上 100Mbit/s 的网卡或 10/100Mbit/s 自适应网卡只有一个 RJ-45 接口，不存在 100Mbit/s BNC 网卡。用户可以根据自己的理论知识，判断网卡的好坏。

5. 注重品牌

网卡同其他计算机硬件产品一样，也有名牌产品。国外知名的网络设备生产商如 3Com、Intel 等的产品性能稳定、品质优良。

除了上面介绍的几个方面外，在选购网卡时还应注意其是否支持自动网络唤醒功能、是否支持远程启动。此外，也不能缺少驱动程序的支持，用户需要考虑网卡驱动程序的多样性，这样就不会因为操作系统不支持网卡而感到困扰了。

2.2.2　调制解调器

调制解调器是"调制器-解调制器"的简称，大家常称呼它为"猫"，是其英文"Modem"的谐音。调制解调器通常安装在计算机和电话系统之间，使一台计算机能够通过电话线与另一台计算机进行信息交换。

一、调制解调器的功能与用途

调制解调器（modem）是用来做什么的呢？它是一个将数字信号与模拟信号进行互相转换的网络设备。调制解调器的一端连接计算机，另一端连接电话线接入电话网（PSTN）通过 Internet 服务提供商（ISP）接入 Internet。

这里以两台计算机使用 modem 实现网络通信为例，介绍其整个数据传送的过程，从而解析调制解调器的功能和用途。

在数据发送端，首先由 modem 将计算机的数字信号调制为模拟信号，通过电话线传递给 Internet。在数据接收端，由 modem 接收电话线传递来的模拟信号进行解调，将模拟信号转换为数字信号，然后传递给接收端的计算机，从而实现两台计算机的通信和数据传送。

在上述的过程中，modem 把将要发送的数字信号转换成在传输线路上使用的模拟信号的过程称为"调制"，把从电话线上接收到的模拟信号转换为计算机能够使用的数字信号的过程称为"解调"。modem 就是不断地在调制和解调之间进行切换，使用户的计算机通过普通电话线也能连接到网络。

二、调制解调器的种类

调制解调器按照结构的不同，通常分为外置式和内置式两种。

1. 内置式 modem

内置式 modem 又称为 modem 卡，是一块类似于网卡、显卡的 PC 扩展卡，可以直接安装在计算机的 PCI 扩展槽中。因为没有外壳和电源，所以内置式 modem 的制造成本较低，价格也较便宜。

除了有应用于台式机 PCI 接口的 modem 卡外，还有专用于笔记本电脑 PCMCIA 接口的 modem 卡。内置式 modem 的优点是不占用桌面空间、不易损坏和丢失、价格相对便宜。

2. 外置式 modem

外置式 modem 就是安装在一个盒子里的 modem 卡，盒上有开关、指示灯、电源接口、串行数据接口等，需要外接电源。由于上述原因，外置式 modem 的成本要高一些，价格也就比内置式 modem 要高。

目前，外置式 modem 与计算机的连接通常有两种方式：串行接口和 USB 接口。其中，USB 接口所提供的传输速率更高，安装也更简单，并且支持热插拔。外置式 modem 的外壳上有许多 LED 指示灯。通过这些灯的闪烁情况，可以准确地判断 modem 的工作状态，并及时排除各种故障。

2.2.3 集线器

集线器的英文全称为"hub"。"hub"是"中心"的意思，集线器的主要功能是对接收到的信号进行再生整形放大，以扩大网络的传输距离，同时把所有节点集中在以它为中心的节点上。它工作于 OSI/RM 参考模型的物理层，因此又被称为物理层连接设备。

一、集线器的相关概念

集线器属于网络底层纯硬件设备，它不具有交换机的强大功能，而是采用广播方式发送数据。即当集线器要向某节点发送数据时，是把数据包发送到与集线器相连的所有节点。图 2-11 为一款集线器的外观。

集线器采用广播发送数据的方式，导致了它存在很多的不足，其主要表现在以下两个方面。

图 2-11　集线器

（1）用户的数据包向所有节点发送，很容易被网络中的其他计算机非法截获，导致数据通信不安全。

（2）集线器采用共享带宽方式，在发送数据包时容易造成网络"塞车"，更加降低网络通信效率和吞吐量。

集线器属于非双工传输，其网络通信效率低，集线器在同一时刻，每一个端口只能进行一个方向的数据通信，不能满足较大型网络的通信需求。

集线器技术也在不断改进，其实质上就是加入了一些交换机（switch）技术，目前已经出现了具有堆叠技术的堆叠式集线器，有的集线器还具有智能交换机功能。可以说集线器产品已在技术上向交换机技术进行了过渡，具备了一定的智能性和数据交换能力。随着交换机价格的不断下降，集线器的市场份额逐渐减少。尽管如此，集线器仍然十分适合家庭几台机器的网络或者中小型公司作为分支网络使用。

二、集线器的类型

集线器也像网卡一样，是伴随着网络的产生而产生的，它的使用早于交换机，更早于路由器，所以它属于一种传统的基础网络设备。集线器技术发展至今，也经历了许多不同主流应用的历史发展时期，所以集线器产品也有多种类型。

1. 按端口数量划分

按照集线器的端口数量划分其种类是最基本的分类标准之一。目前主流集线器主要有 8 口、16 口和 24 口等类型，但也有少数品牌提供非标准端口数，如 4 口、12 口。此外，为了满足对端口数严格要求的用户，也存在 5 口、9 口的集线器产品。

2. 按带宽划分

集线器也有带宽之分，按照集线器所支持的带宽不同，通常可分为 10Mbit/s、100Mbit/s、10/100Mbit/s 3 种。

3. 按照配置的形式划分

按集线器配置不同，通常分为独立型集线器、模块化集线器和堆叠式集线器 3 种，下面分别进行介绍。

（1）独立型集线器。

独立型集线器是带有许多端口的单个盒子式的产品，独立型集线器之间多用一段 10Base-5 同轴电缆把它们连接在一起，以实现扩展级连，主要应用于总线型网络中。独立型集线器具有价格低、容易查找故障、网络管理方便等优点，在小型的局域网中广泛使用。这类集线器最大的缺点在于速度较慢。

（2）模块化集线器。

模块化集线器带有多个卡槽，这些卡槽都固定在一个机架上，在每个槽中可以放置一块通信卡，通信卡相当于一个独立型集线器，多块卡通过安装在机架上的通信底板互连和相互间的通信。模块化集线器各个端口都有专用的带宽，只在各个网段内共享带宽，网段之间采用交换技术，提高了通信效率。这类集线器采用交换机的部分技术，便于实施对用户的集中管理，广泛应用于大、中型网络。

（3）堆叠式集线器。

堆叠式集线器与模块化集线器的原理差不多，它可以将多个集线器进行"堆叠"。一般情况下，当有多个集线器堆叠时，其中需要一个可管理集线器，利用它可对此堆叠式集线器中的其他"独立型集线器"进行管理。堆叠式集线器的最大优点在于能够方便地实现对网络的扩充。

三、集线器的选择

集线器是对网络进行集中管理的重要工具，选择集线器一般考虑以下几个方面的因素。

1. 以带宽为选择标准

根据带宽的不同，目前市面上用于局域网的集线器可分为10Mbit/s 、100Mbit/s 和 10/100Mbit/s 自适应 3 种。集线器带宽的选择，主要决定于 3 个因素。

（1）上连设备，如果上连设备允许传输 100Mbit/s，则可选择 100Mbit/s 的集线器，否则只有选择 10Mbit/s 的了。

（2）站点数，由于连在集线器上的所有站点均争用同一个上行总线，处于同一冲突域内，所以站点数目太多，容易造成冲突过于频繁。

（3）应用需求，目前 10Mbit/s 网络已经不再为人们所接受，取而代之的是 100Mbit/s 的网络带宽，这是随着技术不断发展而变化的，因此在选择时需要充分考虑目前网络的需求。

2. 是否满足拓展需求

每一个单独的集线器根据端口数目的多少，一般分为 8 口、16 口和 24 口等几种。当一个集线器提供的端口不够时，一般有以下两种拓展用户数目的方法。

（1）堆叠。

堆叠是解决单个集线器端口不足的一种方法，但堆叠的层数也不能太多。从实用性来讲，需要区别对待堆叠产品：一方面可堆叠层数越多，说明集线器的稳定性越高；另一方面，可堆叠层数越多，每个用户实际可享有的带宽则越小。

（2）级连。

网络中增加用户数的另一种方法是级连，这要求集线器必须提供可级连的端口，此端口上常标有"Uplink"或"MDI"字样。如果没有提供专门的端口，当要进行级连时，连接两个集线器的双绞线必须制作为交叉线。

3. 是否支持网管功能

支持网管功能的集线器通常称为智能集线器，它改正了普通集线器的缺点，增加了网络的交换功能，具有网络管理和自动检测网络端口速度的能力（类似于交换机）。除此以外，集线器也能够起到简单的信号放大和再生的作用，但无法对网络性能进行优化。目前，提供 SNMP 功能的集线器价格比较高，一般家庭用户不适合选用。

4. 注意接口类型和数量

选用集线器时，还要注意信号输入口的接口类型，与双绞线连接时需要具有 RJ-45 接口；如果与细缆相连，则需要具有 BNC 接口；与粗缆相连需要有 AUI 接口；当局域网长距离连接时，还需要具有与光纤连接的光纤接口。早期的 10Mbit/s 集线器一般具有 RJ-45、、BNC 和 AUI 3 种接口。100Mbit/s 集线器和 10/100Mbit/s 集线器一般只有 RJ-45 接口，有些还具有光纤接口。

此外，考虑集线器接口的数量也是必须的，因为这直接关系到网络的规模和扩展性。如果某一部分现在只有 4 个连接，但半年内连接数将加倍，那么，选用的集线器至少要有 16 个端口（还要权衡集线器数量和所能承受的网络失败节点数）。

5. 考虑品牌和价格

集线器的知名品牌多由美国和我国台湾省制造，如 3Com、Intel、D-Link 和 Accton 等。除此之外，国产的品牌（如联想、实达）也分别推出了自己的产品，其性能也相当不错。

就技术而言，中低档产品一般均采用单处理器技术，其外围电路的设计思想也大同小异，而高端产品的附加技术相当多，能够满足各个层面的需要。就价格而言，内地产品要比其他地区的产品价格要便宜。

2.2.4　交换机

交换机的英文名为"switch"，它是集线器的升级换代产品，从外观上来看，它与集线器基本上没有多大区别，都是带有多个端口的长方体，但交换机是按照通信两端传输信息的需要，用人工或设备自动完成的方法把要传输的信息送到符合要求的相应路由上的技术统称。广义的交换机就是一种在通信系统中完成信息交换功能的设备。

一、交换机的相关概念

交换机的雏形出现在电话交换机系统，经过发展和不断创新，才形成了如今的交换机技术。交换机的主要功能包括物理编址、网络拓扑结构、错误校验、帧序列以及流量控制。目前一些高档交换机还具备了一些新的功能，如对 VLAN（虚拟局域网）和链路汇聚的支持，有的还具有路由和防火墙的功能。

交换机的所有端口都共享同一指定的带宽，交换机数据传输效率高，不会浪费网络资源，只是对目的地址发送数据，一般来说不易产生网络堵塞；另一方面交换机为每台（潜在的）设备都提供了独立的信道，数据传输安全。因为它不是对所有节点都同时发送，发送数据时，其他节点很难侦听到所发送的信息。

二、交换机与集线器的区别

交换机与集线器的区别主要体现在如下几个方面。

1. 在 OSI/RM 参考模型中的工作层次不同

交换机和集线器在 OSI/RM 参考模型中对应的层次不同，集线器同时工作在第一层（物理层）和第二层（数据链路层），而交换机至少工作在第二层，更高级的交换机可以工作在第三层（网络层）和第四层（传输层）。

2. 交换机的数据传输方式不同

集线器的数据传输方式是广播（broadcast）方式，而交换机的数据传输是有目的的，数据只对目的节点发送，只有在自己的 MAC 地址表中找不到的情况下，才第一次使用广播方式发送，因为交换机具有 MAC 地址学习功能，第二次以后又是有目的地发送。这样的好处是数据传输效率提高，不会出现广播风暴，在安全性方面也不会出现其他节点侦听的现象。

3. 带宽占用方式不同

集线器所有端口共享集线器的总带宽，而交换机的每个端口都具有自己的带宽。如此一来，交换机每个端口的带宽比集线器的端口可用带宽要高许多，因此交换机的传输速率比集线器要快。

4. 传输模式不同

集线器采用半双工方式传输数据，而交换机采用全双工方式传输数据，由此看来，后者的数据传输速率大大提高，而且在整个系统的吞吐量方面也比集线器大很多。

总之，交换机是一种基于 MAC 地址识别、能完成封装转发数据包功能的网络设备。

三、交换机的种类

交换机的分类标准多种多样，常见的有以下几种。

1. 根据网络覆盖范围分

根据网络覆盖范围可将交换机分为以下两类。

（1）广域网交换机。

广域网交换机主要应用于电信网之间的互连、互联网接入等领域的广域网中，是提供通信用的基础平台,一般很少见。

（2）局域网交换机。

局域网交换机是用户经常见到的。局域网交换机应用于局域网络,用于连接终端设备,如服务器、工作站、集线器、路由器等网络设备,并提供高速独立通信通道。

2. 根据传输介质和传输速率划分

根据传输介质和传输速率,可分为以太网交换机、快速以太网交换机、千兆以太网交换机、ATM 交换机、FDDI 交换机和令牌环交换机等,下面分别进行介绍。

（1）以太网交换机。

以太网交换机是指带宽在 100Mbit/s 以下的以太网所用交换机。以太网交换机是最普遍的,它的档次比较齐全,应用领域也非常广泛。因为目前采用双绞线作为传输介质的以太网十分普遍,所以在以太网交换机中通常配置 RJ-45 接口,与此同时,为了兼顾同轴电缆介质的网络连接,适当添加 BNC 或 AUI 接口。

（2）快速以太网交换机。

这种交换机适用于 100Mbit/s 快速以太网。快速以太网交换机通常采用的介质也是双绞线,有的也会留有光纤接口 "SC" 兼顾与其他光传输介质的网络互连。图 2-12 为一款快速以太网交换机。

图 2-12　快速以太网交换机

在这里要注意一点,快速以太网并非全都是 100Mbit/s 带宽的端口,事实上目前基本还是以 10/100Mbit/s 自适应型为主。

（3）千兆以太网交换机。

千兆以太网交换机用于目前较新的一种网络——千兆以太网中,也有人把这种网络称为 "吉比特（GB）以太网",那是因为它的带宽可以达到 1 000Mbit/s。一般用于一个大型网络的骨干网段,所采用的传输介质有光纤、双绞线两种,对应的接口为 SC 和 RJ-45。

（4）ATM 交换机。

ATM 交换机是用于 ATM 网络的交换机产品。由于 ATM 网络只用于电信、邮政网的主干网段,因此其交换机产品在市场上很少看到。ATM 交换机的传输介质一般采用光纤,接口类型同样有两种:以太网接口和光纤接口,这两种接口适合于不同类型的网络互连。因为 ATM 交换机的价格高,因此很少在局域网中使用。

（5）FDDI 交换机。

FDDI 交换机用于 FDDI 网络中。FDDI 交换机适用于中、小型企业老式的快速数据交换网络中,它的接口形式都为光纤接口。虽然 FDDI 网络传输速率可达到 100Mbit/s,但是随着快速以太网技术的成功开发,它也逐渐失去了市场,所以 FDDI 交换机也就比较少见。

（6）令牌环交换机。

令牌环交换机用于令牌环网中。由于令牌环网逐渐失去了市场,相应的纯令牌环交换机产品也非常少见。但是在一些交换机中仍留有一些 BNC 或 AUI 接口,以方便令牌环网进行连接。

3. 根据交换机应用网络层次划分

根据交换机应用网络层次可分为企业级交换机、校园网交换机、部门级交换机、工作组交换机和桌机型交换机。

4. 根据交换机端口结构划分

根据交换机端口结构可分为固定端口交换机和模块化交换机。

5. 根据工作协议层划分

根据工作协议层可分为第二层交换机、第三层交换机和第四层交换机。其中，第二层交换机的应用最为广泛。

6. 根据是否支持网管功能划分

根据是否支持网管功能可分为网管型交换机和非网管型交换机。

四、交换机的堆叠

为了使交换机满足大型网络对端口数量的要求，一般在较大型网络中都采用交换机的堆叠方式。交换机的堆叠是通过一条专用连接电缆，由一台交换机的"UP"堆叠端口连接到另一台交换机的"DOWN"堆叠端口，以实现单台交换机端口数的扩充。并不是所有交换机都具有这两种接口，其只出现在可堆叠交换机中。

当多个交换机堆叠在一起时，其中的各个交换机可以当作一个个单元设备来进行管理，当然在其中还需要拥有一台可管理交换机，利用可管理交换机可对此可堆叠交换机中的其他"独立型交换机"进行管理。可堆叠式交换机能够非常方便地实现对网络的扩充，是新建网络时最为理想的选择。

交换机堆叠技术采用了专门的管理模块和堆栈连接电缆，一方面增加了用户端口，能够在交换机之间建立一条较宽的宽带链路，增加了网络带宽；另一方面，多个交换机的集中使用，能够很好地管理一个庞大的网络。

2.2.5　路由器

路由器的英文名称为"router"，是一种连接多个网络或网段的网络设备，它能将不同网络或网段之间的数据信息进行"翻译"，使不同网段和网络之间能够相互"读懂"对方的数据，从而构成一个更大的网络。

一、路由器的功能

路由器的主要工作就是为经过路由器的每个数据帧寻找一条最佳传输路径，并将该数据有效地传送到目的站点。由此可见，选择最佳路径的策略即路由算法是路由器的关键所在，图 2-13 为一款路由器的外观。

路由器的功能非常强大，几乎所有的路由器都可以完成连接不同的网络、解析第三层信息、连接从 A 点到 B 点的最优数据传输路径，在主路径中断后通过其他可用路径重新路由等工作。为了执行这些基本的任务，路由器应具有以下功能。

图 2-13　路由器

（1）路由器能够同时支持本地和远程连接，方便用户使用。

（2）路由器能够过滤网络中的广播信息，从而避免发生网络拥塞，优化网络环境。

（3）通过在路由器中设定隔离和安全参数，禁止某种数据传到网络，增加网络的安全性。

（4）在使用路由器时，用户利用网络接口卡等冗余设备，提供较高的检错能力。

（5）路由器能够监视数据传输，并向管理信息库报告统计数据；此外，路由器能够诊断内部或其他连接问题并触发报警信号。

二、路由器的选择

路由器是整个网络与外界的通信出口，也是联系内部子网的桥梁。在网络组建的过程中，路由器的选择是极为重要的。下面介绍在选择路由器时需要考虑的因素。

1. 路由器的处理器

路由器的处理器的好坏直接影响路由器的性能。作为路由器的核心部分，处理器的好坏决定了路由器的吞吐量。一般来说，处理器主频在 100MHz 或以下的属于较低主频，这样的路由器适合普通家庭和 SOHO 用户使用。200MHz 以上的属于较高主频，适合网吧、中小企业用户以及大型企业的分支机构使用。

2. 路由器内存

路由器中可能有多种内存，如 Flash、DRAM 等。内存用于存储配置、路由器操作系统和路由协议软件等内容。通常来说，路由器内存越大越好。

3. 吞吐量

路由器的吞吐量是指路由器对数据包的转发能力，是设备性能的重要指标。路由器吞吐量表示路由器每秒能处理的数据量。高档的路由器可以对较大的数据包进行正确快速转发，而低档的路由器只能转发小的数据包，对于较大的数据包需要拆分成许多小的数据包来分开转发，这种路由器的数据包转发能力就差了。

4. 路由表容量

路由表容量是指路由器运行中可以容纳的路由数量。一般来说，越是高档的路由器，路由表容量越大，因为它可能要面对非常庞大的网络。这一参数与路由器自身所带的缓存大小有关。

5. 支持的网络协议

路由器连接不同类型的网络，其各自所支持的网络通信、路由协议也不一样，这对于在网络之间起到连接桥梁作用的路由器来说，需要支持多种网络协议，特别是在广域网中的路由器。而对于用于局域网之间的路由器来说相对就较为简单些，因此要考虑目前及将来的企业实际需求，以决定所选路由器要支持何种协议。

6. 线速转发能力

数据包转发是路由器最基本且最重要的功能。全双工线速转发能力是路由器性能的重要指标，通俗一点说就是从路由器进来多大的流量，就从路由器出去多大的流量，而不会因为设备处理能力等问题造成吞吐量下降。

7. 宽带路由器的高级功能

随着技术的不断发展，宽带路由器还提供了诸如 VPN、防火墙、支持虚拟服务器、支持动态 DNS 等功能。在选择时要根据自身需求和投资大小来衡量，要了解宽带路由器的各种功能及其适用场合。

另外，宽带路由器还有即插即用（uPnP）、自动线序识别等功能。往往功能和价格是成正比的，用户在选择功能时要按自己的需求来决定。

2.2.6　无线设备

无线局域网中常见的设备有无线接入点、无线网卡、无线网桥和天线等。

一、无线接入点

无线接入点（access point，AP）就相当于一个无线的集线器。无线接入点的作用是提供计算机无线网卡与网络之间的桥梁，拥有无线网卡的计算机、笔记本电脑、PDA 可以通过无线接入点连接到无线网络。此外，无线接入点还具有网络管理功能，可以对无线网络进行管理。

必须将无线接入点连接到计算机上，并与无线网卡进行无线通信，组成无线网络。图 2-14 为一款无线 AP。

图 2-14　无线 AP

二、无线网卡

无线网卡的作用类似于以太网中的网卡，作为无线局域网的接口，实现与无线局域网的连接。无线网卡根据接口类型的不同主要分为 3 种类型，即 PCMCIA 无线网卡、PCI 无线网卡和 USB 无线网卡。

三、无线网桥

无线网桥是在数据链路层实现无线局域网互连的存储转发设备，它能够通过无线（微波）进行远距离数据传输，无线网桥有 3 种工作方式：点对点、点对多点、中继连接。可用于固定数字设备与其他固定数字设备之间的远距离、高速无线组网。

无线网桥可以用于连接两个或多个独立的网络段，它广泛应用于不同建筑物间的互连。同时，根据协议不同，无线网桥又可以分为多种类型。

四、天线

当计算机与无线 AP 或其他计算机相距较远时，借助于天线对所接收或发送的信号进行放大（增益），降低信号的减弱，实现与 AP 或其他计算机之间的正常通信。

天线常见的有室内天线和室外天线两种类型。室内天线的优点是方便灵活，缺点是增益小，传输距离短。室外天线的优点是传输距离远，比较适合远距离传输。

习　题　二

一、填空题

1. 双绞线可分为_____和屏蔽双绞线两大类，这两者的差别在于双绞线内是否有一层金属隔离膜。

2. 试列举 4 种主要的网络互连设备：_____、_____、_____和_____。

3. _____由内导体、外屏蔽层、绝缘层及外部保护层组成。

4. 光纤按其传输模式可分为_____和_____两种。

5. 交换机默认情况下工作在网络的第_____层。

6. 双绞线的制作方法大致有两种，即_____和_____。

7. _____是综合布线工程中最常用的传输介质。

8. 多模光纤的中心玻璃芯较粗，一般为_____μm 或_____μm。

二、选择题

1. 在常用的传输介质中，带宽最宽、信号传输衰减最小、抗干扰能力最强的是（　　）。
   A. 光缆　　　　　B. 双绞线　　　　　C. 同轴电缆　　　　　D. 无线信道

2. 交换式局域网的核心设备是（　　）。
   A. 路由器　　　　B. 集线器　　　　　C. 中继器　　　　　D. 交换机

3. 在网络互连中，在网络层实现互连的设备是（　　）。
   A. 中继器　　　　B. 路由器　　　　　C. 网桥　　　　　D. 帧中器

4. （　　）是一种网络存储转发设备，它能够接收、过滤与转发不同网络进入的数据链路层的帧。

  A. 中继器　　　　　　B. 路由器　　　　　　C. 网关　　　　　　D. 网桥

5. 超五类双绞线的最大传输距离为（　　）m。

  A. 50　　　　　　　　B. 100　　　　　　　C. 150　　　　　　D. 200

6. 集线器工作在 OSI 参考模型的第（　　）层。

  A. 一　　　　　　　　B. 二　　　　　　　C. 三　　　　　　D. 四

7. 红外线传输速率可达（　　）。

  A. 50 Mbit/s　　　　B. 100 Mbit/s　　　C. 150 Mbit/s　　D. 1000 Mbit/s

8. 路由器的主要工作是（　　）。

  A. 路由选择　　　　B. 访问控制　　　　C. 地址转换　　　　D. 安全接入

三、简答题

1. 简述双绞线的分类，各类的性能指标和适用环境。
2. 简述交换机的主要功能。
3. 简述路由器的主要功能。
4. 简述交换机主要有哪几种类型，每一种类型工作的特点是什么。
5. 简述集线器、交换机和路由器的选择依据。

第3章
计算机网络的基本原理

第 1 章介绍了网络的体系结构和分层，目前有 OSI 的七层模型和 TCP/IP 的四层模型，但是实际应用的网络是五层模型：物理层、数据链路层、网络层、传输层和应用层。每一层中都有相应的协议和实体支撑，数据流向也是按照这 5 层模型在不同的设备中逐一封装和解封装的。有些设备具有五层模型，如 PC 主机，原始数据由应用进程产生；有些设备具有三层模型，如路由器，负责三层数据的转发；有些设备只有两层模型，如交换机，负责识别数据链路层数据。当然，分层也不是绝对的，有时候会在只有底三层的设备上看到应用层的协议在运行（如路由器上的 RIP），所以并不能将分层作为设备功能的划分依据。总之，分层将网络上的协议功能和数据结构分割得非常清晰，在特定分层中的协议只具备特定的结构和功能。

本章将介绍每一层的主要协议，以及对应的数据包结构。由于包含的内容过于庞大，只能简单介绍。故本章不局限于技术的细节，而是着眼于全局，希望读者从中可以了解网络的基本原理和数据包在互联网中传递的大致过程，协议的具体细节可以参考 TCP/IP 协议分析类书籍。

3.1　网络分层与数据封装

原始数据是不能直接放到网络中传递的，因为数据需要寻址、校验和控制才能安全抵达目的地，所以主机应用进程产生的原始数据从应用层开始就被逐层封装，人们形象地比喻这个过程为"洋葱头"。原始数据被包裹在最里面，外面层层的数据我们称之为"数据的冗余"。

"数据的冗余"中含有地址信息、控制信息和校验信息等一切具有额外功能的内容，虽然它们和原始数据毫无关系，但是各种参与传输数据的网络设备需要读取这些冗余，以判断数据的状态和被处理的行为。当然，网络设备受到分层的限制，只会读取我们让它读取的内容。例如，大多数交换机只能识别最外层的数据链路层冗余，而不能识别内层的冗余信息，故其就不能完成诸如路由转发和流量控制等功能。

有些分层的数据冗余并不会被转发设备识别，而是只交给对端主机读取，这些信息的目的是想要控制对端的某些内容。例如，传输层 TCP 首部中的窗口字段，其目的是让接收方通告发送方自己的接收能力，以便让发送方可以调整数据大小，防止接收方缓存溢出，这种功能被称为流量控制，和传输过程中的网络设备无关，所以也不需要被它们识别。

有时候，数据仅仅有"数据的冗余"的保护是不够的，我们需要在发送数据之前或之后获取一些额外的信息，这些信息对接下来的数据传输至关重要。例如，以太网的 MAC 帧，帧头和帧尾属于"数据的冗余"，其帧头中的目的 MAC 地址表明目的接口的位置，但是我们往往只知道 IP

地址而不知道对方的 MAC 地址，所以 MAC 帧并没有先封装数据，而是封装了 ARP 请求报文（其功能是通过已知的 IP 地址获取相应的 MAC 地址），并将目的 MAC 地址全置 1（广播地址）。当交换机收到目的 MAC 地址全 1 的帧时，就会将其转发给局域网内的所有主机，我们要询问 MAC 地址的那台主机也会收到 ARP 的请求，它会通过 ARP 应答报文将自己的 MAC 地址交给询问方，接下来，询问方就可以在帧头中填写目的 MAC 地址并封装正常数据了。

我们称发送正常数据之前或之后额外发送的数据为"冗余的数据"，读者应该将它和"数据的冗余"区分开来。"数据的冗余"是指那些封装数据的信息；"冗余的数据"是指那些配合正常数据发送的数据，前面提到的 ARP 报文就属于"冗余的数据"。二者的关系如图 3-1 所示。

数据的冗余	数据的冗余	数据的冗余	数据的冗余	数据	数据的冗余
数据的冗余	数据的冗余	数据的冗余	数据的冗余	冗余的数据	数据的冗余

图 3-1　数据的冗余

在网络传输中，"冗余的数据"很常见，它们是网络设备沟通交流的渠道。需要注意的是，网络设备之间交流的信息和用户之间交流的信息是不同的，其目的是让网络更加畅通，以保证用户数据的传输。

其实无论是"冗余的数据"还是"数据的冗余"，都属于冗余信息，在完成相应功能的同时，也增加了网络传输的代价。接下来，我们就带着这两个概念去理解网络。

3.2　物　理　层

数据在物理层中称为比特流。

任何通信设备都要有物理层，物理层是通信最本质的层次，信息数据在物理层中被转变成各种形式的信号：电波、光、电磁波等，依靠介质传送给设备。不同的介质承载不同的信号。

物理层的主要任务被描述为确定与传输媒体接口的一些特性，具体如下。

（1）机械特性，指明接口所用接线器的形状尺寸、引线数目和排列固定锁定装置等。

（2）电气特性，指明在接口电缆的各条线上出现的电压的范围。

（3）功能特性，指明某条线上出现的某一电平的电压表示何种意义。

（4）过程特性，指明对于不同功能的各种可能事件的出现顺序。

3.2.1　物理层的信号

信息在计算机中以数据（二进制）的形式来体现，信号被描述为数据的电气或电磁的表现。信号按照取值形式可以分为两大类，如图 3-2 所示。

（1）模拟（analogous）：代表消息的参数的取值在时间上是连续的。

（2）数字（digital）：代表消息的参数的取值在时间上是离散的。

一个基本的波形称为码元，一个码元可以表示 1 bit（0、1），也可以表示多个 bit，这要看实际的编码规则。如果在信号中只具备两种基本波形（码元），那么我们别无选择，只能用一个码元表示 1 bit（如图 3-2 所示）。如果有 4 个基本波形，那么就可以用一个码元表示 2 bit，因为 2 bit 有 4 种组合，如图 3-3 所示。由此可以推广到如果要对 n bit 数据进行编码的话，需要至少具有 2^n 个基本波形的信号才能满足要求。

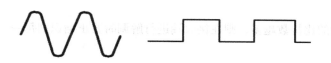

图 3-2　模拟信号和数字信号的时域示例

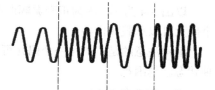

图 3-3　有 4 种基本波形的模拟信号

这样，我们在衡量网络的速度时有以下两种方法。

（1）每秒中传递多少个码元被称为波特率。

（2）每秒中传递多少比特被称为比特率。

$$比特率=波特率 \times n$$

n 为每个码元携带的比特数。

例如，信号有 4 种振幅，每种振幅包含 4 种频率，如果每秒钟传递 400 个码元，则网络速率是多少？

答：4 种振幅，每种振幅包含 4 种频率，一共 16 种波形，$2^4=16$，所以速率=400×4=1600bit/s

3.2.2　模拟信号与数字信号之间的转换

一、模拟转数字

我们称来自信源的信号为基带信号（即基本频带信号），如计算机直接输出的数据。基带信号往往包含较多的低频成分，甚至有直流成分，而许多信道并不能传输这种低频分量或直流分量。因此必须对基带信号进行调制（modulation），即将原始的数字信号转换成模拟信号。

最基本的二元制调制方法有以下几种。

（1）调幅（AM）：载波的振幅随基带数字信号而变化。

（2）调频（FM）：载波的频率随基带数字信号而变化。

（3）调相（PM）：载波的初始相位随基带数字信号而变化。

其本质都是用模拟信号的基本波形来体现数字信号承载的 0、1。例如，图 3-4 表示的是调频。

图 3-4 所示仅仅是用两种模拟波形来表示数据，故称为二元调制，如果能够对模拟信号进行变换，让其具备多种波形，就可以在每个波形上体现更多的比特，提高效率。正交振幅调制 QAM 就是这么做的，如图 3-5 所示。

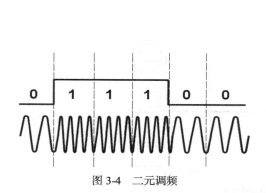

图 3-4　二元调频

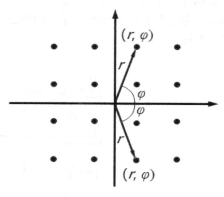

图 3-5　多元调频

以图 3-4 为例，因为正交振幅调制将波形分为了 16 种，每种都有不同的相位、振幅，所以每个码元可以承载 4 比特。

值得注意的是，若每一个码元可表示的比特数越多，则在接收端进行解调时要正确识别每一种状态就越困难。

二、数字转模拟

有时，需要将数字信号转成模拟信号传递，一个典型的例子就是数字传输系统：脉冲编码调制（PCM）体制。

脉冲编码调制体制最初是为了在电话局之间的中继线上传送多路的电话。由于历史上的原因，PCM 有两个互不兼容的国际标准，即北美的 24 路 PCM（简称为 T1）和欧洲的 30 路 PCM（简称为 E1）。我国采用的是欧洲的 E1 标准。E1 的速率是 2.048 Mbit/s，而 T1 的速率是 1.544 Mbit/s。

一般将模拟信号转成数字信号需要经过采样、量化、编码 3 个阶段，采样将模拟信号在时间上（横轴）离散，量化将离散值近似取整（纵轴），编码将值转为二进制数据，最后再变为数字信号，如图 3-6 所示。

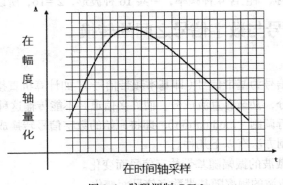

图 3-6　脉码调制 PCM

除 PCM 之外，数字传输系统还有一些新的标准，如同步光纤网 SONET 和同步数字系列 SDH，这里不再赘述。

3.2.3　信号在信道中的复用

前面探讨了信号的基本形态和特点，接下来的问题是，当一个信道要共享很多信号时，信号叠加在一起会互相干扰而改变原来的形态，所以复用技术是让不同源的信号可以共享同一信道的手段，如图 3-7 所示。

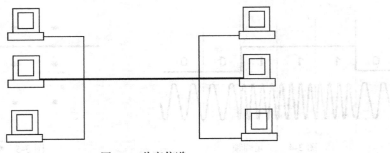

图 3-7　共享信道

目前的信道复用方法主要有：频分复用、时分复用、波分复用和码分复用。它们都属于静态划分信道来解决信道共享的方法，还有动态划分的方法，但并不属于物理层的范畴，我们将会在数据链路层中介绍。

1. 频分复用（frequency division multiplexing，FDM）

频分复用的所有用户在同样的时间占用不同的带宽资源（请注意，这里的"带宽"是频率带宽而不是数据的发送速率）。 收音机的不同频段就是一个典型的频分复用的例子，信号在时域里虽然混叠在一起，但是频域却是不同的频段，在接收方过滤其他频段，就能收到信息。

2. 时分复用（time division multiplexing，TDM）

时分复用则是将时间划分为一段段等长的时分复用帧（TDM 帧）。每一个时分复用的用户在每一个 TDM 帧中占用固定序号的时隙。每一个用户所占用的时隙是周期性地出现（其周期就是TDM 帧的长度）。TDM 信号也称为等时（isochronous）信号。时分复用的所有用户是在不同的时间占用同样的频带宽度。

3. 波分复用（wavelength division multiplexing，WDM）

波分复用就是光的频分复用。将光信号以不同的波长混合在一起，彩虹就是波分复用的一个典型例子。

4. 码分复用（code division multiplexing，CDM）

和前 3 种复用技术不同，码分复用采用数学上的手段来解决复用问题，它为每个发送信号的源分配一个唯一的序列，这个序列是将每一个比特时间划分为 m 个短的间隔而得到的，称为码片（chip）。原始信号的 1 用这个码片序列表示，0 用其反码表示。例如，某个源的码片序列为（-1，+1，+1，+1，-1，+1，-1，+1），当它发送 1 时，就发送这个序列，当它发送 0 时，就发送这个序列的反码（+1，-1，-1，-1，+1，-1，+1，-1）。

每个站分配的码片序列不仅必须各不相同，并且还必须互相正交（orthogonal）。在实用的系统中使用的是伪随机码序列。

所谓两个不同源的码片序列正交，就是向量的规格化内积（inner product）都是 0，即：

$$A \cdot B = \frac{1}{m} \sum_{i=1}^{m} A_i \times B_i = 0 \qquad (3-1)$$

如式（3-1）所示，内积就是向量的各个分量乘积后求和。这样做是为了满足下面的条件，如果两个向量正交，则还有（A'和 B'代表 A、B 的反码）：

$$A \cdot B' = \frac{1}{m} \sum_{i=1}^{m} A_i \times B_i' = 0 \qquad (3-2)$$

对于向量自身，总有：

$$A \cdot A = \frac{1}{m} \sum_{i=1}^{m} A_i \times A_i = 1 \qquad (3-3)$$

$$A \cdot A' = \frac{1}{m} \sum_{i=1}^{m} A_i \times A_i' = -1 \qquad (3-4)$$

这样，只需要在混合信号中用某个源的码片序列与混合信号进行内积就可以过滤其他向量。例如，混合信号 H 中含有 A、B、C 三个站的信号，其中有 0 也有 1，用 A 和 H 进行内积，B、C 的 1 和 0 的成分都会被滤去，只剩下 A 的 1 和 0，最后如果结果为 1，就说明 A 发送的是 1，结果得-1，就说明 A 发送的是 0。

3.3　数据链路层

在物理层之上是数据链路层，我们称数据链路层的数据为帧。

上层数据在变成比特流发送到介质之前都要经过数据链路层，封装成帧，如图 3-8 所示。

帧包括帧头、帧尾和来自上层的数据，帧头尾
的冗余信息中包含了传递信息的一些必要参数，不
同的数据链路层协议采用不同结构的帧格式，下面
介绍几种常见的协议和帧。

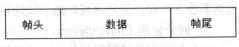

| 帧头 | 数据 | 帧尾 |

图 3-8　帧封装上层数据

3.3.1　高级数据链路控制

高级数据链路控制（high-level data link control，HDLC）是一个在同步网上传输数据、面向
比特的数据链路层协议，由国际标准化组织（ISO）根据 IBM 公司的 SDLC 协议扩展开发而成的。
大多数情况，HDLC 是思科路由器串口使用的默认协议，用于在两台路由器的广域网口传递数据
帧。HDLC 的帧结构如图 3-9 所示。

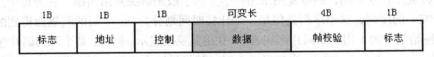

1B	1B	1B	可变长	4B	1B
标志	地址	控制	数据	帧校验	标志

图 3-9　HDLC 帧结构

1. 标志字段

HDLC 的前后标志字段均采用 01111110（7E），用来标志帧的开始和结束。有时，数据部分
可能会出现与标志字段相同的组合，这样就会为网络设备和主机带来帧的定界失误问题，出现这
种情况，一般有两种解决方法："填充字符"和"0 比特插入"。HDLC 采用的是后者，它要求发
送方在数据部分连续遇到 5 个"1"就插入一个"0"，这样就不会出现标志位的字段，接收方则在
连续 5 个"1"后删除一个"0"，还原回数据，这种在发送方改变数据，在接收方还原数据的手段，
不会被上层用户察觉，所以也称为透明传输。

2. 地址字段

地址字段的内容取决于所采用的操作方式。操作方式有主站、从站、组合站之分。每一个从
站和组合站都被分配一个唯一的地址。命令帧中的地址字段携带的是对方站的地址，而响应帧中
的地址字段所携带的地址是本站的地址。某一组地址也可分配给不止一个站，这种地址称为组地
址，利用一个组地址传输的帧能被组内所有该组的站接收。但当一个站或组合站发送响应时，它
仍应当用它唯一的地址。还可用全"1"地址来表示包含所有站的地址，称为广播地址，含有广播
地址的帧传送给链路上所有的站。另外，还规定全"0"地址为无站地址，这种地址不分配给任何
站，仅作测试使用。

3. 控制字段

控制字段用于构成各种命令和响应，以便对链路进行监视和控制。发送方主站或组合站利用
控制字段来通知被寻址的从站或组合站执行约定的操作。相反，从站用该字段响应命令，报告已
完成的操作或状态的变化。该字段是 HDLC 的关键，控制字段中的第一位或第一、第二位表示传

送帧的类型,HDLC 中有信息帧(I 帧)、监控帧(S 帧)和无编号帧(U 帧)3 种类型的帧。控制字段的第五位是 P/F 位,即轮询/终止(Poll/Final)位。控制字段中第 1 或第 1、第 2 位表示传送帧的类型,第 1 位为"0"表示是信息帧,第 1、第 2 位为"10"是监控帧,"11"是无编号帧。信息帧中,第 2、3、4 位为存放发送帧序号,第 5 位为轮询位,当为 1 时,要求被轮询的从站给出响应,第 6、7、8 位为下个预期要接收的帧的序号。监控帧中,第 3、4 位为 S 帧类型编码,第 5 位为轮询/终止位,当为 1 时,表示接收方确认结束,无编号帧,提供对链路的建立、拆除以及多种控制功能,用 3、4、6、7、8 这 5 个 M 位来定义,可以定义 32 种附加的命令或应答功能。

4. 数据字段

数据字段可以是可变长的任意二进制比特串组合。比特串长度未做限定,其上限由 FCS 字段或通信站的缓冲器容量来决定,目前国际上用得较多的是 1 000~2 000 bit,而下限可以为 0,即无信息字段。但是,监控帧(S 帧)中规定不可有信息字段。

5. 帧校验

帧在传输的过程中可能会产生差错,一般是由于介质遇到的外界干扰、自身噪音或者其他数据的叠加造成的。所谓差错,是指接收方无法判定 1 或 0,1 改变成 0,0 改变成 1。

帧校验字段用来检查整个帧有无错误的发生,也称为 FCS 帧校验序列。目前采用最多的方法是 CRC 循环冗余校验,HDLC 采用的是 16 位的 CRC 校验。

CRC 规定发送方先假定 FCS 都为 0,附在帧的后面,收发数据的双方事先约定好一个共同的二进制序列 P,长度比 FCS 的长度多一位,以 P 为除数,做除法运算,求的余数作为最后的 FCS 序列。接受方做相同的运算,如果余数为 0,则证明帧没有发生错误,反之则不接受帧。

例如,数据为 11001,FCS 选定 3 位,则先补 0,数据变为 11001000。选定 P 为 1001(比 FCS 多 1bit),运算如图 3-10 所示。

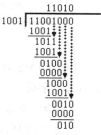

最后求得的余数 010 就是校验字段,在 CRC 校验中需要注意以下几点。

(1)实际的数据和 FCS 以及 P 都要很长,所以极少出现加上余数除不尽的情况。

(2)运算中数据的高位是 1,商就上 1,否则上 0。

(3)运算中不采用减法而是用异或。

(4)CRC 只能用来检错,并不能纠正错误。

图 3-10 CRC 校验

3.3.2 点对点协议

目前全世界使用最多的数据链路层协议是点对点协议(point-to-point protocol,PPP)。用户使用拨号电话线接入 Internet 时,一般都是使用 PPP。PPP 还广泛存在于路由器的广域网线路中,用来传递数据帧。PPP 的帧格式如图 3-11 所示。

1B	1B	1B	2B	可变长	2B	1B
标志	地址	控制	协议	数据	帧校验	标志

图 3-11 PPP 的帧格式

PPP 与 HDLC 的不同之处如下。

(1)PPP 多了一个协议字段,用来区分数据部分的不同类型。

（2）PPP 要求数据部分设置最大长度，即 MTU。

（3）PPP 在同步传输链路时，采用硬件来完成比特填充（和 HDLC 的做法一样）；在异步传输时，就使用字符填充法，当数据出现 0x7E 的组合时，转变成 0x7D5E，若出现 0x7D，就转变成 0x7D5D。

（4）PPP 使用两种认证方式：PAP 和 CHAP。相对来说，PAP 认证方式的安全性没有 CHAP 高。PAP 在传输 password 时是明文的，而 CHAP 在传输过程中不传输密码，取代密码的是 hash 值（哈希值）。PAP 认证是通过两次握手实现的，而 CHAP 则是通过 3 次握手实现。PAP 认证是被叫提出连接请求，主叫响应，CHAP 则是主叫发出请求，被叫回复一个数据包，这个包中有主叫发送的随机的哈希值，主叫在数据库中确认无误后发送一个连接成功的数据包连接。

（5）PPP 的工作状态。

当用户拨号接入 ISP 时，路由器的调制解调器对拨号做出确认，并建立一条物理连接。PC 向路由器发送一系列的 LCP 分组（封装成多个 PPP 帧），这些分组及其响应选择一些 PPP 参数，进行网络层配置，NCP 给新接入的 PC 分配一个临时的 IP 地址，使 PC 成为 Internet 上的一个主机。通信完毕时，NCP 释放网络层连接，收回原来分配出去的 IP 地址。接着，LCP 释放数据链路层连接，最后释放物理层的连接。

3.3.3 以太网的 MAC 协议

以太网即局域网，目前有两个标准：IEEE 802.3 和 DIX Ethernet V2。目前后者占据主导地位，遵守该标准的局域网传输的帧称为以太网 MAC 帧。图 3-12 为以太网 V2 标准的 MAC 帧结构。

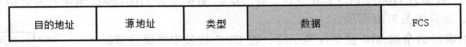

| 目的地址 | 源地址 | 类型 | 数据 | FCS |

图 3-12 MAC 帧结构

以太网 V2 的 MAC 帧结构相对简单，在物理层时，帧头被加上 8 字节的前同步码，下面分别介绍每个字段。

1．地址字段

地址字段有目的地址和源地址，各占 6 字节，称为 MAC 地址，也叫物理地址、硬件地址或链路地址，由网络设备制造商生产时写在硬件（网卡）内部。MAC 地址在计算机中是以二进制表示的，MAC 地址的长度为 48 位（6 字节），通常表示为 12 个十六进制数，每 2 个十六进制数之间用冒号隔开，格式如下。

08:00:20:0A:8C:6D

其中前 6 位十六进制数 08:00:20 代表网络硬件制造商的编号，它由 IEEE（电气与电子工程师协会）分配，而后 3 位十六进制数 0A:8C:6D 代表该制造商所制造的某个网络产品（如网卡）的系列号。只要用户不更改自己的 MAC 地址，那么该 MAC 地址在世界上是唯一的。

形象地说，MAC 地址就如同我们的身份证号码一样，具有全球唯一性。大家都知道在现实的生活中，我们每个人都有属于自己的一个 ID——身份证号码，可以去派出所把自己的姓名改了，但身份证号却不能随着自己姓名的更改而更改。在网络世界中，我们常常可以听到 IP 地址的概念，但 MAC 地址这个专业术语却很少被人提起，我们往往只知道 IP 地址，MAC 地址则是幕后英雄。正如我们在日常交流时，常常叫别人的姓名而不会称呼别人的身份证号道理是一样的。

2. 类型字段

类型字段表明内部数据的类型。例如，当 MAC 帧封装 IP 分组时，值为 **0x0800**；当 MAC 帧封装 ARP 分组时，值为 0x0806；当 MAC 帧封装 Novell IPX 分组时，值为 0x8137。

3. 数据

MAC 帧的数据部分的 MTU=1500B。

4. FCS 字段

和 HDLC、PPP 一样，MAC 帧也采用 CRC 校验，长度是 4 字节。当介质的误码率=0.00000001 时，CRC 检测不到差错的概率小于 10^{-14}。

5. MAC 帧

MAC 帧并没有两端的帧定界符，这是因为以下几个原因。

（1）以太网 MAC 帧有帧间间隔，一般是 96 比特时间。

（2）以太网 MAC 帧前有 8 字节同步码。

（3）以太网采用曼彻斯特编码，每个码元中间有跳变。

这些原因使得以太网的 MAC 帧不用定界就可以分辨出一帧的开始和结束，首先，8 字节的前同步码可以使接受方判定一个帧的开始，由于每个独立的帧都有帧间间隔，所以可以连续地接收一个完整的帧。最后，曼彻斯特编码的每个码元中间都有跳变，如果接收方网卡测不到电压的变化，就表示一个帧的结束。

3.3.4 CSMA/CD 协议

上面介绍了 3 种常见的数据链路层帧，它们分别用在不同的链路当中，充当交通工具一样的角色，运载上层数据。PPP 与 HDLC 的帧常见于点对点的链路，MAC 帧常见于广播链路。

在广播型链路中，数据帧经常会发生碰撞。这不单单发生在由 HUB 组成的局域网中，即使是用以太网交换机组网的局域网，也会存在广播数据，也避免不了发生碰撞，为了尽量消除碰撞，引用了 CSMA/CD 协议。

CSMA/CD（carrier sense multiple access with collision detection）是载波监听多点接入/碰撞检测，其中"多点接入"表示许多计算机以多点接入的方式连接在一条总线上。"载波监听"是指每一个站点在发送数据之前先要检测一下总线上是否有其他计算机在发送数据，如果有，则暂时不要发送数据，以免发生碰撞。总线上并没有什么"载波"，因此，"载波监听"就是用电子技术检测总线上有没有其他计算机发送的数据信号。

其实网卡并不能监测到在介质上还没到达的数据，它在判断总线的状态（有无数据）时，仅依据是否有数据进来，所以大多数的状态判断都是错误的。例如，在只有两站 A、B 的广播链路中，A 先发数据，在数据还没有到达 B 时，B 也想发数据，这时 B 并没有收到数据，故 B 判断总线是空闲的，所以也发送数据，最后，A 和 B 的数据势必会在某点相遇，发生碰撞。

数据发生碰撞就会引起波的相互叠加，导致某些比特发生变化，最终会在接收方的网卡中被 CRC 检查出来而被丢弃。

"碰撞检测"就是计算机边发送数据边检测信道上的信号电压大小。当几个站点同时在总线上发送数据时，总线上的信号电压摆动值将会增大（互相叠加）。当一个站检测到的信号电压摆动值超过一定的门限值时，就认为总线上至少有两个站点同时在发送数据，表明产生了碰撞。所谓"碰撞"就是发生了冲突。因此"碰撞检测"也称为"冲突检测"。下面考虑图 3-13 所表述的问题。

A 和 B 之间相隔时间为 τ 秒，A 在 $t=0$ 秒时发送数据，A 的数据发送到距离 B 还剩 δ 秒时，B 也想发送数据，则 A 和 B 会在剩余的 δ 秒的某处发生碰撞，我们为了探讨问题方便，假设是在剩余 δ 秒的中点，即 $t=\tau-\delta+\delta/2=\tau-\delta/2$ 秒发生碰撞。如果 δ 趋近于 0，那

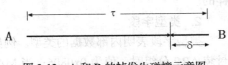

图 3-13　A 和 B 的帧发生碰撞示意图

么发生碰撞的时间 t 就接近于 τ 秒，即在 B 的家门口发生碰撞。读者仔细思考一下就会明白，如果 t 大于 τ 秒，就不会再有碰撞了，因为 B 已经检测到了进入数据。所以 τ 是发生碰撞的最大时间，而这时，还要经过 τ 秒，等数据返回来后，A 才获知发生了碰撞，即 $t=2\tau$。

我们得出一个结论，如果能够发送数据 2τ 秒并没有获知发生碰撞，就不会再有碰撞。我们称 2τ 为基本退避时间，在 10Mbit/s 以太网中，$2\tau=51.2$us；在 100Mbit/s 以太网中，$2\tau=5.12$us。

换句话说，如果能持续发送数据超过 2τ 时间，那么就不会发生碰撞，对 10Mbit/s 以太网而言，就是最少要发送 10Mbit/s × 51.2us=512bit，即 64B 才不会发生碰撞。对 100Mbit/s 以太网而言，就是最少要发送 100Mbit/s × 5.12us=512bit，还是 64B。

所以 64B 是以太网帧的最小长度，小于 64 的都被视为错误帧。

3.4　网　络　层

网络层处于数据链路层之上，对数据链路层来说它是帧内部封装的数据，它也有自己的结构，一种情况是网络层的头部加上层的数据，还有一种情况是没有上层数据，直接封装网络层的数据，如图 3-14 所示。

例如网络层中的 IP 就属于第一种情况，IP 有自己的头部结构，后面携带数据，我们称之为 IP 分组；ARP 属于第二种情况，帧中封装的 ARP 分组就是网络层的数据，后面不携带上层数据。

其他网络层协议，如 ICMP 和 IGMP 都是被 IP 分组封装，不直接被帧封装。所以数据的封装关系并不一定受制于层的限制，这点需要读者注意，被封装的数据并不一定就是上层数据，有可能和封装它的数据属于同一层，PPPOE 也是这种情况，下面为了读者学习方便，绘制一个网络层中的各个数据封装关系简图，如图 3-15 所示。

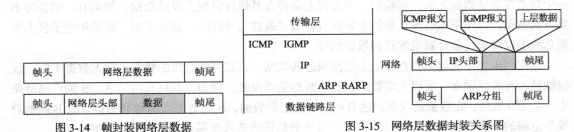

图 3-14　帧封装网络层数据　　　　　　　图 3-15　网络层数据封装关系图

3.4.1　IP 协议

网际协议 IP 是 TCP/IP 协议族中最主要的协议，目前互联网上的大部分数据都是封装 IP，在介绍 IP 头部结构之前，先介绍 IP 地址的知识。

一、IP 地址

1. IP 地址的概念

随着计算机技术的普及和 Internet 技术的迅猛发展，Internet 已作为 21 世纪人类的一种新的生活方式而深入寻常百姓家。谈到 Internet，IP 地址就不能不提，因为无论是从学习，还是使用 Internet 的角度来看，IP 地址都是一个十分重要的概念，Internet 的许多服务和特点都是通过 IP 地址体现出来的。

我们知道 Internet 是全世界范围内的计算机连为一体而构成的通信网络的总称。连在某个网络上的两台计算机之间在相互通信时，在它们所传送的数据包中都会含有某些附加信息，这些附加信息就是发送数据的计算机的地址和接收数据的计算机的地址。

IP 地址就如同一个职位，而 MAC 地址就好像是去应聘这个职位的人才，职位既可以让甲担任，也可以让乙担任，同样的道理，一个节点的 IP 地址对网卡不做要求，基本上什么样的厂家都可以用，也就是说，IP 地址与 MAC 地址并不存在绑定关系。有的计算机本身流动性就比较强，正如同人才可以给不同单位工作的道理一样，人才的流动性是比较强的。职位和人才的对应关系就有点像是 IP 地址与 MAC 地址的对应关系。例如一个网卡坏了，可以更换，而无须取得一个新的 IP 地址。

为什么不只用具有唯一性的 MAC 地址来进行通信？首先，并非所有主机都有网卡（如拨号上网）。其次，同一网络中的 MAC 地址可能是随机的，不便于管理。最后，网卡故障更换或升级 MAC 地址将变化，网络可能需要重新设置。

IP 地址负责将信息包送到正确的网络（或子网），MAC 地址用来在本地传送信息包。事实上，当信息包通过互连网络传输时，每次通过路由器，源和目的 MAC 都发生变化，然而 IP 地址保持不变。

像这样，人们为了通信的方便给每一台计算机都事先分配一个类似日常生活中的电话号码一样的标识地址，该标识地址就是 IP 地址。根据 TCP/IP 协议规定，IP 地址由 32 位二进制数组成，而且在 Internet 范围内是唯一的。

例如，某台接入 Internet 计算机的 IP 地址为：

11010010　01001001　10001100　00000010

很明显，这些数字不太好记忆。人们为了方便记忆，就将组成计算机 IP 地址的 32 位二进制分成 4 段，每段 8 位，中间用小数点隔开，然后将每 8 位二进制转换成十进制数，这样上述计算机的 IP 地址就变成了 210.73.140.2。

Internet 是把全世界的无数个网络连接起来的一个庞大的网间网，每个网络中的计算机通过其自身的 IP 地址被唯一标识，据此我们也可以设想，在 Internet 这个庞大的网间网中，每个网络也有自己的标识符。

这与我们日常生活中的电话号码很相像，例如，有一个电话号码为 0515163，这个号码中的前四位表示该电话是属于哪个地区的，后面的数字表示该地区的某个电话号码。与上面的例子类似，我们把计算机的 IP 地址也分成两部分，分别为网络标识和主机标识。

例如，某信息网络中心的服务器的 IP 地址为 210.73.140.2，可以把该 IP 地址分成网络标识和主机标识两部分，这样上述的 IP 地址就可以写成：

网络标识：210.73.140.0

主机标识：　　　　　　　2

合起来写成：210.73.140.2

正如一个完整的电话号码是由"区号+本地电话号码"组成一样，前者表示"在哪个地方"，后者表示"是该地方的哪部电话"。要唯一确定 IP 网络上一台计算机也需要两个信息：在哪个网络上？所在的网络地址（网络 ID）是该网络中的哪台主机？所在网络上计算机的地址，即主机地址（主机 ID），所以一个 IP 地址可以分为两部分，如图 3-16 所示。

IP 地址=网络 ID（NetID）+主机 ID（HostID）

类型标识	网络 ID（NetID）	主机 ID（HostID）

图 3-16   IP 地址的组成

2. IP 地址的分类

由于网络中包含的计算机有可能不一样多，有的网络可能含有较多的计算机，也有的网络包含较少的计算机，于是人们按照网络规模的大小，把 32 位地址信息设成 5 种定位的划分方式，这 5 种划分方式分别对应于 A 类、B 类、C 类、D 类、E 类 IP 地址。

（1）A 类 IP 地址。

一个 A 类 IP 地址是指，在 IP 地址的 4 段号码中，第一段号码为网络号码，剩下的 3 段号码为本地计算机的号码。如果用二进制表示 IP 地址的话，A 类 IP 地址就由 1 字节的网络地址和 3 字节的主机地址组成，网络地址的最高位必须是"0"。A 类 IP 地址中网络标识的长度为 7 位，主机标识的长度 24 位，A 类网络地址数量较少，可以用于主机数达 1 600 多万台的大型网络。

0			

第 1 字节以 0 开头，其余 7 位为网络 ID，其他 3 字节为主机 ID。

IP 地址范围为：1.0.0.0 ~ 126.255.255.255 ，共 126 个网络地址。

理论上，网络 ID 为 01111111（127）的也是 A 类地址，但该地址用于测试（回送环址将在后面介绍）。

因为每个 A 类网络可分配 16 777 216 个主机 ID 给网络内的设备，所以 A 类地址都分配给大型网络使用。

（2）B 类 IP 地址。

一个 B 类 IP 地址是指，在 IP 地址的 4 段号码中，前两段号码为网络号码，剩下的两段号码为本地计算机的号码。如果用二进制表示 IP 地址的话，B 类 IP 地址就由 2 字节的网络地址和 2 字节的主机地址组成，网络地址的最高位必须是"10"。B 类 IP 地址中网络标识的长度为 14 位，主机标识的长度为 16 位，B 类网络地址适用于中等规模规模的网络，每个网络能容纳 6 万多台计算机。

10			

第 1 字节以 10 开头，其余 6 位加第 2 字节的 8 位为网络 ID，其他 2 字节为主机 ID。

IP 地址范围为：128.0.0.0 ~ 191.255.255.255，共 16 384 个网络地址。

理论上，网络 ID 为 172.XXX 的也是 B 类地址，但该地址只能部分用于 Internet。

因为每个 B 类网络可分配 65 534 个主机 ID 给网络内的设备，所以 B 类地址一般分配给中大型网络使用。

（3）C 类 IP 地址。

一个 C 类 IP 地址是指，在 IP 地址的 4 段号码中，前三段号码为网络号码，剩下的一段号码为本地计算机的号码。如果用二进制表示 IP 地址的话，C 类 IP 地址就由 3 字节的网络地址和 1 字节的主机地址组成，网络地址的最高位必须是"110"。C 类 IP 地址中网络标识的长度为 21 位，

主机标识的长度为 8 位，C 类网络地址数较多，适用于小规模的局域网，每个网络最多只能包含
254 台计算机。

110			

第 1 字节以 110 开头，其余 5 位加第 2、3 字节为网络 ID，最后 1 字节为主机 ID。

IP 地址范围为：192.0.0.0 ~ 223.255.255.255，共 2 097 152 个网络地址。

理论上，网络 ID 为 192.168 的也是 C 类地址，但该地址只能部分用于 Internet。

因为每个 C 类网络可分配 254 个主机 ID 给网络内的设备，所以一般分配给小型网络使用。

另外，可以仅依据 IP 地址的头一字节就可以知道它的类别，具体如下。

A 类　　1.x.x.x　　　 ~　　126.x.x.x

B 类　　128.0.x.x　　~　　191.255.x.x

C 类　　192.0.0.x　　~　　223.255.255.x

D 类　　224.0.0.1　　~　　239.255.255.255

E 类　　240.x.x.x　　~　　255.255.255.255

3. 特殊的 IP 地址

（1）网络号全 0 加有效的主机号。

NetID 全为 0 而 HostID 不全为 0 时，表示本网络上的某个主机，通常用于从本机向同一网络
中的另一台主机发送信息。NetID 和 HostID 全为 0（即 0.0.0.0）时，表示"This host on this network"。
某个主机启动（bootstrap）时，如果不知道自己的 IP 地址（如无盘工作站），就可用此地址作为
源地址，发送一个 IP 数据报给远程引导服务器，以获取自己的 IP 地址。注意该地址只能作为源
地址，而且是一个与网络无关的 A 类地址。

（2）主机号全 0 加有效的网络号（网络地址）。

HostID 全为 0 的 IP 地址是指网络本身，不分配给单台主机。

（3）广播地址。

HostID 全为 1 的 IP 地址为广播地址。

（4）回环地址。

127.x.y.z 为回环地址。例如，通常用 IP 地址 127.0.0.1 表示本地主机本身。使用该地址为目
的地址的数据包永远不会离开本机，而总是返回给本机的某个 IP 软件，通常用于测试本机使用的
IP 软件是否能正常接收和处理数据包。

4. 子网掩码的概念

子网掩码是一个 32 位地址，用于屏蔽 IP 地址的一部分，以区别网络标识和主机标识，并说
明该 IP 地址是在局域网上，还是在远程网上。用于子网掩码的位数决定可能的子网数目和每个子
网的主机数目。在定义子网掩码前，必须弄清楚本来使用的子网数和主机数目。

由于 Internet 上的 IP 地址数量有限，特别是 A 类地址已基本用完，B 类地址也所剩无几了，
假定某个大型组织好不容易获得了一个 B 类地址，从而可以对 65 534 台主机进行 IP 编址，但是
这些主机只能归属于同一个网络。这在许多情况下是不合适的，因为一个大型网络往往需要分成
由路由器/设备连接的较小的物理网络（子网），其原因在于：减少每个子网上的网络通信量（同
一子网主机间的广播和通信被路由器隔开，只在子网中进行），只有不同子网的主机相互通信时，
才在路由器的管理控制下进行跨子网转发，以便于网络管理（分成几个便于控制的部份，并可由
单独的管理员管理本地用户，或在单位内部创建隔离的子网，以阻止非法获取敏感信息），提高

IP 地址的利用率（可使若干物理网络共用单个 IP 网络地址），解决物理网络本身的限制问题（如网络分布超过以太网段最大长度）。

5. 子网掩码的作用

未使用子网掩码时，IP 地址由网络地址和主机地址两部分组成。对于每台计算机，其地址的网络部分必须与那个网络上其他计算机的网络地址相匹配，然而主机部分对于那个网络号必须是唯一的。网络地址有 A、B、C 3 类（A 类 1 ~ 126，都已分配了；B 类 128 ~ 191；C 类 192 ~ 223）。如果为 A 类，则 IP 地址的 4 字节中，第一字节为网络地址；为 B 类，则前两字节为网络地址；为 C 类，则前三字节为网络地址。

A 类　　网络.主机.主机.主机

B 类　　网络.网络.主机.主机

C 类　　网络.网络.网络.主机

子网掩码是一个 32 位的数字，其作用是告诉 TCP/IP 主机，IP 地址的哪些位对应于网络地址，哪些位对应于主机地址。TCP/IP 使用子网掩码判断目标主机地址是位于本地子网，还是远程子网。子网中的所有主机必须配置相同的子网掩码。使用子网掩码时，IP 地址解释如图 3-17 所示。

IP 地址=网络地址.子网地址.主机地址

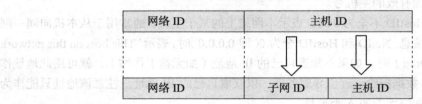

图 3-17　IP 地址的组成

子网掩码与地址进行逻辑与（AND）。如果 IP 地址和子网掩码都是 1，结果为 1，否则为 0。

【例 1】172.25.16.51 和 172.25.25.101 两台主机，子网掩码均为 255.255.0.0，同一子网。

【例 2】172.25.16.51 和 172.31.25.101 两台主机，子网掩码均为 255.255.0.0，不同子网。

【例 3】172.25.16.51 和 172.25.25.101 两台主机，子网掩码均为 255.255.255.0，不同子网。

没有划分子网的 TCP/IP 使用默认子网掩码。

A 类　255.0.0.0

B 类　255.255.0.0

C 类　255.255.255.0

二、IP 头部结构

IP 分组的头部结构要比帧头的结构复杂得多，因为在网络层考虑的问题不再局限于局域网，在互联网数据会遇到更多的问题，因此也需要更多的控制冗余信息。图 3-18 是 IP 头部结构。

IP 头部结构分两大部分：固定长度（20B）和可变长度，下面分别简要介绍每个字段的含义。

（1）版本字段占 4 比特，目前有两个版本的 IP，IPv4 和 IPv6，这里介绍的是 IPv4。

（2）首部长度字段占 4 比特，能表示的最大数是 1111，即 15，因为每个值的单位是 4 B，所以这个字段能表示的最大值为 60B。因此，除去固定长度，可变长度最大不能超过 40B。

（3）区分服务字段简称 DS 字段，只有在一些特殊环境下才用到 DS，它可以起到标识 IP 分组的作用，并通过事先在设备上约定好的级别来区分对待不同 DS 值的分组。关于这部分内容，不再详细讲解，读者可以参考"服务质量"方面的内容。

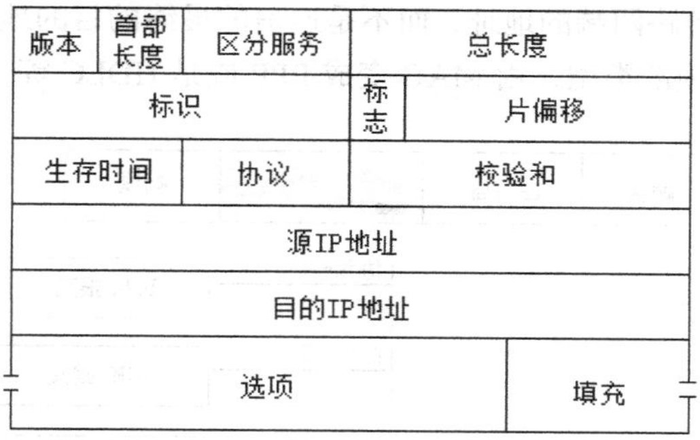

图 3-18　IP 头部结构

（4）因为总长度字段占 2B，单位是一字节，所以整个 IP 分组最大可以达到 $2^{16}-1=65\ 535$B，但是前面学习过的 MTU 指明帧中的数据是有最大限制的，所以 IP 分组往往达不到这个长度。例如，当 IP 分组被以太网帧封装时，最大长度仅仅是 1 500B（以太网 MTU=1 500B）。

以上是 IP 头部结构中的第一行，也就是前 4 字节。需要注意的是，为了方便观看，习惯上将头部结构画成每 4 字节一行，实际上每行是横向排列首尾相接的。第二行用作 IP 分组的分片，如果要传输的数据大于 MTU，IP 分组就要分成若干片，并且每片都要加上新的 IP 头部。注意：头部不参与分片，但参与传输。

（5）标识字段占 2B，来自同一分组的片具有相同的标识，以便于接收方组合分组。

（6）标志字段占 3 比特，目前只有前两比特有意义。其中最低位是 MF（more fragment）字段。MF = 1 表示后面"还有更多的分片"。MF = 0 表示这是最后一个分片。剩下的一位是 DF（don't fragment）。只有当 DF = 0 时，才允许分片。

（7）片偏移字段占 12 比特，用来确定每个分片在最初分组中的位置，单位是 8B，例如，某个片的 IP 头部中的片偏移字段值是 100，表明它在 IP 分组中的位置是从第 800 字节开始（注意：字节是从 0 号开始排的，第一个分片的片偏移是 0）。

从第三行开始表明 IP 分组在传输过程中要用到的一些参数。

（8）生存时间字段又称 TTL，占 1 字节。TTL 由发送方设置初始值，一般都和操作系统的类型相关，常见的值有 64、128、255。当 IP 分组通过一个路由器（或是有路由功能的设备）时，这个值会被减 1，当这个值被减为 0 时，IP 分组就会被丢弃。显然这个值的作用是防止 IP 分组经过过多的路由器，在网络中兜圈子，消耗链路资源。

有时候 TTL 值还能限制 IP 分组的传输范围。例如，可以在局域网中特意设置某些 IP 分组中的 TTL 初值是 1，这样，它就不会通过网关传输到外网中。一般情况下，用户无须修改数据包中的字段，但通过程序或者系统提供的工具也可以对其进行操作。

（9）协议字段占 1 字节，用以表明 IP 分组携带的数据类型，如图 3-19 所示。

（10）校验和用来鉴别 IP 头部在传输过程中是否发生错误，与 CRC 校验不同的是，校验和采用了一种累加的方式，将头部的 16 位为一个单位加到一起（校验和最初全置 0），最后将结果取反作为校验和字段，接收方做相同的运算过程，若结果不为 0，则代表数据的 IP 头发生错误，丢弃 IP 分组。

（11）源、目的 IP 地址是最重要的两个字段，根据 IP 地址的长度，各占 4B，前面已经介绍了 IP 地址以及它与 MAC 地址的区别，要注意的是：源、目的 IP 地址在整个传输过程中不发生改变（除去特殊的情况，如 NAT），而帧头中的源、目的 MAC 地址则每经过一段链路就会变化，因为 MAC 表示的是某段链路两端的地址，而不是通信的最终的目的地。因此 IP 分组也会经常变换封装它的帧，甚至变换帧的类型，由 MAC 变成 PPP 或是 HDLC 等。

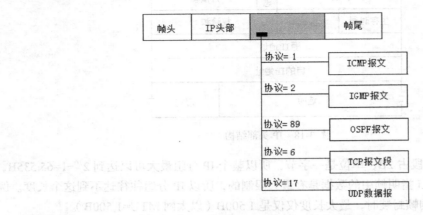

图 3-19 IP 头部协议字段的主要值

路由器在收到数据后，也会对帧进行解封装操作，抽出 IP 分组，并查看源、目的 IP 地址字段，大多数情况，路由器只关心目的地址。在路由器的内部有一张路由表，记录着到达的某个目的网络、下一个路由器的端口 IP（也称为下一跳）以及子网掩码，路由器会用收到的 IP 分组中的目的 IP 与表中的子网掩码分别进行与运算，一旦结果和某个目的网络相等，就会按照相应的下一跳转发该分组，这个过程称为路由转发。

路由表的建立有两种方法：人工建立（静态路由）和通过路由选择协议建立（动态路由），后者不需要人工干预，路由器之间会自动协商通告网络的可达消息，并自动建立路由表。常见的路由选择协议有 RIP 和 OSPF 等，不同的路由选择算法考虑的问题不一样。例如，RIP 认为最优路径就是最短的路径，OSPF 会考虑带宽等其他因素。

（12）选项字段长度不固定，可有可无，是对固定头部的扩充，常见的选项功能有源路由选择、安全、时间戳选项。

（13）填充字段长度不固定，前面提到 64B 是以太网帧的最小长度，当小于时，会被填充到 64B。

3.4.2 ARP 协议

当帧封装 IP 分组传输数据时，我们会遇到一个问题，那就是在两个数据包头部中有两个不同的地址，到底以哪个作为实际通信的地址？

在实际通信时，一般都是选用 IP，因为它比 MAC 更短、更好记，最主要的是 IP 更灵活，随时可以更换。但是，主机接口的真实标识是 MAC，所以需要一种机制将两种地址联系到一起，于是就诞生了 ARP。

ARP 的全称为地址解析协议，ARP 分组直接被帧封装，用来询问局域网中某个 IP 对应的 MAC。图 3-20 是 ARP 分组的数据结构。

（1）硬件类型：占 2B，定义 ARP 工作的网络类型（也是硬件地址的类型），目前以太网的硬件类型值是 1。

（2）协议类型：占 2B，定义网络地址的类型，对于 IP，这个值是 0x0800。

（3）硬件长度和协议长度分别表明硬件地址和网络地址的长度值（通常情况 MAC 是 6，IP 是 4）。

硬件类型		协议类型
硬件长度	协议长度	操作码
发送方硬件地址		
发送发协议地址		
目标硬件地址		
目标协议地址		

图 3-20　ARP 分组

（4）操作码表示 ARP 分组的种类，当询问别人的 IP 时，称为 ARP 请求，操作码是 1；当回答别人的询问时，称为 ARP 应答，操作码是 2。

（5）下面是 4 种地址，分别表明发送请求和接收请求的主机的硬件地址和网络地址，注意：实际的硬件地址是 6B，所以图 3-19 的一行（4B）是不够的。

ARP 的工作过程可以简化为下面几点。

（1）首先发送广播帧，内部封装 ARP 分组；此时帧头（MAC 帧）的目的 MAC 全是 1，类型字段值是 0x0806，ARP 分组中的操作码是 1（请求），目标协议地址无。

（2）在局域网中的所有主机（包括网关）都会收到该广播帧，并会查看 ARP 分组的目标硬件地址，如果是自己的 MAC，就会返回一个 ARP 的应答（操作码是 2）。

（3）发送请求的主机会收到应答，并在发送方协议地址中获知要找的 IP 地址。

（4）发送请求的主机将获得的 IP 地址写入自己的 ARP 缓存表中，以便下次直接使用。

（5）在这个过程中，其他主机其实也可顺便获知发送请求主机的 IP 地址。

ARP 存在于下面的 4 种情况中。

（1）局域网中主机和主机之间。

（2）局域网中主机和网关之间。

（3）两台用以太网相连的路由器之间。

（4）局域网中网关和主机之间。

在实际环境中，ARP 存在很大的漏洞，经常会被冒充和修改，如 ARP 欺骗会搅乱局域网的通信。因为 ARP 分组既没有加密，也不能鉴别。这就使得黑客可以利用 ARP 报文随意地通报虚假的 MAC 地址，以此来获取别人的数据。

3.4.3　ICMP 协议

ICMP 的全称为网际控制报文协议（Internet control message protocol）。虽然 ICMP 也是网络层协议，但是其报文被 IP 分组封装（IP 头部的协议字段是 1）。也就是说，ICMP 报文是被 IP 分组当作数据来传输的，但是 ICMP 报文并不是上层的数据，它的作用有以下两个。

（1）差错报告：在网络中传递的 IP 分组经常因为各种原因被忽略或丢弃，这时发现差错的设备要返回一个 ICMP 报文，将原因告知发送的源点，常见的差错报告如下。

- 终点不可达。
- 源点抑制（source quench）。
- 时间超过。
- 参数问题。
- 改变路由（重定向，redirect）。

（2）查询测试：用来测量或探知网络上的某些情况，查询测试报文常常是成对出现的，常见的查询测试报文如下。

- 回送请求和回答报文。
- 时间戳请求和回答报文。

回送请求和回答用来测试网络设备之间是否连通，时间戳请求和回答用来测试网络设备之间的往返时延。ICMP 的报文结构如图 3-21 所示。

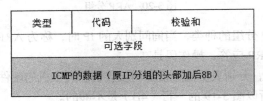

图 3-21　ICMP 报文结构

- 类型字段占 1B，表明 ICMP 的种类。
- 代码字段占 1B，表明某个种类的具体分类，常见的类型代码见表 3-1。
- 校验和占 2B，对 ICMP 报文进行校验。
- ICMP 头部的后 4B 是可选字段，只存在于一些特殊的 ICMP 报文中。
- ICMP 的数据部分是取发生差错的 IP 分组头部和后 8B（为了包含端口号）。

表 3-1　　　　　　　　　　　　　　　　ICMP 报文种类

类型	代码	ICMP 报文	类型	代码	ICMP 报文
0	0	回应应答	5		重定向
3		目的地不可达	6	0	选择主机地址
	0	网络不可达	8	0	回应（请求）
	1	主机不可达	9	0	路由器通告
	2	协议不可达	10	0	路由器选择
	3	端口不可达	11		超时
	4	需要分片和不需要分片标记置位		0	传输中超出 TTL
	5	源路由失败		1	超出分片重组时间
	6	目的网络未知	12		参数问题
	7	目的主机未知		0	指定错误的指针
	8	源主机被隔离		1	缺少需要的选项
	9	与目的网络的通告被禁止		2	错误长度
	10	目的主机的通信被禁止	13	0	时间戳
4	0	源抑制（Source Quench）	14	0	时间戳回复

3.4.4　路由选择

在 TCP/IP 的网路层中，最重要的工作就是传送被 IP 分组封装的数据，其他协议只起到辅助的作用，例如，前面介绍的 ARP 用于找到某段链路的目的物理地址，ICMP 用来报告错误。

封装 IP 分组的帧从网关出来到达互联网时，每经过一个路由设备都要进行路由选择，有时候某个区域选择的路由每次都是不固定的（动态路由）；有时候某个区域选择的路由是事先就设计好的（静态路由或虚电路）；有时候路由设备只检查帧头就可以决定该数据的路由（帧中继等）；有时候则需要解封装并查看 IP 首部，以决定路由（传统路由选择）。

不管怎样，互联网的结构和组成是庞大的、复杂的，除了在局部范围内，否则谁也不能保证数据每次能走同样的路径，如图 3-22 所示。

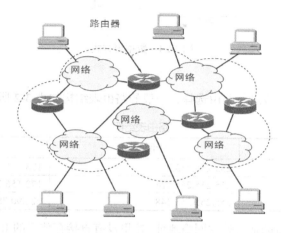

图 3-22　路由选择

1. 网络层提供的两种服务

在计算机网络领域，网络层应该向运输层提供怎样的服务（是"面向连接"，还是"无连接"）曾引起了长期的争论。争论焦点的实质就是：在计算机通信中可靠交付应当由谁来负责？是网络还是端系统？

目前在互联网中主要有以下两种通信方式。

（1）面向连接的通信方式。

建立虚电路（virtual circuit），以保证双方通信所需的一切网络资源。如果再使用可靠传输的网络协议，就可使所发送的分组无差错按序到达终点，如图 3-23 所示。

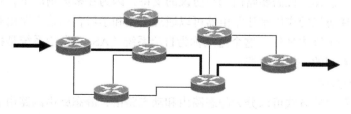

图 3-23　虚电路方式

常见的虚电路方式有帧中继、ATM 和 X.25。

（2）无连接的通信方式。

由于传输网络不提供端到端的可靠传输服务，这就使网络中的路由器可以做得比较简单，而且价格低廉（与电信网的交换机相比较）。如果主机（即端系统）中进程之间的通信需要是可靠的，那么就由网络主机中的传输层负责（包括差错处理、流量控制等）。采用这种设计思路的好处是：网络的造价大大降低，运行方式灵活，能够适应多种应用。Internet 能够发展到今日的规模，充分证明了当初采用这种设计思路的正确性。

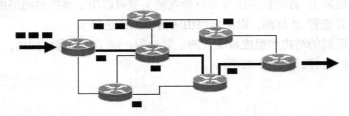

图 3-24　数据报方式

2. 路由选择

路由器依靠内部路由表进行路由选择，一般的路由表结构如表 3-2 所示。

表 3-2　　　　　　　　　　　　　　　　路由表结构

目的网络	子网掩码	下一跳路由
192.168.27.0	255.255.255.0	193.176.27.1
234.128.76.1	255.255.255.224	172.156.24.1
202.176.50.128	255.255.255.248	222.90.78.1

目的网络表明数据目的地所处的网络地址，这里没有直接存放目的 IP 地址是为了减少路由表项。子网掩码的目的是提取 IP 地址中的网络地址。下一跳路由表明数据接下来被转发的邻居路由直连接口的 IP 地址。

路由器在收到一个数据帧之后，首先解封装数据，查看 IP 分组首部中的目的 IP 地址，然后将其与路由表中的每项子网掩码做逻辑与运算，若结果和相应行的目的网络相符，则按照该行的下一跳地址转发数据。例如，目的 IP 地址为 202.176.50.129 的 IP 分组，将 202.176.50.129 与路由表中的子网掩码做二进制与运算，当计算到第三行时：

202.176.50.129 与 255.255.255.248=202.176.50.128

因此该 IP 分组会被转发给接口 IP 为 222.90.78.1 的路由器。

3. 路由选择协议

上面介绍的路由选择过程需要路由选择协议的支持，因为在多数情况下，路由器面对的网络复杂多变，路由选择协议的作用是让路由器可以通过交流和学习自己建立路由表。一般的路由选择协议被限制在某一范围内使用，这个范围称为自治系统（AS），自治系统是指使用同样的路由选择协议并被统一管理的一组路由器。

4. 路由选择的分类

路由选择按照路由的方式可以分为静态路由和动态路由，静态路由的路由表是人工填写并且不变化的；动态路由则会随着网络的变化而变化。动态路由需要路由选择协议的支持，从而可以获取网络内其他路由器的可达信息，并通过路由算法建立路由表。

路由选择协议按照路由的依据可以分为以下几类。

距离向量类（RIP）：以最少跳数为路由依据。

链路状态类（OSPF）：以最少代价为路由依据。

路径向量类（BGP）：以经过最少自治系统为依据。

路由选择协议按照路由的范围可以分为以下几种。

内部网关协议（IGP）：用在自治系统内部。

外部网关协议（EGP）：用在自治系统外部。

RIP 和 OSPF 都属于 IGP；BGP 属于 EGP。

下面以 RIP 为例，学习路由选择的基本原理。

5. 距离向量类路由选择协议 RIP

RIP 的全称是路由信息协议，属于距离向量类的动态路由选择协议，其判断路由的依据是距离最短，即经过的路由器数量最少。RIP 规定默认情况下每隔 30s 就向邻居路由器发送 RIP 报文，以通报自己的路由表，RIP 报文被 UDP 封装，端口为 520，其结构如图 3-25 所示。

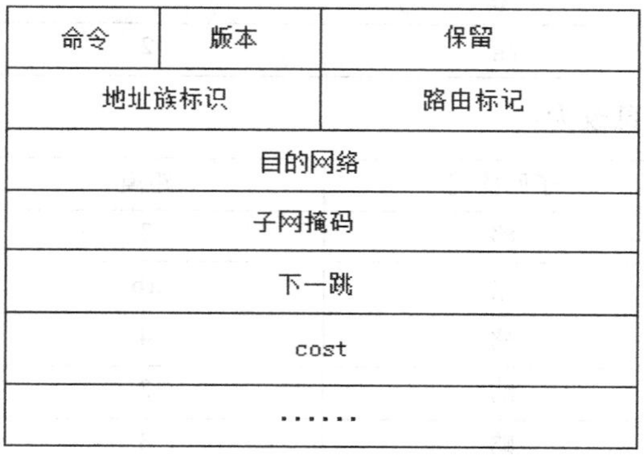

命令	版本	保留	
地址族标识		路由标记	
目的网络			
子网掩码			
下一跳			
cost			
……			

图 3-25　RIP 报文结构

（1）命令：取值为 1 时，表示该消息是请求消息，取值为 2 时，表示该消息是响应消息。

（2）版本：取值为 1 时，表示是 RIPv1 版本，取值为 2 时，表示 RIPv2 版本。

（3）地址族标识：对于 IP 分组该项设置为 2。

（4）路由标记：此字段用来标记外部路，即从外部路由选择协议注入 RIP 中的路由的自治系统号。

（5）目的网络：路由目的地址所在的网络地址。

（6）子网掩码：是确认 IP 地址的网络和子网部分的一个二进制 32 位的掩码。

（7）下一跳：表明数据接下来被转发的邻居路由直连接口的 IP 地址。

（8）代价（cost）：在 RIP 中是指经过路由器的跳数。该字段的取值范围是 1~16，距离是 16 表明 R 不可达。

收到 RIP 报文的路由器遵循如下算法。

对于收到的路由信息，将下一跳全部改成发送方的 IP，距离加 1。

如果收到的路由信息中，目的网络不存在，则更新自己的路由表。

否则，如果下一跳地址相同，则更新自己的路由表。

否则，如果距离更短，则更新自己的路由表。

例如，路由器 A 的路由表如下。

目的网络	子网掩码	距离	下一跳
N1	略	4	F
N2	略	2	B
N3	略	3	C
N4	略	1	-
N5	略	6	E

现 A 收到 B 发来的 RIP 信息如下。

目的网络	子网掩码	距离	下一跳
N1	略	2	F
N2	略	16	M
N3	略	3	H
N4	略	2	A
N6	略	2	I

A 将 B 发来的 RIP 信息改为：

目的网络	子网掩码	距离	下一跳
N1	略	3	B
N2	略	16	B
N3	略	4	B
N4	略	3	B
N6	略	3	B

即上述信息的距离都加 1，下一跳全部改为 B，然后执行距离向量算法更新 A 的路由表如下。

目的网络	子网掩码	距离	下一跳
N1	略	3	B
N2	略	16	B
N3	略	3	C
N4	略	1	-
N5	略	6	E
N6	略	3	B

对于 N1，因为 A 的路由表原来已经存在，并且下一跳与 B 的不同，所以应该比较距离，B 的距离比 A 的短，故更新该条路由；对于 N2，A 的路由表已经存在，并且下一跳与 B 的相同，更新该条路由（距离 16 表示 N2 不可达）；对于 N3，A 的路由表已经存在，并且下一跳与 B 的不同，B 的距离比 A 的长，不更新该条路由；对于 N4，A 的路由表已经存在，并且下一跳与 B 的不同，B 的距离比 A 的长，不更新该条路由（距离 "-" 表示直连网络）；对于 N5，因为 B 发来的路由信息中不存在 N5，所以不更新该条路由；对于 N6，A 的路由表不存在 N6，更新该条路由。

距离向量路由算法可以保证自治系统内的路由器总能获得最新的最短的路由信息，但是由于它每 30 秒才更新一次，所以也会带来一些问题，如逆向路由问题。

逆向路由指的是将路由信息又发回给发送这条路由信息的路由器。例如，A 收到 B 发来的

RIP 信息中，标灰的路由信息如下。

N4	略	2	A

其下一跳为 A，表明是 B 向 A 学习到的路由，如果这条信息又发回给 A，就变成了逆向路由。逆向路由在正常情况下不会干扰网络，但是如果网络拓扑发生变化，就有可能出现虚假的路由信息。例如，在 A 的路由表中，我们看到网络 N4 是直连在路由器 A 上的。

N4	略	1	-

如果某一时刻，N4 发生了故障，A 探测不到 N4，就会将该条路由信息改为：

N4	略	16	-

这条更新完的路由会在 30 秒之后发送给 B，如果这时 B 抢先将上述的逆向路由返回给 A，按照距离向量算法，A 会修改这条路由为：

N4	略	3	B

A 与自己的路由比较，发现 B 发来的距离更短，故更新该条路由为：

N4	略	3	B

这条更新后的路由是虚假的消息，实际情况是 N4 已经发生故障，到达不了，但是 A 却误以为通过 B 可以到达 N4，而 B 其实也要通过 A 才能到达 N4，这就是逆向路由的危害。一般情况下，路由器可以将逆向路由屏蔽掉，或是在网络拓扑发生变化后，立即发送消息，以防真实的路由被迟滞的逆向路由覆盖。

虽然存在上述缺点，但在小型的自治系统中，RIP 还是可以稳定运行的。另外，RIP 的安全问题也值得关注，因为 RIP 报文是明文传输的，且没有做任何的鉴别，此漏洞容易被黑客利用来攻击网络的核心路由器，造成全网的瘫痪，因此在 RIPv2 中，已经对安全问题进行了改进。

6. 链路状态类路由选择协议 OSPF

OSPF 的全称为开放式最短路径优先，与 RIP 一样同属于内部网关协议的动态路由选择协议，OSPF 与 RIP 的不同之处总结如下。

（1）路由选择标准不同。

OSPF 选择最佳路由的标准与 RIP 不同，它将距离、带宽、时延、可靠性以及安全等路由因素统一表示为代价（cost），有些路由器中默认的 OSPF 的 cost 值等于 10^8/带宽，这就代表在选择路由时仅仅考虑带宽因素，当然 cost 值可以由管理员根据实际情况随意设定，所以 OSPF 的最佳路由选择标准要比 RIP 灵活和公平。

（2）路由选择算法不同。

多数情况下，OSPF 采用 Dijkstra 算法来计算路由，路由器之间的每一条路径都用 cost 值来标注权值，Dijkstra 算法的目的是在由路由器构成的图中找出一条最短路径树，如图 3-26 所示。

以 A 为例，在 A 的附近有 B（3）、D（2）、E（1），括弧里的值表示代价，这个代价值可能包含很多因素，我们称 B（3）、D（2）、E（1）为 A 的链路状态。如果 A 想要到达 C，A 会选择一条代价最小的路径，即 A—E—C。

（3）路由信息不同。

如果想要执行 Dijkstra 算法来计算最佳路由，就需要获知全网内所有节点的链路状态。与 RIP 不同的是，OSPF 并不是向邻居路由器通告自己的路由表，而是以洪泛的形式通告网内所有路由器自己的链路状态。当链路状态数据在全网内统一后，OSPF 就不再互相通告信息了，除非链路状态拓扑发生了变化。

（4）报文结构不同。

OSPF 的链路状态信息被加上统一的 OSPF 首部后封装在 IP 分组中，如图 3-27 所示。

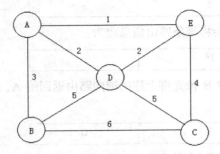

图 3-26　带有权值的路由图

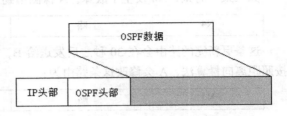

图 3-27　带有权值的路由图

OSPF 首部描述了一些路由的基本信息，包括版本、路由标识、自治系统标识，即鉴别等内容。OSPF 数据分为 5 种类型，分别是：探听邻居是否可达的 hello 报文、数据链路状态描述报文、数据链路状态请求报文、数据链路状态应答报文和数据链路状态确认报文。

（5）路由范围不同。

RIP 最多只能用在有 15 台路由器的小范围网络中，而 OSPF 可以用在有上千台路由器的超大规模网络中，从前面介绍的内容中，我们看不出是什么原因使得 OSPF 可以在如此大的范围内路由。事实上，在超大规模的系统中，任何的行为都会变得困难，如果网内所有的节点都试图洪泛自己的信息，互联网的核心部分通信就会被彻底淹没。

对于超大规模系统中的行为交流，一般采用的方式是分层处理。例如，我们一直在学习的网络分层模型就是对互联网在抽象层面上的分层。OSPF 也采用了这种方式，它将所在的自治系统划分为若干区域，如图 3-28 所示。

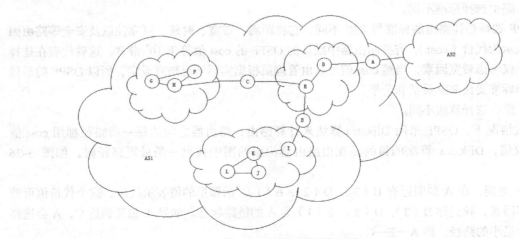

图 3-28　自治系统划分区域

区域被一组类似于 IP 地址的号码所标识，如 0.0.0.1。能与所有其他区域连接的区域称为主干区域，其标号是 0.0.0.0。例如，图 3-28 中 D、E 所在的区域就是主干区域，其中的路由器称为主干路由器。普通的路由器仅限于与所在区域内的其他路由器交流，这样就大大减少了通信量。

在区域之间由区域边界路由器相连，记为 ABR，图 3-28 中的 C、B 都是 ABR；在自治系统之间由自治系统边界路由器相连，记为 ASBR，图 3-28 中的 A 是 ASBR。边界路由器负责记录所连接区域或自治系统的汇总信息，并与其他区域或自治系统联通，从而保证数据可以顺利地穿过区域或自治系统。

在区域内部还可以选取一个指定路由器（DR），负责收集其他路由器的链路状态信息并分发下去，这样可以避免其他路由器互相发送信息，进一步减少通信量。

由于上述的几点不同，使得 OSPF 相比 RIP 要复杂得多，OSPF 的路由器在负责路由的同时，还要扮演多重角色（ABR、ASBR 和 DR）。另外，因为 OSPF 的报文类型多达 5 种，所以路由器之间交流的信息也比 RIP 丰富。OSPF 路由的依据也更为灵活，管理员可以随意设置 cost 值，以选择最佳路由。

3.5　传　输　层

传输层向高层用户屏蔽了下面网络核心的细节（如网络拓扑、所采用的路由选择协议等），它使应用进程看见的是在两个运输层实体之间有一条端到端的逻辑通信信道。

传输层只有两个协议：TCP 和 UDP，无论哪一个，都要封装应用层的数据，并被 IP 分组封装。所以这样看来，传输层的作用是在网络层之前给数据加进一些必要的参数。而由于沿途的设备一般不会解封装到这个层面，所以这些参数并不真正的参与传输，仅仅是在端之间传递信息，那么这些参数起到什么作用呢？端到端之间的交流更倾向于应用程序，因此大多数的参数起到控制进程发送数据的作用。

下面分别介绍传输层的两种协议。

3.5.1　UDP 协议

UDP 的全称为用户数据报协议，是无连接的不可靠传输层协议。UDP 的报文结构非常简单，图 3-29 为 UDP 的头部结构。

我们发现除了长度和检验和之外，在 UDP 头

源端口	目的端口	长度	校验和

图 3-29　UDP 的头部结构

中真正有用的参数就是源端口和目的端口，这里的
端口只是个形象的称呼，实际上并不真实存在。在计算机内部为了区分不同的进程，为每个进程分配了进程 ID，当这些进程产生的数据需要传输到网络时，这些 ID 就不能区分它们了，因为进程 ID 只具有本地意义。所以人们又为这些网络进程规定了一些专用的 ID，即端口号，端口号占 2B，共有 65 535 个，其中 0 ~ 1023 是全球通用的，我们称之为熟知端口号。1024 ~ 49151 为登记端口号，用来给那些没有熟知端口号的程序。49152 ~ 65535 是随机端口号，用来分配给一些临时的进程，如客户端进程。

有了源端口号，就可以知道数据是发送方主机中的哪个进程产生的。

有了目的端口号，就可以知道数据是发给接收方主机中的哪个进程。

这样的过程，称为"分用复用"。从数据包结构看，UDP 只有分用复用的功能。

常见的端口号如表 3-3 所示。

表 3-3 常见的端口号

使用端口的应用层协议	端口号	使用的传输层协议
HTTP	80	TCP
FTP	21	TCP
SMTP	25	TCP
TELNET	23	TCP
DNS	53	TCP、UDP
DHCP	67、68	UDP

3.5.2 TCP 协议

TCP 的全称为传输控制协议，是有连接的不可靠的传输层协议。

一、TCP 首部结构

TCP 首部结构如图 3-30 所示。

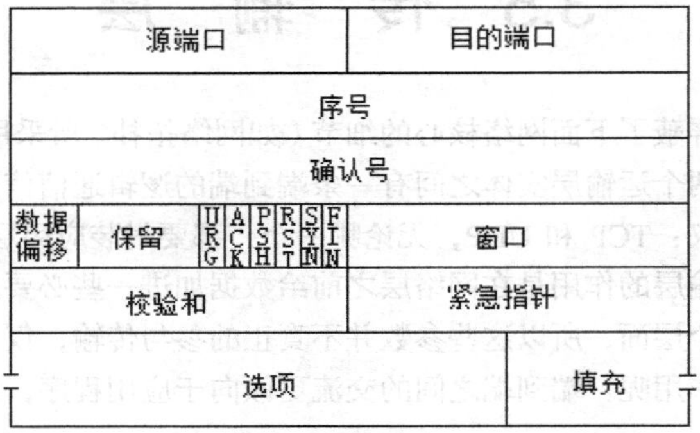

图 3-30 TCP 的头部结构

（1）源端口和目的端口：与 UDP 同，起到分用复用的功能。

（2）序号：占 4 字节，TCP 连接中传送的数据流中的每一字节都编上一个序号。序号字段的值则是指本报文段所发送数据的第一字节的序号。

（3）确认号：占 4 字节，是期望收到对方下一个报文段的数据的第一字节的序号。

（4）数据偏移：占 4 比特，相当于 TCP 首部长度，单位是 4B。

（5）保留:占 6 比特，全置 0。

（6）紧急 URG：当 URG = 1 时，表明紧急指针字段有效。它告诉系统此报文段中有紧急数据，应尽快传送（相当于高优先级的数据）。

（7）确认 ACK：只有当 ACK = 1 时，确认号字段才有效。ACK = 0 时，确认号无效。

（8）推送 PSH（PuSH）：接收 TCP 收到 PSH = 1 的报文段，就尽快地交付接收应用进程，而不再等到整个缓存都填满后再向上交付。

（9）复位 RST（ReSeT）：当 RST = 1 时，表明 TCP 连接中出现严重差错（如由于主机崩溃或其他原因），必须释放连接，然后再重新建立运输连接。

（10）同步 SYN：同步 SYN = 1 表示这是一个连接请求或连接接收报文。

（11）终止 FIN（FINis）：用来释放一个连接。FIN = 1 表明此报文段的发送端的数据已发送完毕，并要求释放运输连接。

（12）窗口：窗口字段：占 2 字节，用来让对方设置发送窗口的依据，单位为字节。

二、TCP 的功能

从图 3-25 的 TCP 头部结构就可以看出，TCP 比 UDP 多了很多功能，除了分用复用之外，TCP 还有可靠传输、流量控制、拥塞控制及连接管理功能。

1. 分用复用

前面介绍 UDP 时已经说过，分用复用是指利用端口号区分不同应用进程的数据，这里不再赘述。

2. 可靠传输

TCP 的可靠传输是靠确认机制和滑动窗口实现的。TCP 首先将要发送的数据按照字节排号，并依据发送窗口大小对数据分段封装。TCP 首部中的序号字段表示该 TCP 报文段中的第一字节的序号。接收方采用累积确认的方式，确认接收窗口所收下的 TCP 报文段中的最后一字节。一旦该 TCP 报文段丢失，发送方就会在超时时间过后重传该段。

3. 流量控制

TCP 的流量控制是靠 TCP 首部结构中的窗口字段完成的。窗口字段的值表明接收方通知发送方自己还能够接收多少数据，记为 rwnd，发送方会依据 rwnd 的值调整发送窗口的大小，以防止接收方由于缓存空间不够而造成的溢出。

流量控制实际上是一种反馈机制，通过端到端的反馈与调节，使得整个互联网形成了一个严密且复杂的闭环控制系统，在这个系统中，反馈与调节不能过于频繁，否则会使系统不稳定。

4. 拥塞控制

TCP 的拥塞控制是靠发送方自己测试网络状况完成的。当发送窗口达到某一值时，会使得网络发生拥塞，具体的表现是有些段的确认没有在规定时间内返回，即数据发生丢失，我们称这个值为拥塞窗口，记为 cwnd。发送方会依据 cwnd 的值调整发送窗口的大小，以防止网络发生拥塞。

拥塞控制也是一种反馈机制，只不过调节的依据是由网络反馈得来的。拥塞控制和流量控制往往很难区分，因为它们都是通过反馈调节发送窗口的大小，但是它们的目的不同，前者是防止网络拥塞，后者是防止接收方缓存溢出。在实际应用中，两者要放在一起考虑，即发送窗口的大小取 rwnd 和 cwnd 中的最小值。关于二者之间的区别有一种形象的比喻，如图 3-31 所示，水龙头开多大取决于水管的粗细以及水桶的大小。

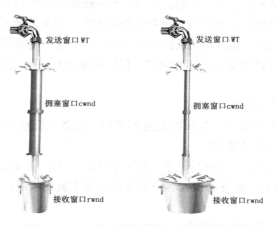

图 3-31　TCP 的流量控制与拥塞控制的区别

5. 连接管理

在学习 TCP 的过程中，初学者经常会对为什么 TCP 要建立连接感到困惑，其实 TCP 的"连接"并不是真的连接，实际上互联网中的任意设备和主机都在物理层中建立了连接，TCP 的"连接"是虚拟的连接，其本质是一种协商，协商双方在通信之前所必须的参数，如双方窗口的位置等。

由于 TCP 按照字节的序号发送和接收数据，所以接收方必须将其接收窗口调整到合适的位置，以容纳发送方的数据，这就要求双方必须事先知道对方数据的起始序号，建立连接的目的也在于此，我们称之为三次握手，其过程如图 3-32 所示。

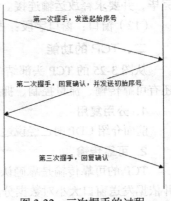

第一次握手，发送起始序号

第二次握手，回复确认，并发送初始序号

第三次握手，回复确认

图 3-32　三次握手的过程

3.6　应　用　层

应用层的协议有很多，每一种应用层协议都对应一种特殊的应用。端与端之间的通信实质是进程之间的通信，不同的进程处理不同目的和格式的数据，所以原始数据到了应用层也需要封装。

3.6.1　HTTP 协议

HTTP 的全称是超文本传输协议，它的作用是传送超文本信息，超文本信息是指以固定格式编写的数据，如用 HTML 编写的网页。用户浏览网页的方法有两种：在浏览器的位置（location）窗口，键入 URL。在某一个页面中用鼠标单击超链接，这时浏览器自动在 Internet 上找到所要链接的页面。

从层次的角度看，HTTP 是面向事务的应用层协议，它是互联网上能够可靠交换文件的重要基础。HTTP 在传输层使用 TCP，端口号为 80，HTTP 的报文结构不是固定不变的，内部字段采用 ASCII 编码，所以也可以将其视为原始数据。

由于 HTTP 是基于请求/响应方式的（相当于客户机/服务器）。一个客户机与服务器建立连接后，发送一个请求给服务器，请求方式的格式为：统一资源定位符（URL）、协议版本号，后边是 MIME 信息，包括请求修饰符、客户机信息和可能的内容。服务器接到请求后，给予相应的响应信息，其格式为一个状态行，包括信息的协议版本号、一个成功或错误的代码，后边是 MIME 信息，包括服务器信息、实体信息和可能的内容。它是万维网上可靠交换文件（包括文本、声音、图像等）的重要基础。

万维网的服务器工作过程如下。

（1）每一个网站都要开启一个 WWW 服务器进程，它会不断地监听 TCP 的端口 80，以便发现是否有客户发出建立连接的请求。

（2）服务器收到客户端建立连接的请求，为该客户开辟内存，并返回确认，以建立 TCP 连接。

（3）建立 TCP 连接后，服务器接收客户端发出的某个页面请求，并返回所请求的页面作为响应。

（4）数据传送完毕，TCP 连接释放。

万维网的客户端工作过程如下。

（1）客户端使用随机端口号开启一个 WWW 客户端进程，然后根据用户需求给服务器发送建立 TCP 连接的请求。

（2）客户端收到服务器建立连接的确认，返回客户端的确认，同时捎带上 HTTP 的请求报文。

（3）客户端接收服务器的页面数据，并交给浏览器解析。

（4）浏览器解析完页面后交给显示器。

（5）数据传送完毕，TCP 连接被释放。

HTTP 除了可以传送静态的页面，还可以传送动态页面和活动页面，动态页面在服务器端创建，其显示的内容可以随着时间、环境或者数据库操作的结果而改变；活动页面由客户端根据服务器发来的应用程序临时创建，可以和用户完成交互，并根据用户需求不断改变内容。

3.6.2　FTP 协议

文件传输协议（file transfer protocol，FTP）是互联网中最早用于传送文件的协议之一，目前仍被广泛使用。FTP 提供给用户简单直接的文件传输服务，用户可以在局域网或者广域网中搭建 FTP 服务器共享数据。由于 FTP 在传输层使用 TCP，所以数据可以安全可靠地传送。

FTP 的会话包含了两种连接，控制连接和数据连接。控制连接是客户端和 FTP 服务器进行命令沟通的通道，各种 FTP 的控制指令都是通过控制连接来传送的，如上传、下载等动作；数据连接是客户端和 FTP 服务器进行文件传输的通道。保持两条连接的好处是当数据传送完毕后，命令连接依然可以和服务器沟通，以响应和执行下一次的动作。

在 FTP 中，控制连接均是由客户端发起的，而数据连接的建立方式不同导致 FTP 有两种工作方式，即主动方式和被动方式，其区别是站在服务器的角度看，建立数据连接时是主动还是被动。

1．主动方式

FTP 客户端首先和 FTP 服务器的 TCP 21 端口建立命令连接，通过这个通道发送命令，客户端需要接收数据时，在这个通道上发送 PORT 命令。PORT 命令包含客户端用什么端口（一个大于 1024 的端口）接收数据。在传送数据时，服务器端通过自己的 TCP 20 端口发送数据。FTP 服务器必须和客户端建立一个新的连接用来传送数据。

主动方式建立数据传输通道是由服务器端发起的，服务器使用 20 端口连接客户端的某一个大于 1024 的端口。

2．被动方式

被动方式在建立控制通道时和主动方式类似，当客户端通过控制通道发送被动命令时，FTP 服务器打开一个大于 1024 的随机端口并且通知客户端在这个端口上传送数据的请求，然后 FTP 服务器通过这个端口进行数据传送。

在被动方式中，数据传输通道的建立是由 FTP 客户端发起的，它使用一个大于 1024 的随机端口连接服务器的某个大于 1024 的随机端口。

主动方式和被动方式的区别如图 3-33 所示。

即使使用了 TCP 来保证数据的安全传送，但是 FTP 的安全性仍然存在很大的问题，首先 FTP 数据是明文传输的，其次 FTP 没有做任何的鉴别，以保证通信双方的合法性。所以在互联网中充斥着大量的 FTP 服务器提供非法的信息。针对上述安全问题，目前有很多 FTP 软件都提供了额外的安全功能，如数据加密，身份鉴别、分割用户空间以及用户权限设置等。

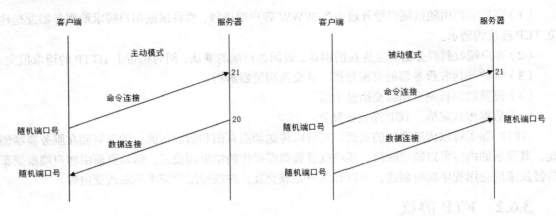

图 3-33　FTP 主动方式和被动方式

3.6.3　电子邮件

电子邮件的工作过程遵循客户机/服务器模式。每封电子邮件的发送都要涉及发送方与接收方，发送方构成客户端，而接收方构成服务器，服务器含有众多用户的电子信箱。发送方通过邮件客户程序，将编辑好的电子邮件向邮局服务器（SMTP 服务器）发送。邮局服务器识别接收者的地址，并向管理该地址的邮件服务器（POP3 服务器）发送消息。邮件服务器将消息存放在接收者的电子信箱内，并告知接收者有新邮件到来。接收者通过邮件客户程序连接到服务器后，就会看到服务器的通知，进而打开自己的电子信箱来查收邮件。

通常 Internet 上的个人用户不能直接接收电子邮件，而是通过申请 ISP 主机的一个电子信箱，由 ISP 主机负责电子邮件的接收。一旦有用户的电子邮件到来，ISP 主机就将邮件移到用户的电子信箱内，并通知用户有新邮件。因此，当发送一封电子邮件给另一个客户时，电子邮件首先从用户计算机发送到 ISP 主机，接着到 Internet，再到收件人的 ISP 主机，最后到收件人的个人计算机。

ISP 主机起着"邮局"的作用，管理着众多用户的电子信箱。每个用户的电子信箱实际上就是用户所申请的账号名。每个用户的电子信箱都要占用 ISP 主机一定容量的硬盘空间，由于这一空间是有限的，因此用户要定期查收和阅读电子信箱中的邮件，以便腾出空间来接收新的邮件。

电子邮件在发送与接收过程中都要遵循 SMTP、POP3 等协议，这些协议确保了电子邮件在各种不同系统之间的传输。其中，SMTP 负责电子邮件的发送，POP3 则用于接收 Internet 上的电子邮件。

1. SMTP 和 POP3 协议

在 Internet 上将一段文本信息从一台计算机传送到另一台计算机上，可通过两种协议来完成，即简单邮件传输协议（simple mail transfer protocol，SMTP）和邮局协议 3（post office protocol，POP3）。SMTP 是 Internet 协议集中的邮件标准。在 Internet 上能够接收电子邮件的服务器都有 SMTP。电子邮件在发送前，发件方的 SMTP 服务器与接收方的 SMTP 服务器联系，确认接收方准备好了，则开始传递邮件；若没有准备好，发送服务器便会等待，并在一段时间后继续与接收方邮件服务器联系。这种方式在 Internet 上称为"存储—转发"方式。POP3 可允许 E-mail 客户向某一 SMTP 服务器发送电子邮件，另外，也可以接收来自 SMTP 服务器的电子邮件。换句话说，电子邮件在客户 PC 与服务提供商之间的传递是通过 POP3 来完成的，而电子邮件在 Internet 上的传递则通过 SMTP 来实现。

2. 电子邮件地址的格式

电子邮件地址的格式是"user@server.com"，由 3 部分组成。第一部分"USER"代表用户信箱的账号，对于同一个邮件接收服务器来说，这个账号必须是唯一的。第二部分"@"是分隔符。第三部分"SERVER.COM"是用户信箱的邮件接收服务器域名，用以标志其所在的位置。

3.6.4　DHCP

DHCP 的全称是动态主机配置协议，在传输层中使用 UDP，端口号是 67 和 68，其中 68 分配给客户端，67 分配给服务器。DHCP 的作用是向客户端提供网络配置信息，并维护管理配置信息。DHCP 的服务器数据库一般包含以下信息。

（1）地址池中维护的有效 IP 地址段。

（2）地址段的子网掩码。

（3）网关 IP 地址。

（4）本地 DNS 服务器的 IP 地址。

（5）有效的主机名。

通过在网络上安装和配置 DHCP 服务器，启用 DHCP 的客户端可在每次启动并加入网络时动态获得其数据库内的配置参数。DHCP 服务器以租约的形式将配置信息提供给发出请求的客户端，并在一定的期限内（租期）收回这些信息。

在以下 3 种情况下，DHCP 客户机将申请一个新的 IP 地址。

（1）计算机第一次以 DHCP 客户机的身份启动。

（2）DHCP 客户机的 IP 地址由于某种原因（如租约期到了，或断开连接了）已经被服务器收回，并提供给其他 DHCP 客户机使用。

（3）DHCP 客户机自行释放已经租用的 IP 地址，要求使用一个新的 IP 地址。

DHCP 客户机申请一个新的 IP 地址的过程如图 3-34 所示。

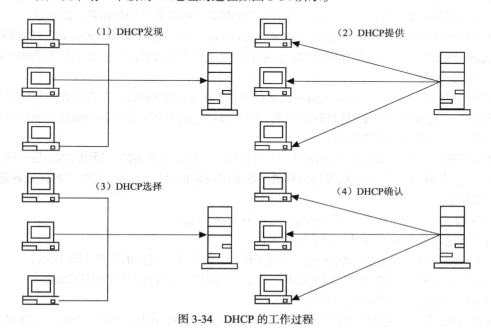

图 3-34　DHCP 的工作过程

（1）DHCP 客户机设置为"自动获取 IP 地址"后，因为还没有 IP 地址与其绑定，此时称为处于"未绑定状态"。这时的 DHCP 客户机只能提供有限的通信能力，如可以发送和广播消息，但因为没有自己的 IP 地址，所以自己无法发送单播的消息。

（2）DHCP 客户机试图从 DHCP 服务器那里"租借"到一个 IP 地址，这时 DHCP 客户机进入"初始化状态"。这个未绑定 IP 地址的 DHCP 客户机会向网络上发出一个源 IP 地址为广播地址 0.0.0.0 的 DHCP 发现消息，寻找看哪个 DHCP 服务器可以为它分配一个 IP 地址。

（3）子网络上的所有 DHCP 服务器收到这个发现消息。各 DHCP 服务器确定自己是否有权为该客户机分配一个 IP 地址。

（4）确定有权为对应客户机提供 DHCP 服务后，DHCP 服务器开始响应，并向网络广播一个 DHCP 提供消息，包含了未租借的 IP 地址信息以及相关的配置参数。

（5）DHCP 客户机会评价收到的 DHCP 服务器提供的消息并进行两种选择。一是认为该服务器提供的对 IP 地址的使用约定（称为"租约"）可以接受，发送一个选择消息，该消息中指定了自己选定的 IP 地址并请求服务器提供该租约。还有一种选择是拒绝服务器的条件，发送一个拒绝消息，然后继续从步骤（1）开始执行。

（6）DHCP 服务器在收到选择消息后，根据当前 IP 地址的使用情况以及相关配置选项，对允许提供 DHCP 服务的客户机发送一个确认消息，其中包含了所分配的 IP 地址及相关 DHCP 配置选项。

（7）客户机在收到 DHCP 服务器的消息后，绑定该 IP 地址，进入"绑定状态"。这样客户机有了自己的 IP 地址，就可以在网络上进行通信了。

3.6.5 DNS 协议

DNS 的全称是域名解析服务，在传输层中使用 UDP（当数据大于 521 字节时，DNS 也会使用 TCP），DNS 服务器的端口号是 53。DNS 的作用是为客户端解析域名所对应的 IP 地址。

域名是指分配给主机的唯一名称，这个名称中包含主机所在区域的信息，故称域名。主机的名称和区域名称之间用点隔开。例如，www.ccut.edu.cn，www 是主机名，ccut 是它所在的区域，edu 是 ccut 的上级区域，cn 是顶级区域，该域名的含义是中国教育网中长春工业大学的一台名称为 www 的服务器。

如果用户想要通过域名 www.ccut.edu.cn 访问长春工业大学的网站，首先要在网络中找到一台 DNS 服务器，将该域名的 IP 地址解析出来，因为数据包的所有冗余信息中都没有域名的位置，而互联网寻址是靠 IP 地址实现的。

将互联网中所有的域名与 IP 的映射关系都存放在一处是不现实的，所以 DNS 是一种分布式的数据库，互联网内某个 DNS 服务器只存放一部分的映射信息，这点和 OSPF 中的区域划分类似，读者可以体会一下。

DNS 服务器按照所解析区域的级别，可以分为以下几种。

（1）本地 DNS：负责本地区域的解析工作。

（2）权限 DNS：负责上一级区域的解析工作，并可以联系其内的所有本地 DNS。

（3）顶级 DNS：负责顶级区域的解析工作，并可以联系其内的所有权限 DNS。

（4）根 DNS：负责联系所有的顶级 DNS。

这些 DNS 服务器就如同 OSPF 中扮演不同角色的路由器，在互联网中互相协作，逐层解析域名，不同的 DNS 功能也不同。以 www1.network.uk 和 www2.soft.edu.cn 为例，www1 想要访问

www2，www1 首先要找到其内网中的本地 DNS（其 IP 地址可以在网络连接的属性中由用户自己填写，也可以由内网中的 DHCP 服务器分配），本地 DNS 中如果没有 www2.soft.edu.cn 的 IP 地址，就会寻找上一级 DNS 的帮助，即 www1 所在区域 network 的权限 DNS，权限 DNS 会将请求交给 uk 的顶级 DNS，然后 uk 的顶级 DNS 会通过根 DNS 找到 cn 的顶级 DNS，cn 的顶级 DNS 再找到 edu 的权限 DNS，以此类推，直到解析到所需的 IP 地址为止，如图 3-35 所示。

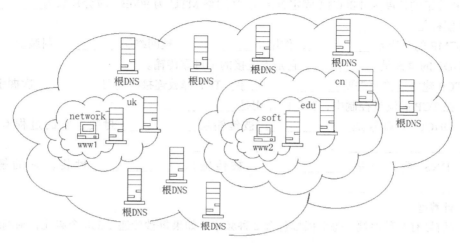

图 3-35　DNS 的分布式数据库

从图 3-35 中可以看出，DNS 的解析工作是以分布式搜索的形式进行的，其中，根 DNS 级别比顶级 DNS 高，顶级 DNS 的级别比权限 DNS 高，DNS 的这种分层次搜索可以采用以下两种方式。

（1）迭代方式：向上一级 DNS 请求时，返回更高级别的 DNS 地址。

（2）递归方式：向上一级 DNS 请求时，返回的是解析回来的 IP 地址。

两种方式的区别如图 3-36 所示。

对于迭代方式，每次客户端向 DNS 查询得到的是关于上一级 DNS 服务器地址的回复，客户端要亲自去找上一级 DNS，当然得到的回复是更高级的 DNS 服务器的地址，直到客户查询到想要通信的域名的 IP 地址。递归方式则是由上一级 DNS 服务器代理客户逐层查询 IP 地址，查到结果后再逐层返回给客户端。

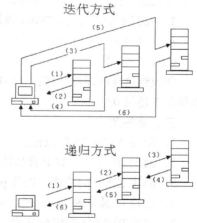

图 3-36　DNS 的两种解析方式

习　题　三

一、填空题

1. 将数字信号转换成模拟信号称作_____，具体的方法有_____。

2. 信道复用技术有_____、_____、_____、_____。

3. 数据链路层常见的帧类型有_____、_____、_____。

4. ARP 的全称是_____，作用是_____，ARP 靠_____来记录地址的映射关系。

5. 192.168.1.22 掩码 255.255.255.248 的子网号是_____，该子网的网络地址是_____，广播地址是_____。

6. IP 分组的长度为 4 000B（固定首部），某网络 MTU 为 900B，应分片数为_____，第二片的片偏移是_____。

7. ICMP 的全称是_____，作用是_____，被网络层_____封装。

8. UDP 的全称是_____，它是无连接的不可靠传输。

9. TCP 建立连接时需要_____次握手。TCP 释放连接时需要_____次握手。

10. 在 TCP 的流量控制中，窗口的作用是_____。

11. DHCP 端口号是_____，被传输层_____封装，它的过程有 4 个阶段：_____、_____、_____、_____。

12. DNS 端口号是_____，被传输层_____封装，它的解析方式有：_____、_____。

二、计算题

1. 有信号有 8 种振幅，每个振幅包含 2 种频率，如果每秒传递 1 600 个码元，则网络速率是多少？

2. 一个 IP 数据报长度为 5 000 字节（使用固定首部）。现在经过一个网络传送，但此网络能够传送帧的 MTU 为 1 500 字节。试问应当划分为几个短些的数据报片？各数据报片的 IP 分组首部中总长度、片偏移字段值和标志字段应为多少？

3. 共有 4 个站进行 CDMA 通信。4 个站的码片序列为：

A：（-1 -1 -1 +1 +1 -1 +1 +1）   B：（-1 -1 +1 -1 +1 +1 +1 -1）
C：（-1 +1 -1 +1 +1 +1 -1 -1）   D：（-1 +1 -1 -1 -1 -1 +1 -1）

现收到这样的码片序列：（+1 -1 -1 +1 -1 -3 +1 +3）。问哪些站发送数据了？发送数据站发送的数据是 1 还是 0？

三、简答题

1. 简述 ARP 的工作过程。
2. 画出 IP 首部及 TCP 首部结构。
3. 简述 ICMP 的功能，以及 ping 命令的原理。
4. 比较 IP 地址和 MAC 地址的主要异同。
5. 比较 RIP 和 OSPF 的区别。
6. 写出 TCP/IP 体系结构分层及每一层的协议，并说明应用层协议所用的传输层协议及端口号。

四、综合题

1. 假定路由器 A 的路由表如表 1 所示，现收到来自 B 的 RIP 报文路由信息如表 2 所示。

表1　　　　　　　　　　　　　　A 的路由表

目的网络	距离	下一跳地址
N1	5	A
N2	2	C

续表

目的网络	距离	下一跳地址
N3	4	D
N4	6	B
N5	16	E
N7	1	----

表 2　　　　　　　　　　　　B 的路由表

目的网络	距离	下一跳地址
N1	1	C
N2	4	D
N3	6	B
N4	6	A
N6	4	E
N7	3	F

（1）画出 A 收到 B 的 RIP 报文后更新的路由表。

（2）找出 B 路由信息中的逆向路由，并说出其到来的危害和解决方法。

2. 某网络有 IP 地址 192.168.3.0，现在需要划分 4 个子网，每个子网要求最多有 30 台主机，给出子网划分方案。

3. 现截获一个 IP 数据报，格式如下图所示。

0100	1111	区 分 服 务	总 长 度	
0110110010101111		000	①	
②		00000001	首 部 检 验 和	
192.168.0.1				
③				
可 选 字 段 （长 度 可 变）			填 充	
数 据 部 分				

类型	代码	检验和
ICMP 的数据部分		

（1）分组的 IP 是那个版本？它首部的可选字段加填充部分的长度是多少？

（2）若总长度字段是 4 000 字节，当这个分组经过以太网时要求 MTU = 1 500 字节，那么肯定要分片，请问上图描述的是第几个片？① 空应填入的值是多少？（写出推导过程，假设每片都尽量等于 MTU）。

（3）若此数据途中经过 9 台路由器到达了主机 203.167.5.4/24，那么②、③ 空应填入的值是多少？（TTL 初值为 128）。

（4）从上图看出这是个 icmp 类型的 IP 数据报，为什么？当数据部分的类型字段为 11，代码为 0 时，这个数据发送的目的是什么？

（5）若类型字段为 8，这个数据报的目的是什么；若类型字段为 5，数据部分的第二行可能填入的是什么？

第4章
客户端网络配置

4.1 Windows 系统的 TCP/IP 基本配置

TCP/IP 的基本配置包括填写 IP 地址、子网掩码、网关地址以及 DNS 地址等，它们是主机连接到网络的关键参数。

4.1.1 本地连接参数的配置

配置步骤如下。

（1）用鼠标右键单击桌面上的"网上邻居"图标，选择"属性"命令。

（2）在打开的面板中用鼠标右键单击"本地连接"，选择"属性"命令，如图 4-1 所示。

（3）在其中双击打开"Internet 协议（TCP/IP）属性"对话框。

（4）将"使用下面的 IP 地址"选中，并填入相应的 IP 地址。

（5）根据 IP 地址填写下面的"子网掩码"选项。

（6）填写默认网关。

（7）填写 DNS 地址。

（8）最后单击"确定"按钮，返回上一界面再单击"确定"按钮即可，注意如果网络正常，则在桌面的右下角显示连接上的信息。

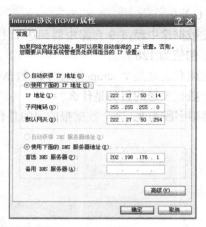

图 4-1　本地连接属性

4.1.2　默认网关

顾名思义，网关（gateway）就是一个网络连接到另一个网络的"关口"。

按照不同的分类标准，网关也有很多种。TCP/IP 中的网关是最常用的，这里所讲的"网关"均指 TCP/IP 中的网关。

那么网关到底是什么呢？网关是一个网络通向其他网络的 IP 地址。例如，有网络 A 和网络 B，网络 A 的 IP 地址范围为 192.168.1.1 ~ 192.168.1.254，子网掩码为 255.255.255.0；网络 B 的 IP 地址范围为 192.168.2.1 ~ 192.168.2.254，子网掩码为 255.255.255.0。在没有路由器的情况下，两个网络之间是不能进行 TCP/IP 通信的，即使是两个网络连接在同一台交换机（或集线器）上，TCP/IP 也会根据子网掩码（255.255.255.0）判定两个网络中的主机处在不同的网络里。

要实现这两个网络之间的通信，就必须通过网关。如果网络 A 中的主机发现数据包的目的主机不在本地网络中，就把数据包转发给它自己的网关，再由网关转发给网络 B 的网关，网络 B 的网关再转发给网络 B 的某个主机，如图 4-2 所示。网络 B 向网络 A 转发数据包的过程也是如此。

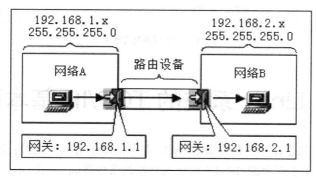

图 4-2　网关

所以说，只有设置好网关的 IP 地址，TCP/IP 才能实现不同网络之间的通信。那么这个 IP 地址是哪台机器的 IP 地址呢？网关的 IP 地址是具有路由功能的设备的 IP 地址，具有路由功能的设备有路由器、启用了路由协议的服务器（实质上相当于一台路由器）、代理服务器（也相当于一台路由器）。

如果搞清了什么是网关，默认网关也就好理解了。就好像一个房间可以有多扇门一样，一台主机可以有多个网关。默认网关的意思是一台主机如果找不到可用的网关，就把数据包发给默认指定的网关，由这个网关来处理数据包。现在主机使用的网关，一般是指默认网关。

4.1.3　DNS 地址

DNS 地址栏中填写的是内网中的本地 DNS 地址，其作用是当主机用域名访问某个服务器时，可以到这个 DNS 服务器查询域名对应的 IP 地址。首选 DNS 服务器填写的是本地的主 DNS，备用 DNS 服务器填写的是本地的从 DNS，从 DNS 可以在主 DNS 发生故障时，接替其工作，保证域名服务的正常运行。

如果内网存在多台 DNS 服务器，则可以填写更多的备用 DNS 地址，如图 4-3 所示。用鼠标右键单击桌面上的"网上邻居"图标，选择"属性"命令，然后用鼠标右键单击"本地连接"，选择"属性"命令，单击属性面板上的"高级"按钮，在"TCP/IP 设置"选项卡上选择"DNS"

选项，单击"添加"按钮输入备用 DNS。

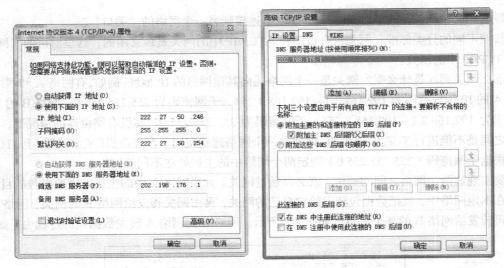

图 4-3　填写备用 DNS

4.2　Linux 系统的 TCP/IP 基本配置

Linux 的全部命令都是在控制台终端输入的，打开终端的方法有两种：通过 x-window 系统进入终端；长按【Ctrl+Alt】组合键+F1~F6 键进入终端的命令界面，如图 4-4 所示。

图 4-4　Linux 终端的命令界面

（1）ifconfig 命令。

ifconfig 命令用来查看网卡参数的配置信息，如 IP 地址、子网掩码等，命令的用法如下。

```
ifconfig （显示网卡配置信息）
ifconfig eth0 down （关闭网卡接口 eth0）
ifconfig eth0 up （开启网卡接口 eth0）
ifconfig eth0 192.168.0.1 netmask 255.255.255.0 （配置网卡接口 eth0）
```

（2）route add gw 命令。

route add gw 命令用来添加默认网关。

```
default gw IP （网关的 IP 地址）
```

（3）配置 DNS 地址。

在/etc 目录中有一个 resolv.conf 文件，它是 DNS 客户端用来填写 DNS 的配置文件，用来指定所采用的 DNS 服务器的 IP 地址，需要在文件中填写如下内容。

```
nameserver IP （DNS 的 IP 地址）
```

4.3 Windows 中常用网络命令的使用

4.3.1 ping 命令的使用

前面介绍过，ping 命令是利用 ICMP 发送探测报文测试网络的连接状况，ping 命令是探测信息包发送和接收状况非常有用的网络工具，是网络测试最常用的命令。通过它，用户可以知道自己的主机是否与别人的主机连通，丢包率和往返时间是多少，如果网络不通是什么原因等。首先在"开始"菜单选择"运行"命令，输入 cmd，进入命令提示符下，界面如图 4-5 所示。

图 4-5　进入命令提示符

1. 输入命令

ping + 对方的 IP 地址（本例用的是回环地址 127.0.0.1，代表测试自己的主机），如果成功会显示如图 4-6 所示的界面。

```
C:\Documents and Settings\Administrator>ping 127.0.0.1

Pinging 127.0.0.1 with 32 bytes of data:

Reply from 127.0.0.1: bytes=32 time<1ms TTL=128
Reply from 127.0.0.1: bytes=32 time<1ms TTL=128
Reply from 127.0.0.1: bytes=32 time<1ms TTL=128
Reply from 127.0.0.1: bytes=32 time<1ms TTL=128

Ping statistics for 127.0.0.1:
    Packets: Sent = 4, Received = 4, Lost = 0 (0% loss)
Approximate round trip times in milli-seconds:
    Minimum = 0ms, Maximum = 0ms, Average = 0ms
```

图 4-6　输入 ping 命令

在图 4-6 中，测试结果显示网络是连通的，TTL 值为 128（没有经过路由），发送 Ping 的大小为 32 字节，发送 4 个报文，接收到 4 个报文，丢失 0 个报文，丢包率为 0%，最大往返时间是 0ms，最小往返时间是 0ms，平均往返时间是 0ms。

2. ping 命令的其他参数

（1）ping   -n   IP。

发送指定的数据包数。

在默认情况下，一般都只发送 4 个数据包，通过这个命令可以自己定义发送的数据包数，对衡量网络速度很有帮助。例如，想测试发送 50 个数据包的返回平均时间、最快时间和最慢时间，结果如下。

```
Packets: Sent = 50, Received = 48, Lost = 2 (4% loss), Approximate round trip
times in milli-seconds: Minimum = 40ms, Maximum = 51ms, Average = 46ms
```

从以上就可以知道在发送 50 个数据包的过程中，返回了 48 个，其中有两个由于未知原因丢失，这 48 个数据包当中返回速度最快为 40ms，最慢为 51ms，平均速度为 46ms。

（2）ping   -l   IP

定义数据包大小。

在默认的情况下，Windows 的 ping 命令发送的数据包大小为 32Byte，用户也可以自己定义它的大小，但有一个大小的限制，就是最大只能发送 65 500Byte。

（3）ping   -t   IP

一直发送数据包给对方，按 Ctrl+C 组合键可以中断。

从 ping 命令的工作过程，我们可以知道，主机 A 收到了主机 B 的一个应答包，说明两台主机之间的去、回通路均正常。也就是说，无论从主机 A 到主机 B，还是从主机 B 到主机 A，都是正常的。那么 ping 不通的原因是什么呢？

（1）安装了个人防火墙。

（2）输入了错误的参数。

（3）错误设置 IP 地址。

（4）对方主机不在线。

（5）对方所在的网络不连通。

ping 不通的结果如图 4-7 所示。

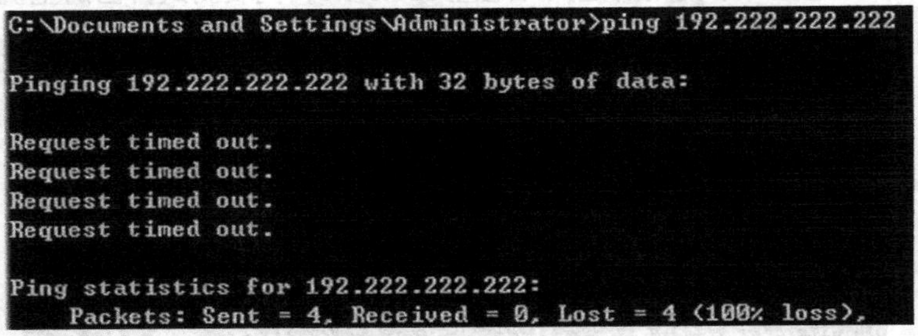

```
C:\Documents and Settings\Administrator>ping 192.222.222.222

Pinging 192.222.222.222 with 32 bytes of data:

Request timed out.
Request timed out.
Request timed out.
Request timed out.

Ping statistics for 192.222.222.222:
    Packets: Sent = 4, Received = 0, Lost = 4 (100% loss),
```

图 4-7   ping 不通的结果

在图 4-7 中，测试结果显示网络是不连通的，丢包率为 100%，Request timed out 表示发送的探测报文没有在规定时间内返回响应报文，具体原因有很多，可能是对方没开机或是网络故障等。

4.3.2　ipconfig /all 命令的使用

在 Windows 系统中的命令提示符下可用 ipconfig /all 命令获得主机的 TCP/IP 设置信息，在命令提示符 cmd 下输入 ipconfig /all，结果如图 4-8 所示。

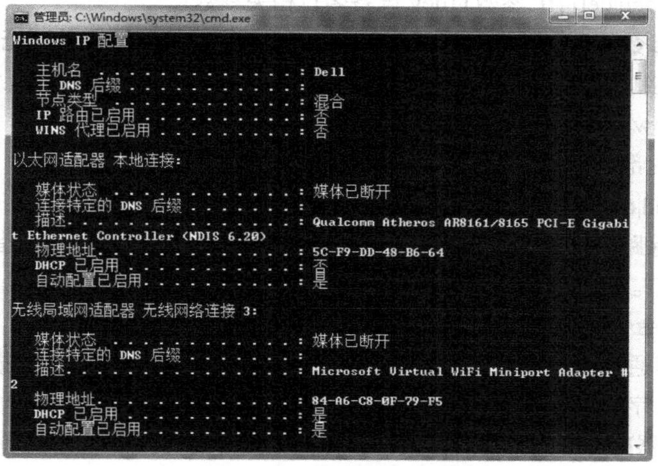

图 4-8　ipconfig /all 命令的结果

ipconfig /all 命令的结果显示了该主机所有网络适配器的 TCP/IP 配置信息，包括主机名、主 DNS 后缀、网络适配器名称、网络适配器描述、物理地址、DHCP 状态以及是否自动配置等。

4.3.3　ARP 命令的使用

MAC 地址与 IP 地址绑定就如同我们在日常生活中携带自己的身份证去做重要的事情一样。有的时候，为了防止 IP 地址被盗用，就通过简单的交换机端口绑定（端口的 MAC 表使用静态表项），在每个交换机端口只连接一台主机的情况下防止 MAC 地址被盗用，如果是三层设备，还可以提供交换机端口/IP/MAC 三者的绑定，防止 MAC 和 IP 盗用。一般绑定 MAC 地址都是在交换机和路由器上配置的，只有网管人员才能接触到，对于一般的计算机用户来说，只要了解了绑定的作用就行了。

例如，在校园网中把自己的笔记本电脑换到另外一个宿舍就无法上网了，这就是由 MAC 地址与 IP 地址（端口）绑定引起的。

绑定时涉及的命令如下。

Arp － a：显示绑定的 MAC 地址和 IP 地址。

Arp － d：删除绑定。

Arp － s：绑定 MAC 地址和 IP 地址。

4.4　Linux 中常用网络命令的使用

除了 4.2 节中介绍的 ifconfig 等命令之外，Linux 操作系统中还有很多与网络操作相关的命令，利用这些命令，网络管理员可以更细粒度地管理系统与网络。

1．ip 命令

ip 命令主要用来设置和 IP 有关的各项参数，其用法如下。

（1）ip address show

用于查阅 IP 参数和接口的信息。

（2）ip address [add|del] [IP 参数] [dev 设备名] [相关参数]

用于进行相关参数的添加或删除配置，其中 IP 参数为 IP 地址和子网掩码等配置，dev 指出 IP 参数所要配置的接口，相关参数包括 broadcast（配置广播地址）、label（设备别名）等。

（3）ip route show

用于显示主机内部的路由表。

（4）ip route [add|del] [IP] [via gateway] [dev 设备]

用于添加或删除路由项目，其中 IP 选项填写的是路由目的网络，via 指明下一跳地址，dev 指明该路由的出接口。

2．traceroute 命令

用于追踪路由，通过该命令可以不断地以目标主机为目的地发送 ICMP 报文，初始封装 ICMP 报文的 IP 首部 TTL 字段的值为 1，每次加 1，根据上一章学习的有关 ICMP 的内容，我们知道，每当 TTL 值被路由器减为 0 时，路由器就会丢弃该报文并向源反馈 ICMP 差错报文，由此源便可获知沿途所有反馈差错路由器的 IP 地址，traceroute 命令的用法如下。

```
traceroute [-nwig] IP
```

参数-n 表示不采用主机域名解析。

参数-w 表示对方主机回复的超时时间，单位是 s。

参数-i 用来选择发送接口。

参数-g 表示网关的 IP 地址。

3．host 命令

host 命令用来查找某个主机名对应的 IP 地址。

```
host [-a] hostname [server]
```

参数-a 表示列出该主机的各项配置参数，hostname 表明要查找的主机名，server 表示选择 DNS 服务器。

4．tcpdump 命令

可以分析监听报文的流向及内容。

```
tcpdump [-nn] [-i 接口] [-w 储存文档] [-c 次数] [-Ae] [-qx] [-r 文件] [内容]
```

参数-nn 表示显示 IP 和接口号。

参数-i 表示要监听的接口。

参数-w 指明存储监听数据的文档名。

参数-c 表示监听数据包的数目。

参数-A 表示数据内容以 ASCII 显示。

参数-e 表示显示以太网帧内容。

参数-q 表示列出精简显示内容。

参数-x 表示列出数据内容的十六进制和 ASCII 码。

参数-r 表示从文件中读取数据内容。

"内容"选项可以筛选监听内容，如 "src host" 指明监听的源地址、"tcp/udp port" 指明传输层协议及端口号、"net"指明监听网络等。

4.5　网络浏览器的使用

4.5.1　Windows 的 IE 浏览器

1. 启动 IE

在启动 IE 之时，应将用户的计算机与 Internet 连接。

2. 工具栏的应用

熟悉 IE 工具栏的组成。

打开任意一个网站进行浏览，进入下一级的网页进行浏览。

单击工具栏的"停止"、"刷新"、"主页"、"后退"等按钮，观察操作结果。

单击工具栏的"搜索"、"收藏"、"媒体"、"历史"等按钮，分析其功能。

3. 地址栏的使用

（1）在 IE 的地址栏内先后输入"搜狐"和"新浪"的域名，再重复操作，查看地址栏的内容。

（2）在 Internet 选项中清除历史记录，再查看地址栏的内容。

4. 浏览栏的使用

使用"搜索栏"、"收藏夹"、"历史记录"3 种形式对浏览的网页进行操作。

（1）使用搜索栏。

单击工具栏的"搜索"按钮，浏览器窗口左边出现搜索栏。

使用搜索栏搜索有关"长春工业大学软件职业技术学院"的网页，打开该网站，查找网页中有关"专业设置"的内容。

（2）使用收藏夹。

将"长春工业大学"和"长春工业大学软件学院"的网页添加到收藏夹中，其中"长春工业大学软件学院"的网页设置允许脱机使用，并设置用户名为"stud"，密码为"123"。

整理收藏夹，新建文件夹"我的大学"，将"长春工业大学软件学院"网站移至"我的大学"文件夹中，并将"长春工业大学"删除。

5. 用历史记录栏

（1）单击工具栏的"历史"按钮，浏览器窗口左边出现历史记录栏。

（2）单击"今天"的访问记录，观察访问历史记录。

6. 网页的保存

（1）保存整个网页。

打开某个网页，执行"文件"→"另存为"命令，打开"保存网页"对话框，在"保存类型"中选择"网页，全部"类型。

（2）保存网页中的图片。

打开某个网页，用鼠标右键单击要保存的图片，弹出快捷菜单，选择"图片另存为"命令，打开"保存图片"对话框，指定保存位置和文件名即可。

（3）保存网页中的文字。

保存网页中全部文字的方法与保存整个网页类似，选择保存类型为"文本文件"。如果保存网页中的部分文字，则先选定要保存的文字，单击鼠标右键，执行"复制"命令，将内容粘贴到文件中。

7. IE 的属性设置

IE 属性设置包括常规属性、安全属性、内容属性、程序属性和高级属性等的设置。用鼠标右键单击桌面上的 IE 图标，在弹出的快捷菜单中选择"属性"命令，或者执行"工具"|"Internet 选项"命令，打开"Internet 属性"对话框。

（1）常规属性的设置。

常规属性的内容比较多，包括主页的设置、临时文件的建立与删除、历史记录的处理以及语言文字等方面的内容。

IE 可在用户上网时建立临时文件，把所查看的 Internet 页存储在特定的文件夹中，这就可以大大提高以后浏览的速度。单击"设置"按钮，打开"设置"对话框，通过该对话框，可以进行临时文件管理，如查看文件、移动文件夹和确定是否检查所存网页的较新版本等。

① 在"主页"设置中可以输入用户在启动 IE 后最想访问的站点的 URL，默认为 Microsoft 公司的主页，用户可以根据需要改为其他的网址，如 http://www.ccut.edu.cn，这样每次启动 IE 时，它都会自动打开这个主页。

② 在"临时文件"设置中可以更改 IE 的缓存大小，它用来保存 IE 最近访问过的页面。这样，以后访问同一页面时，IE 可以直接从中获取，而不必再从该站点下载，大大提高了浏览速度。当然，必须检查原站点上的该 Web 页是否已经更新。可以单击"设置"按钮，在弹出的对话框中设置如何检查所存网页的较新版本，一般设为"每次启动 Internet Explorer 时检查"较为合适。另外也可以在对话框中设置临时文件夹的大小。IE 会自动在该文件夹存满并溢出之前根据访问时间的先后删除较早的文件，以保证有足够的空间保存最新的文件。用户也可以通过"移动文件夹"来创建自己的临时文件夹。

③ "历史记录"用于与"临时文件夹"结合使用。通过设置网页在历史记录中保存的天数，确保用户实现脱机浏览，并防止过期的文件占用大量的磁盘空间。

单击"颜色"、"字体"和"辅助功能"按钮，可对所访问的 Web 页进行颜色、字体和样式等方面的设置。

（2）安全属性的设置。

在 IE 中，安全属性的设置就是指对安全区域的设置。IE 将 Internet 世界划分为 4 个区域，分别是 Internet、本地 Intranet、可信站点和受限站点。 每个区域都有自己的安全级别，这样用户可以根据不同区域的安全级别来确定区域中的活动内容。其中 Internet 区域中包含所有未放在其他区域中的 Web 站点，安全级别预定为中级。本地 Internet 区域中包含用户网络上的所有站点，安全级别也为中低级。可信站点区域中包含用户确认不会损坏计算机或数据的 Web 站点，安全级别为低级。受限站点区域中包含可能会损坏用户计算机和数据的 Web 站点，它的安全级别最高，但功能也最少，如图 4-9 所示。

"安全"选项卡用来解决 Internet 浏览时的安全问题。通过设置不同的安全级别来控制访问过程中可能具有的一些潜在危险，普通用户设为"安全级—中"比较合适。

（3）内容属性的设置。

IE 支持各种标准 Internet 安全协议，使用户的个人信息和隐私的安全性大大提高。在 IE 中，通过对内容属性的设置可以加强对个人信息和隐私的保护。

① 分级审查。

通过分级审查，IE 可为用户提供一种控制方式，帮助用户控制自己计算机访问 Internet 网络上内容的类型。设置好分级审查功能后，只有那些满足标准的分级审查内容才能被查看。用户也可以根据需要随时调整此项设置。

　　② 证书管理。

　　所谓证书，就是保证个人身份或者 Web 站点安全性的声明以及密钥信息。它是由证书颁发机构发行的，含有用来保护用户和建立安全网络连接的信息。IE 使用两种类型的证书：个人证书和 Web 站点证书。其中个人证书是对个人身份的一种保证，可以指定自己的个人信息，如用户名、密码和地址等。当访问其他站点时，需要提供这些方面的个人信息。Web 站点证书用来表明特定的 Web 站点是否真实和安全，这可保证其他任何 Web 站点都无法冒充原安全站点的身份，如图 4-10 所示。

图 4-9　安全属性的设置

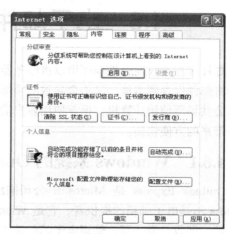

图 4-10　内容属性的设置

　　（4）程序属性的设置。

　　程序属性设置主要是选择 Internet 服务程序，包括 HTML 编辑器、电子邮件、新闻、Internet 呼叫、日历等方面的程序。用户可修改其中的内容，也可使用默认设置。单击"重置 Web 设置"按钮，可打开"重置 Web 设置"对话框，单击"确定"按钮，即可重置用于主页和搜索页的 IE 默认值。如果用户的计算机上安装了多个浏览器，要把 IE 作为默认浏览器，就必须启用"检查 IE 是否为默认的浏览器"复选框。

　　（5）高级属性的设置。

　　高级属性设置涉及的内容比较多且难于理解，包括 HTML、安全、搜索、打印、多媒体、浏览等，通过启用复选框可选择或取消相应的功能。如果没有特别的需要，建议一般用户不要随便修改其中的设置。因为高级属性包含的内容比较深奥，如果随便修改可能更不利于自己使用 Web 浏览器。

4.5.2　Linux 的文字界面浏览器

　　Linux 系统的图形界面也有和 IE 类似的浏览器，使用方法与之类似，不再赘述。这里列举几种在 Linux 系统下的特殊浏览器：文字界面浏览器。

　　（1）lynx：lynx 是著名的全功能命令行浏览器。

　　（2）links：一个命令行浏览器，超链接支持鼠标操作。

　　（3）w3m：w3m 是一个流行的强大命令行浏览器，支持表格和框架。

　　（4）elinks：elinks 是链接浏览器的一个分叉点，只能在文本模式下运行，支持鼠标。

（5）links2：支持后台下载，可以通过 links2 -g 命令来运行图形模式。

其中的 lynx 是 Linux 系统下比较常用的文字界面浏览器。Lynx 是一个字符界面下的全功能的 WWW 浏览器，可以运行在多种操作系统下，如 VMS、UNIX、Windows 95、Windows NT 等，当然也包括 Linux。Lynx 占用资源少，速度快。

Lynx 有两种浏览方式：以方向键选择超链接，Lynx 会将已选择的超链接高亮显示；由 Lynx 先将网页上所有超链接都编号，再输入号码选择超链接。当前版本的 Lynx 支持 SSL，也支持不少 HTML 功能。

4.6 电子邮件客户端代理的使用

邮件客户端收发邮件程序可以将服务器上的邮件收到本地，从而不再占用服务器空间，使得既能将邮件保存到本地，又不会导致邮箱爆满而新邮件发不进来，一举两得。如果用户不是在网吧等公共场所使用计算机，推荐使用客户端软件。无论是收邮件，还是发邮件，都会感到客户端软件带来的方便快捷。

4.6.1 Windows 系统的 Outlook Express

Outlook Express 是 Microsoft 公司推出的一款电子邮件客户端软件，简称为 OE。Outlook Express 不是电子邮箱的提供者，它是 Windows 操作系统的一个收、发、写、管理电子邮件的自带软件，即收、发、写、管理电子邮件的工具，使用它收发电子邮件十分方便，只需配置一次，即可长期使用。

1. 首次使用 Outlook Express 时的配置方法

（1）单击 Outlook Express 图标，打开程序，出现主界面。

（2）执行"工具"→"账户"命令，出现如图 4-11 所示的界面。

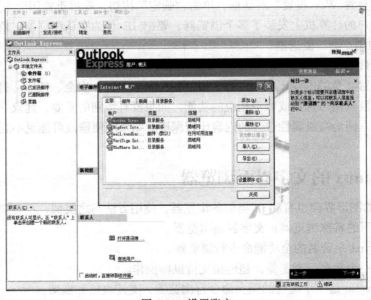

图 4-11 设置账户

（3）选择"邮件"选项卡，在出现的界面中选择"添加"→"邮件"选项。

（4）在出现的界面中输入姓名。

（5）单击"下一步"按钮，在出现的界面中输入邮件服务器的地址（mail.wendlar.com）。

（6）单击"下一步"按钮，输入完整的账户名（包括@wendlar.com，用您的用户名代替"postmaster"），填写密码。

（7）单击"下一步"按钮，在图 4-12 所示的界面中单击"完成"按钮。

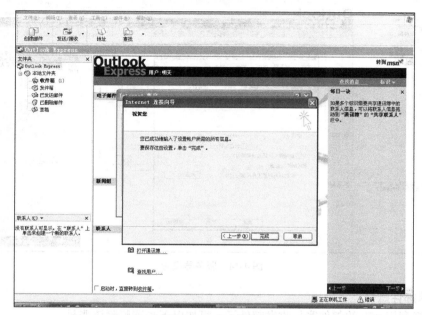

图 4-12　完成设置

（8）为了能正常发送邮件，需要按照以下方法继续配置。如上所述，在主界面中执行"工具"→"账户"命令，然后选择"邮件"选项卡，单击右侧的"属性"按钮，打开属性对话框，如图 4-13 所示。

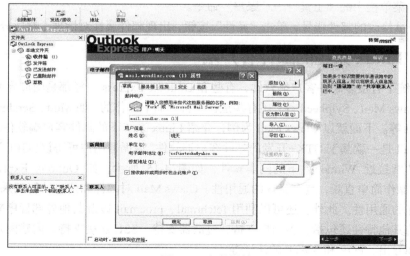

图 4-13　邮件属性

（9）在弹出的对话框中，单击"服务器"选项卡，在"服务器信息"选项组中的"我的邮件接收服务器是"文本框中输入"POP3 服务器"，下面填写接收邮件服务器的域名，这里的接收邮件服务器和发送邮件服务器是同一个服务器。用户需要选中下方的"我的服务器要求身份验证"复选框，如图 4-14 所示。

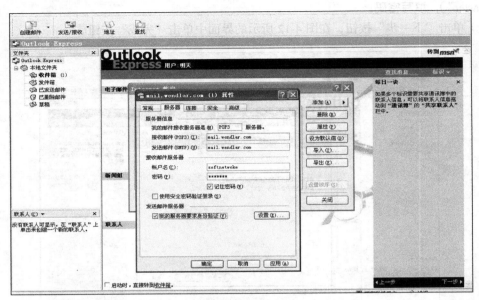

图 4-14　服务器设置

2. 删除邮件账号

若不再想利用现有的邮件账号收发邮件了，可按以下步骤删除该账号。

（1）执行"工具→账户"命令。

（2）选中欲删除的邮件账号，再单击"删除"按钮即可。

3. 更改邮件账号

若想对现有邮件账号的某些属性进行修改，可按以下步骤进行。

（1）单击菜单栏中的"工具"→"账户"命令。

（2）选中欲修改的邮件账号，单击"属性"按钮，出现邮件属性对话框，然后分别进行更改。

4.6.2　Linux 系统的邮件客户端

Linux 系统下有很多邮件客户端软件，有些和 Outlook Express 一样都是图形界面操作的，如 Evolution、Claws Mail、Sylpheed 等；还有些是在字符界面下操作的，如 Mutt、SendmailViaSMTP、libextractemail 等。下面就以 Claws Mail 为例，介绍 Linux 系统下的邮件客户端软件。

Claws Mail 是一款基于 GTK+开发的邮件客户端软件，遵循通用许可协议（GPL）。ClawsMail 的用户界面非常接近 Windows 下的同类软件，如图 4-15 所示，如 Outlook Express 等，因此 ClawsMail 的操作简单直观，具有良好的通用性。Claws Mail 对邮件和信息的管理采用 MH 格式，因此具有良好的通用性。此外，还可以利用 fetchmail、procmail 以及其他外部程序来增强它的功能。该软件的其他特性还包括：多用户支持、过滤器支持、SSL 连接支持、内建图片浏览功能、邮箱的导入和导出、POP 和 SMTP 的认证等。

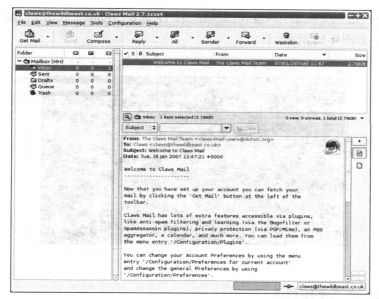

图 4-15　Claws Mail 的界面

4.7　使用 FTP 客户端程序上传、下载文件

4.7.1　Windows 系统的 FTP 客户端

Windows 系统中的 FTP 客户端程序有很多，在这里介绍命令提示符、IE 浏览器和专用 FTP 软件中比较流行的 CuteFTP 三种方式。

1. 命令提示符

（1）执行"开始→运行→cmd"，如图 4-16 所示。

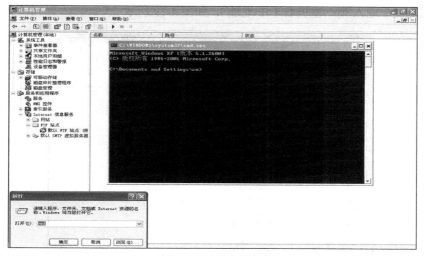

图 4-16　命令提示符

（2）输入 ftp→Enter（回车）→输入"open"和 TP 地址→Enter（回车）→输入"anonymous" →Enter（回车），如图 4-17 所示。

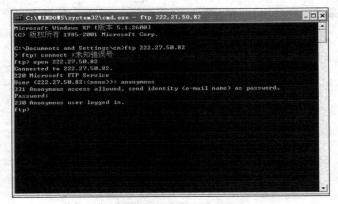

图 4-17　利用命令行登录 FTP

（3）输入 dir。如图 4-18 所示。

图 4-18　查看子目录

2. IE 浏览器

在 IE 浏览器中输入 ftp://主机名（IP 地址），如图 4-19 所示。

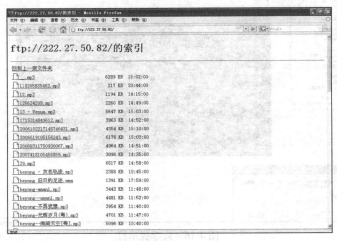

图 4-19　利用 IE 登录 FTP

3. 专用 FTP 软件（CuteFTP）

执行"新建→FTP 站点→主机地址→IP 地址"，如图 4-20 所示。

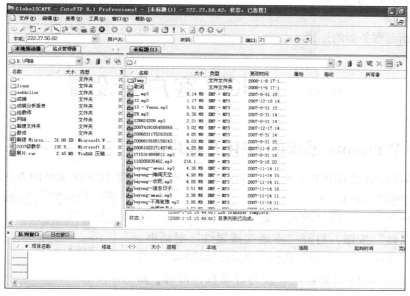

图 4-20　FTP 软件

4.7.2　Linux 系统的 FTP 客户端

与 Windows 系统一样，基于 Linux 的 FTP 客户端软件也很多，如 gftp、virgoftp、lglooftp 等，使用方法与 Windows 中的 FTP 客户端大同小异，下面只介绍 Linux 中的命令界面 FTP 客户端的使用方法。

1. 连接 FTP 服务器

在 Linux 命令界面下，可以使用"ftp"命令连接 FTP 服务器。

```
ftp [hostname| ip-address]
```

当服务器询问用户名和口令时，分别输入即可。

2. 客户端下载文件

可以使用"get"/"mget"命令下载 FTP 服务器中的文件，但是需要注意文件所在的目录。

```
get [remote-file] [local-file]
```

例如，ftp> get /ccut/soft.txt　soft.txt

mget 命令从远端主机接收一批文件至本地主机。

```
mget [remote-files]
```

例如，ftp> mget　*.txt （将所有 txt 格式的文件下载至本地）

3. 客户端上传文件

可以使用 put 和 mput 命令上传本地文件至 FTP 服务器。

```
put local-file [remote-file]
```

例如，把本地的 hu.txt 传送到 FTP 服务器 ccut 文件夹中，并改名为 soft.txt。

```
ftp> put hu.txt  /ccut/soft.txt
```

mput 命令将本地主机中的一批文件传送至 FTP 服务器。

```
mput local-files
```

例如，ftp> mput *.txt（将所有 txt 格式的文件上传至 FTP 服务器，需要注意的是上传文件都是在本地的当前目录下）。

4．断开连接

bye：中断与服务器的连接。

4.8　DHCP 客户端设置

4.8.1　Windows 系统的 DHCP 客户端

当服务器端设置好 DHCP 服务之后，客户端就可以通过设置 TCP/IP 属性的方法实现由 DHCP 服务器来管理网络中的 IP 地址分配。

方法：打开"本地连接状态"对话框，如图 4-21 所示。单击"属性"按钮，打开"本地连接属性"对话框，选择"Internet 协议（TCP/IP）属性"选项，如图 4-22 所示，将 IP 地址与 DNS 服务器地址改为自动获得即可，如图 4-23 所示。

有时候，DHCP 服务器可能设置了基于类别的 DHCP，这就要求 DHCP 客户提供本机的标识符，以匹配服务器的设置，客户机标识符（client identifier）是 DHCP 服务器使用的辨别号码，以查找客户机及其 IP 地址、租用时间及其他参数。通常客户机的硬件地址用作客户标识符的值。

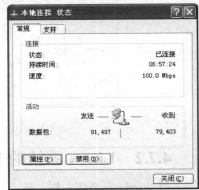

图 4-21　本地连接属性

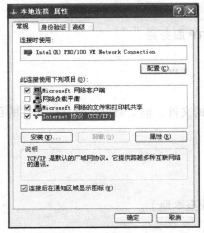

图 4-22　选择"Internet 协议（TCP/IP）"选项　　　　图 4-23　自动获得地址

为客户端系统设置用户类别，可以保证只有指定的安全用户才能连接到网络中，那些陌生的或不安全的客户端系统是无法从 DHCP 服务器那里获得 IP 地址以及其他上网参数的。

设置客户机标识符的具体方法是：打开客户端系统的 DOS 命令行工作窗口（在"运行"对话

框中输入 cmd 命令），在其中执行 "ipconfig /setclassid 网络适配器名称 客户机标识符" 的字符串命令，如图 4-24 所示。

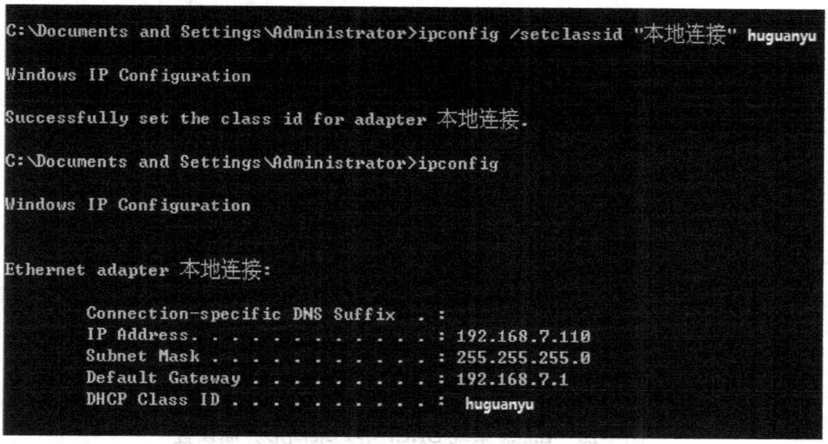

图 4-24　客户机标识符设置

4.8.2　Linux 系统的 DHCP 客户端

在 Linux 操作系统中有两种方式配置 DHCP 客户端，即手工配置方式和图形界面配置方式。

1. 手工配置方式

在 Linux 系统中，每个网络适配器都在/etc/sysconfig/network-scripts/目录中有一个对应的配置文件。例如，第 1 块网卡的配置文件为 ifcfg-eth0，第 2 块网卡的配置文件为 ifcfg-eth1，以此类推。

手工配置 DHCP 客户端时，需修改网卡对应的配置文件。例如，修改客户机中第 1 块网卡，使其自动获取 IP 地址，可使用以下命令修改对应的配置文件。

```
# vi  /etc/sysconfig/network-scripts/ifcfg-eth0
```

修改的内容如下。

```
DEVICE=eth0
BOOTPROTO=dhcp
HWADDR=00:0C:29:FA:DC:1F
ONBOOT=yes
```

其中，第 2 行设置使用 DHCP 方式获取 IP 地址。在 Linux 系统中修改了网卡的配置文件后，可重启系统使其生效，也可使用以下命令重新启动网卡。

```
# ifdown  eth0
# ifup  eth0
```

2. 图形界面配置方式

启动到 Linux 的图形界面后，可通过相应的系统命令修改网络的配置，以使用 DHCP 方式获取 IP 地址，如图 4-25 所示。

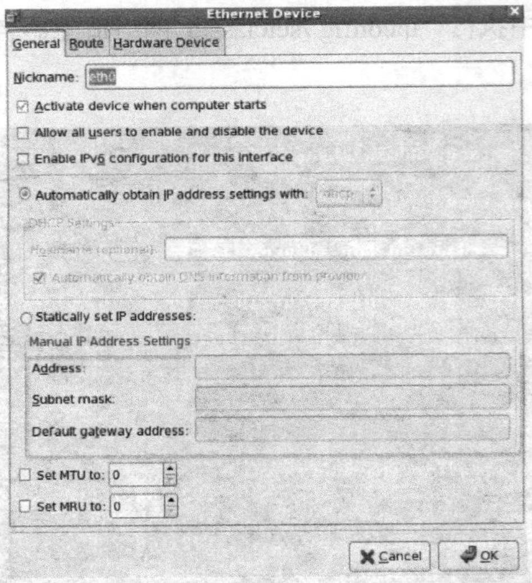

图 4-25　Linux 系统 DHCP 客户端图形界面设置

习 题 四

一、选择题

1. 使用 Windows 系统向主机 192.168.0.2 发送大小为 36 字节的 icmp 探测包 10 个，下列 ping 命令格式正确的是（　　　）。

    A．ping －l 36　－n 10 192.168.0.2　　　　　　B．ping －n 36　－n 10 192.168.0.2

    C．ping －l 10　－p 36 192.168.0.2　　　　　　D．ping －l 36　－m 10 192.168.0.2

2. Windows 系统中 ping　-t 命令的作用是（　　　）。

    A．一直发送 icmp 的探测包　　　　　　　　B．指定 icmp 的探测包的时间

    C．指定 icmp 的探测包的大小　　　　　　　D．指定 icmp 的探测包的次数

3. 下面关于默认网关的定义和作用正确的是（　　　）。

    A．网关是物理地址

    B．网关是 DNS

    C．网关就是一个网络连接到另一个网络的"关口"

    D．网关就是一个网络内部的 IP

4. Windows 系统中查看本机基本网络参数命令正确的是（　　　）。

    A．ipconfig /a 命令　　　　　　　　　　　　B．ipconfig /all 命令

    C．ifconfig /all 命令　　　　　　　　　　　　D．ipconfig /n 命令

5. Windows 系统中 ftp 匿名登录的用户名是（　　　）。

    A．由使用者设定　　　　　　　　　　　　　B．不用输入

    C．anonymous　　　　　　　　　　　　　　　D．admin

6. Linux 系统中查看本机基本网络参数命令正确的是（　　　）。

    A．ipconfig /a　　　　B．ipconfig /all　　　　C．ifconfig /all　　　　D．ifconfig

7. Linux 系统中追踪路由的命令正确的是（　　）。

    A. trace route   B. tracert   C. traceroute   D. tracer

8. Linux 系统中 ftp 上传命令正确的是（　　）。

    A. get   B. ftp   C. bye   D. put

9. Linux 系统 DHCP 客户端配置信息在（　　）文件中。

    A. /var/sysconfig/network /   B. /sysconfig/network-scripts/

    C. /etc/sysconfig/network-scripts/   D. /etc/sysconfig/network /

10. Windows 系统中设置客户端 DHCP 标识符命令正确的是（　　）。

    A. ipconfig /all   B. ipconfig /setclassid

    C. ifconfig /setclassid   D. ifconfig /all

二、简答题

1. 简述更改本机 MAC 地址的步骤。

2. 简述 Windows 系统中清除 IE 浏览记录的步骤。

3. 简述在 Linux 系统中设置客户端 DNS 的步骤。

4. 简述在 Linux 系统中访问 FTP 服务器并下载上传文件的步骤。

5. 简述在 Linux 系统中设置客户端 DHCP 的步骤。

三、操作题

1. 试将 IE 浏览器隐私级别更改为"高"。

2. 绑定本机默认网关的 MAC 地址和 IP 地址。

3. 试将 IE 浏览器默认主页更改为 www.ccut.edu.cn。

4. 在 Outlook Express 中添加新邮箱地址 ccut@163.com。

5. 建立新的拨号连接，名称为 ccut.edu.cn，密码为 ccut。

第 5 章
网络服务器配置

在前四章我们已经讨论了计算机网络提供通信服务的过程。但还没有讨论这些通信服务是如何提供给应用层配置的，本章就讨论各种应用层的服务配置。

应用层是 OSI 模型中最靠近终端用户的一层，它不为模型中的其他层提供服务，只为 OSI 模型之外的应用进程提供服务，如电子表格程序、文字处理软件等。此外，通过与传输层进程提供的接口，应用层直接使用传输层提供的服务。应用层的每个协议都用来解决一类应用问题（如 HTTP、FTP、DNS、Telnet 等）。

Internet 的应用很多，因而应用层协议也很多，由于篇幅限制无法在本章一一讲解，本章只介绍应用面较广的应用层协议，如 DNS、FTP、HTTP 等。

目前网络操作系统很多，关于服务的配置都不尽相同。本章仅以 Windows Server 2003 为例来讲解网络服务配置的过程，因为 Windows Server 2003 相对普及，功能比较全面，性能稳定，配置也简单。

5.1　域 名 系 统

域名系统（domain name system，DNS），是一种组织成域层次结构的计算机和网络服务命名系统。DNS 用于 TCP / IP 网络，如 Internet，用来通过用户友好的名称定位计算机和服务。当用户在应用程序中输入 DNS 名称时，DNS 服务可以将些名称解析成与此名称相关的其他信息，如 IP 地址。

5.1.1　域名系统基本概念

域名空间是指由 Internet 上所有主机唯一的和比较友好的主机名所组成的空间，是 DNS 在一个层次上的逻辑树结构。各机构可以用它自己的域名空间创建 Internet 上不可见的专用网络。

1. DNS 服务器

DNS 服务器是运行 DNS 服务器程序的计算机，DNS 服务器也试图解答客户机的查询。在解答查询时，DNS 服务器能提供所请求的信息，提供到能帮助解析查询的另一服务器的指针，或者回答说它没有所请求的信息或请求的信息不存在。

2. DNS 客户端

DNS 客户端也称为解析程序，解析器可以与远程 DNS 服务器通信，也可以与运行 DNS 服务器程序的本地计算机通信。它通常内置在实用程序中，或通过库函数访问。并且能在任何计算机上运行，包括 DNS 服务器。

3. 资源记录

DNS 数据库中的信息集，可用于处理客户机的查询。每台 DNS 服务器都有所需的资源记录，用于回答 DNS 域名空间的查询。

4. 区域

服务器是其授权的 DNS 名字空间的连续部分。一台服务器可以是一个或多个区域的授权。

5. 区域文件

区域文件包含区域资源记录的文件，服务器是这个区域的授权。在大部分 DNS 实现中，用文本文件实现区域文件。

5.1.2　Internet 域名空间

Internet 上的 DNS 域名空间采用树状的层次结构，如图 5-1 所示。

最顶层称为根域，由 InterNIC 机构负责划分全世界的 IP 地址范围，且负责分配 Internet 上的域名结构。根域 DNS 服务器只负责处理一些顶级域名 DNS 服务器的解析请求。

第 2 层称为顶级域，用由两三个字母组成的名称指示国家（地区）或使用名称的单位的类型，常见的有 com、org、gov、net 等。

第 3 层是顶级域下面的二级域，二级域是为在 Internet 上使用而注册到个人或单位的长度可变名称。这些名称始终基于相应的顶级域，这取决于单位的类型或使用的名称所在的地理位置。例如，edu.cn 表示中国的教育机构网站。

第 4 层是二级域下的子域，子域是单位可创建的其他名称，这些名称从已注册的二级域名中派生，包括为扩大单位中名称的 DNS 树而添加的名称，并将其分为部门或地理位置。例如，ccut.edu.cn 中的 ccut 表示长春工业大学，属于中国教育机构。一个子域下面可以继续划分子域，或者接挂主机。

第 5 层是主机或资源名称，常见的 www 代表一个 Web 服务器，ftp 代表 FTP 服务器，news 代表新闻组服务器等。

通过这样的层次式的结构划分，Internet 上服务器的含义就非常清楚了。

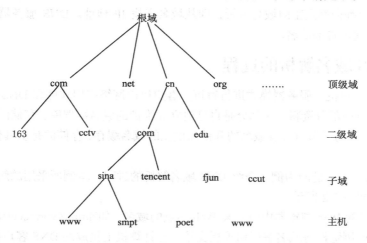

图 5-1　Internet 上的域名空间结构

5.1.3　DNS 域名解析的方法

当 DNS 客户机需要查询程序中使用的名称时，它会查询 DNS 服务器来解析该名称。DNS 查询以各种方式进行解析。客户机有时也可以使用以前查询获得的缓存信息就地应答查询。DNS 服务器可使用其自身的资源记录信息缓存来应答查询。

DNS 域名解析的方法主要有递归查询法、叠代查询法和反向查询法。

1. 递归查询法

当 DNS 服务器无法解析出 DNS 客户机所要求查询的域名所对应的 IP 地址时，DNS 服务器代表 DNS 客户机来查询或联系其他 DNS 服务器，以完全解析该名称，并将应答返回给客户机，这个过程称为递归查询法。

采用递归查询法进行解析，无论是否解析到服务器的 IP 地址，都要求 DNS 服务器给予 DNS 客户机一个明确的答复，要么成功要么失败。DNS 服务器向其他 DNS 服务器转发请求域名的过程与 DNS 客户机无关，是 DNS 服务器自己完成域名的转发过程。

递归查询的 DNS 服务器的工作量大，担负解析的任务重。因此域名缓存的作用十分明显，只要域名缓存中已经存在解析的结果，DNS 服务器就不必向其他 DNS 服务器发出解析请求。

2. 叠代查询法

为了克服递归查询中所有域名解析任务都落在 DNS 服务器上的缺点，可以想办法让 DNS 客户机也承担一定的 DNS 域名解析工作，这就是叠代查询法。

采用叠代查询法解析时，DNS 服务器如果没有解析出 DNS 客户机的域名，就将可以查询的其他 DNS 服务器的 IP 地址告诉 DNS 客户机，DNS 客户机再向其他 DNS 服务器发出域名解析请求，直到有明确的解析结果为止。如果最后一台 DNS 服务器也无法解析，则返回失败信息。

叠代查询中 DNS 客户机也承担域名解析的部分任务，DNS 服务器只负责本地解析和转发其他 DNS 服务器的 IP 地址，因此又称为转寄查询。域名解析的过程是由 DNS 服务器和 DNS 客户机配合自动完成的。

3. 反向查询法

递归查询和叠代查询都是正向域名解析，即从域名查找 IP 地址。DNS 服务器还提供反向查询功能，即通过 IP 地址查询域名。

5.1.4　DNS 域名解析的过程

DNS 域名采用客户机／服务器模式进行解析。客户机由网络应用软件和 DNS 客户机软件构成。DNS 服务器上有两部分资料，一部分是自己建立和维护的域名数据库，存储的是由本机解析的域名；另外一部分是为了节省转发域名的开销而设立的域名缓存，存储的是从其他 DNS 服务器解析的历史记录。

下面以客户机的 Web 访问为例，介绍 DNS 域名解析的过程，本例所采用的解析方法是递归查询法。解析过程如图 5-2 所示。

（1）当在客户机的 Web 浏览器中输入某 Web 站点的域名，如"http://www.ccutsoft.com"（此域名为虚构）时，Web 浏览器将域名解析请求提交给自己计算机上集成的 DNS 客户机软件。

（2）DNS 客户机软件向指定 IP 地址的 DNS 服务器发出域名解析请求，询问 www.ccutsoft.com 代表的 Web 服务器的 IP 地址。

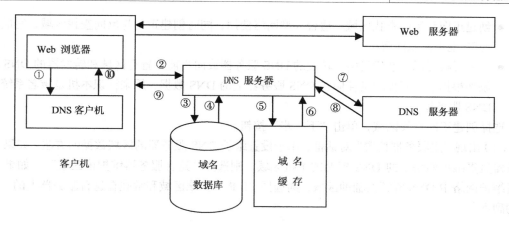

图 5-2　DNS 域名解析的过程

（3）DNS 服务器在自己建立的域名数据库中查找是否有与 www.ccutsoft.com 相匹配的记录。域名数据库存储的是 DNS 服务器自身能够解析的资料。

（4）域名数据库将查询结果反馈给 DNS 服务器。如果在域名数据库中存在匹配的记录，如 "www.ccutsoft.com 对应的是 IP 地址为 222.27.50.82 的 Web 服务器"，则 DNS 服务器将查询结果反馈给 DNS 客户机。

（5）如果在域名数据库中不存在匹配的记录，DNS 服务器就访问域名缓存。域名缓存存储的是从其他 DNS 服务器转发的域名解析结果。

（6）域名缓存将查询结果反馈给 DNS 服务器，若域名缓存中查询到指定的记录，则 DNS 服务器将查询结果反馈回 DNS 客户机。

（7）若在域名缓存中也没有查询到指定的记录，则按照 DNS 服务器的设置转发域名解析请求到其他 DNS 服务器上进行查找。

（8）其他 DNS 服务器将查询结果反馈给 DNS 服务器。DNS 服务器再将查询结果反馈回 DNS 客户机。

（9）DNS 服务器将查询结果反馈给 DNS 客户机。

（10）最后，DNS 客户机将域名解析结果反馈给浏览器。若反馈成功，Web 浏览器就按指定的 IP 地址访问 Web 服务器，否则将提示网站无法解析或不可访问的信息。

5.1.5　DNS 服务器的安装和添加

使用"配置服务器向导"安装 DNS 的方法如下。

（1）单击"添加或删除角色"，出现配置 DNS 服务器向导的"服务器角色"界面，选中"DNS 服务器"，单击"下一步"按钮。

（2）出现"选择总结"界面，单击"下一步"按钮，出现配置 DNS 服务器的"欢迎"界面，单击"下一步"按钮。

（3）出现"选择配置操作"界面，如图 5-3 所示为配置 DNS 服务器向导。DNS 服务器以区域为单位管理 DNS 服务，区域实际上就是一个数据库，存储了 DNS 域名和相应的 IP 地址。在 Internet 环境中，区域一般以二级域名表示，如 ccut.edu.cn，有以下 3 种选择。

- 创建正向查找区域：适合小型网络使用，创建一个默认的正向解析域名的区域，完成从域名到 IP 地址的解析。

● 创建正向和反向查找区域：适合大型网络使用，同时创建正向与反向查找区域，完成域名
与 IP 地址的双向解析。

● 只配置根提示：创建仅用于转发的 DNS 服务器或向当前配置有区域和转发器的 DNS 服务
添加根提示。根提示是存储在 DNS 服务器上的 DNS 数据，用来标识本机是域名系统中的
DNS 服务器。

选择创建正向查找区域，单击"下一步"按钮。

（4）出现"主服务器位置"对话框，用于设置维护 DNS 服务器的区域数据的方法。如果 DNS
服务器负责维护网络中的 DNS 资源的主机区域，则选择"这台服务器维护该区域"。如果 DNS
负责维护网络中 DNS 资源的辅助区域，则选择"ISP 维护该区域和常驻在这台服务器上的一份只
读的副本"。

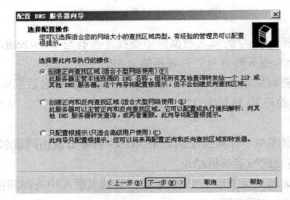

图 5-3　配置 DNS 服务器向导——选择配置操作

主要区域是区域数据库信息的副本，辅助区域是主要区域的只读副本，它是从维护主要区
域的 DNS 服务器中接收到的副本，用于提供对区域数据的冗余备份。选中"这台服务器维护该
区域"，单击"下一步"按钮。

（5）出现图 5-4 所示的"区域名称"对话框，用于为在 DNS 服务器上运行的区域指定名称。
如果是在 Intranet 上建立 DNS 服务器，则可以任意取 DNS 名称，如果是在 Internet 上开展服务，
则必须向 InterNIC 的分支代理机构申请 DNS 服务器名称。

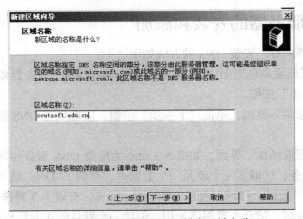

图 5-4　新建区域向导——设定区域名称

在"区域名称"文本框中输入"ccutsoft.edu.cn"，单击"下一步"按钮。

（6）如果创建的是未与 Active Directory 集成的区域，会出现"区域文件"对话框，用于设置 DNS 服务器区域对应的物理文件名称。DNS 数据库实际上就是由区域文件和反向查找文件等构成的。区域文件是最重要的文件，存储了 DNS 服务器管辖区域内主机的域名记录。 默认的区域文件名为"区域名.dns"，存放在%systemboot\system32\dns 文件夹中。

如果创建的区域是与 Active Directory 集成的区域，则不会出现此"区域文件"对话框，区域文件存放在活动目录树中该对象的容器下。

按照默认设置，单击"下一步"按钮。

（7）出现"动态更新"对话框，用于设置 DNS 客户机是否能够动态更新 DNS 服务器中的区域数据。当网络中启用 DNS 服务器后，网络中每台计算机都可以被 DNS 服务器默认解析， "计算机名.DNS 域名"就是默认的该计算机可以被 DNS 服务器解析的名称。由于计算机名称和 IP 地址可能会发生变化，当发生变化后，DNS 服务器上有关该计算机资源的记录信息就应该及时更新，这就是动态解析。有以下 3 种动态解析方法。

- 只允许安全的动态更新：DNS 客户机将动态更新请求发给 DNS 服务器，DNS 服务器在客户机通过身份认证后才执行更新。该选项只有在 Active Directory 中的管理区域才能激活。
- 允许非安全动态更新：DNS 客户机可以动态更新 DNS 服务器的区域数据，该选项的安全性较低。
- 不允许动态更新：不允许客户机执行对 DNS 服务器的动态更新操作，只能由管理员手工进行更新。

选中"不允许动态更新"，单击"下一步"按钮。

（8）出现图 5-5 所示的"转发器"对话框。设置 DNS 转发器，DNS 转发器也是一种 DNS 服务器，用于帮助解析当前 DNS 服务器不能解析的域名请求，将这些请求发送给其他 DNS 服务器。Intranet 内的客户机对 Internet 上的域名解析就是由 DNS 转发器来完成的。

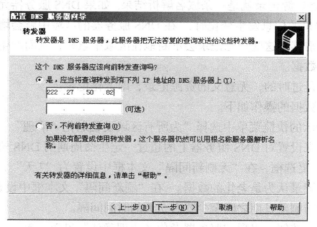

图 5-5　配置 DNS 服务器向导——转发器

由于只建立 Intranet，所以选中"否，不向前转发查询"，单击"下一步"按钮。

（9）出现"配置完成"对话框。在"设置"列表框中显示了本次的配置情况，单击"完成"按钮，出现提示对话框，表明已经将计算机成功配置成 DNS 服务器。

当成功安装 DNS 服务器后，DNS 服务器启用并工作，此时，网络中的每台计算机都可以被 DNS

服务器默认解析，"计算机名.DNS 域名"就是默认的该计算机可以被 DNS 服务器解析的名称。

5.1.6 创建和管理 DNS 区域

在"DNS 控制台"中用鼠标右键单击已创建的 DNS 服务器，在弹出的快捷菜单中选择"所有任务"子菜单，如图 5-6 所示。

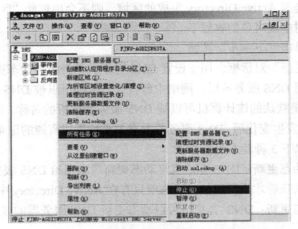

图 5-6 DNS 服务器管理的快捷菜单

在"所有任务"子菜单中可以对 DNS 服务器执行的操作有：停止 DNS 服务器、暂停 DNS 服务器、启动 DNS 服务器和重启 DNS 服务器。

此外还可以进行以下操作。

1．为所有区域设置老化／清理

Internet 上大型 DNS 服务器的数据库包括一个或多个区域文件。每个区域文件都拥有一组结构化的资源记录，每条资源记录就是一条域名解析结果。如果 DNS 服务器允许客户机启用动态更新技术，则每当客户机的信息发生变化时，在 DNS 服务器的区域中就会增加一条该客户机的资源记录，随着时间的推移，这些资源记录会不断地在区域中累积，从而产生一些没有意义的资源记录数据，称为老化数据。

前面两条记录就是过时的，无意义的资源记录，即老化记录。

清理区域中老化数据的操作如下。

（1）在图 5-6 所示的快捷菜单中选择"为所有区域设置老化／清理"，打开"服务器老化／清理属性"界面，用来设置对 DNS 服务器上的超过一定生命周期的 DNS 资源的处理方法。选中"清理过时资源记录"复选框，在"无刷新间隔"文本框中设置为"7 天"，表示系统将超过 7 天没有再次刷新的资源记录认为是老化的数据。在"刷新间隔"文本框中设置为"7 天"，表示系统要刷新的资源记录与刷新日期之间至少要有 7 天的时间间隔。

（2）单击"确定"按钮，出现"服务器老化／清理确认"界面，单击"确定"按钮，设置开始自动生效。

如果想手工清除老化的资源记录，在快捷菜单中选择"清理过时资源记录"命令，出现提示对话框，提示"要在服务器上清理过时资源记录吗？"，单击"是"按钮即可完成清理操作。

2．更新服务器数据文件

选择"更新服务器数据"选项使 DNS 服务器立即将其内存的改动内容写到磁盘上，以便在区域文件中存储。通常情况下，只在预定义的更新间隔和 DNS 服务器关机时，才向区域文件中写入这些改动的内容。

3. 清除缓存

DNS 服务器上的缓存加速了 DNS 域名解析的性能，同时大大减少了网络上与 DNS 相关的查询通信量。缓存的数据也有生命周期（TTL）问题，超过生命周期的缓存信息是没有意义的。默认情况下，最小的缓存 TTL 为 3600s，也可以根据需要设置每个资源记录的缓存 TTL。

在快捷菜单中选择"清除缓存"命令，可手工清除 DNS 服务器上超过 TTL 的缓存数据。

4. 设置"调试日志"选项卡和"事件日志"选项卡

在服务器属性对话框中单击"调试日志"选项卡和"事件日志"选项卡。

调试日志用于协助管理员调试 DNS 服务器的性能。但默认情况下，不启用该选项卡，因为使用调试日志会降低 DNS 服务器性能，应该只用于临时使用的情况。

事件日志用于保留 DNS 服务器遇到错误、警告和其他事件的记录，用户可以将这个信息用于分析服务器的性能。可以选择记录到日志文件的事件类型：没有事件（不记录事件日志）、只是错误、错误和警告以及所有事件，缺省的情况下选择记录所有事件，这样有利于日后的安全和性能分析。

5. 设置"监视"选项卡

在"服务器属性"对话框中单击"监视"选项卡。

"监视"选项卡主要用来帮助用户监视 DNS 服务器的运行状况，用户可以选中"对此 DNS 服务器的简单查询"和"对此 DNS 服务器的递归查询"来监视服务器的运行状况。单击"立即测试"按钮开始进行测试，在"测试结果"中若显示"通过"，则说明该 DNS 服务器运行正常，若显示"失败"，则说明该 DNS 服务器运行失败。

还可以选中"以下列间隔进行自动测试"，在"测试间隔"中输入间隔时间后，系统将按照设定的时间自动对 DNS 服务器进行测试。

区域是由各种资源记录（Resource Records）构成的。新建区域后便可以在该区域中建立资源记录，资源记录的种类很多，资源记录的种类决定了该资源记录对应的计算机的功能。如果建立了主机记录，则表明计算机是主机（用于提供 Web 服务、FTP 服务等），如果建立的是邮件交换器记录，就表明计算机是邮件服务器。

5.2 DHCP 概述

DHCP 是一种简化主机 IP 配置管理的 TCP／IP 标准，用于减少网络客户机 IP 地址配置的复杂度和管理开销。DHCP 服务允许网络中的一台计算机作为 DHCP 服务器并配置用户网络中启用 DHCP 的客户计算机。DHCP 在服务器上运行，能够自动集中管理网络上的 IP 地址和用户网络中客户计算机所配置的其他 TCP／IP 设置。

对于基于 TCP／IP 的网络，DHCP 减小了重新配置计算机的工作量和复杂性，大大降低了用于配置和重新配置网上计算机的时间。DHCP 的客户机无须手动输入任何数据，避免了手动输入值而引起的配置错误，还可以防止出现新计算机重用以前指派 IP 地址引起的冲突问题。

DHCP 使用客户机／服务器模式。在网络中，管理员可以建立一个或多个维护 TCP／IP 配置信息并将其提供给客户机的 DHCP 服务器。服务器数据库包含以下信息。

- 网络上所有客户机的有效配置参数。
- 指派管理的 IP 地址，以及用于手工指派的保留地址。
- 服务器提供的租约持续时间。

通过在网络上安装和配置 DHCP 服务器，启用 DHCP 的客户机可在每次启动并加入网络时，动态获得其 IP 地址和相关配置参数。DHCP 服务器以地址租约的形式将该配置提供给发出请求的客户机。

5.2.1 DHCP

DHCP 客户机：任何启用 DHCP 设置的计算机。

1. 作用域

作用域为服务器提供管理网络分布、IP 地址分配和指派以及其他相关配置参数的主要方法。

2. 超级作用域

超级作用域是可用于管理的分组，用于支持同一物理网络上的多个逻辑 IP 子网。超级作用域包含成员域（子作用域）的列表，这些成员域可作为一个集合被激活。超级作用域用于配置有关作用域使用的其他详细信息，如果要配置超级作用域内使用的多数属性，就需要单独配置成员作用域。

假设有两个作用域，配置如下。

作用域 1：192.168.100.1 ~ 192.168.100.100

作用域 2：192.168.200.1 ~ 192.168.200.100

作用域 1 中的主机已经超过 100 个，作用域 1 的 IP 地址就不够用了。如果还有客户机要申请 IP 地址，将被拒绝。而作用域 2 的主机只有 20 个，作用域 2 的 IP 地址还有大量空余。使用超级作用域就可以将若干作用域绑定在一起，统一调配使用 IP 资源。本例通过使用超级作用域就可以将作用域 2 的 IP 地址分配给作用域 1 使用。

3. 排除范围

排除范围：作用域内从 DHCP 服务中排除的有限 IP 的序列。排除范围保证范围中列出的任何 IP 地址不是由 DHCP 服务器提供给 DHCP 客户机的。

4. 地址池

作用域中应用排除范围之后，剩下的可用 IP 就可以组成地址池。地址池中地址可以由 DHCP 服务器动态分配给 DHCP 客户机。

5. 租约

由 DHCP 服务器指定的、客户计算机可以使用动态分配的 IP 地址的时间。当向一台客户机发出租约后，该租约就被看作是活动的。在租约终止前，客户机可以向 DHCP 服务器更新其租约。当租约到期或被服务器删除后，它就变成不活动的了。租约期限决定了租约何时终止以及客户机隔多久向 DHCP 服务器更新其租约。

6. 保留

创建从 DHCP 服务器到客户机的永久地址租约指定。保留可以保证子网上的特定硬件设备总是使用相同的 IP 地址。

7. 选项类型

DHCP 服务器向客户机提供 IP 地址租约时，可以指定的其他客户机配置参数。例如，某些公用选项包含用于默认网关（路由器）、WINS 服务器和 DNS 服务器的 IP 地址。 通常这些选项类型由各个作用域启用和配置。大部分选项在 RFC2132 中预先定义了，但用户也可用 DHCP 管理器定义和添加用户所需的选项类型。

8. 选项类别

DHCP 服务用于进一步管理提供给客户机的选项类别的方法。选项类别可以在用户的 DHCP 服务器上配置，以提供特定的客户机支持。当一个选项类别添加到服务器后，就可以为该类别的客户机配置提供特定类别的选项类型。对于 Windows Server 2003，客户机可以指定与服务器通信时的类别 ID。

选项类别有两种类型：供应商类别和用户类别。

5.2.2　DHCP 服务的原理

1. DHCP 网络

DHCP 网络主要由 DHCP 客户机、DHCP 服务器和 DHCP 数据库 3 种角色组成，结构如图 5-7 所示。DHCP 客户机是安装并启用 DHCP 客户机软件的计算机。在 Windows 系统中都内置了 DHCP 客户机软件。

2. DHCP 服务器

DHCP 服务器是安装了 DHCP 服务器软件的计算机，可以向 DHCP 客户机分配 IP 地址。IP 地址的分配有两种方式：自动分配和动态分配。

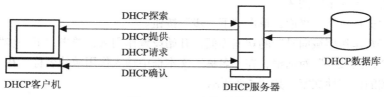

图 5-7　DHCP 网络的结构

自动分配是指 DHCP 客户机从服务器租借到 IP 地址后，该地址就永久地归该客户机使用，即永久租用，适合 IP 地址资源丰富的网络。

动态分配是指 DHCP 客户机从服务器租借到 IP 地址后，在租约有效期内归该客户机使用。一旦租约到期，IP 地址就被回收。

3. DHCP 数据库

DHCP 服务器上的数据存储了 DHCP 服务配置的各种信息，主要包括：网络上所有 DHCP 客户机的配置参数、为 DHCP 客户机定义的 IP 地址和保留的 IP 地址、租约设置信息。

4. DHCP 服务的运行原理

当 DHCP 客户机第一次登录网络时，它主要通过 4 个阶段与 DHCP 服务器建立联系。

（1）DHCP 客户机发送 IP 租用请求。

当客户机第一次初始化时，由于客户机此时没有 IP 地址，也不知道 DHCP 服务器的 IP 地址，因此客户机会以 0.0.0.0 作为源地址，以 255.255.255.255 作为目的地址向所有 DHCP 服务器广播请求来租用 IP 地址。租用请求通过 DHCPDISCOVER 消息发送。消息中还包括客户的硬件地址和主机名。

（2）DHCP 服务器提供 IP 地址。

子网络上的所有 DHCP 服务器收到这个 DHCPDISCOVER 消息。服务器确定自己是否有权为客户机分配一个 IP 地址。此时客户机仍没有 IP 地址，因而服务器也只能使用广播，DHCP 服务器以 255.255.255.255 作为目的地址发送 DHCPOFFER 消息。消息中包含客户机的硬件地址、提供的 IP 地址、子网掩码、IP 地址的有效时间、服务器的标识符。

（3）DHCP 客户机进行 IP 租用选择。

客户机从不止一台 DHCP 服务器接收到 IP 地址后，DHCP 客户机从它接收到的第一个服务器响应中选择 IP 地址，并向所有 DHCP 服务器广播它接收的 IP 地址。广播通过 DHCPREQUEST 消息发送，消息中还包括接收提供 IP 地址的 DHCP 服务器的 IP 地址。其他所有 DHCP 服务器收到 DHCPREQUEST 消息后，撤销提供 IP 地址。

（4）DHCP 服务器认可 IP 租用。

当 DHCP 服务器收到 DHCP 工作站的 DHCPREQUEST 请求信息之后，便向 DHCP 客户机发送一个包含它所提供的 IP 地址和其他设置的 DHCPPACK 确认信息。告诉 DHCP 客户机可以使用它提供的 IP 地址。DHCP 客户机便将其 TCP／IP 与网卡绑定，另外，除 DHCP 工作站选中的服务器外，其他 DHCP 服务器都将收回曾提供的 IP 地址。

5.2.3　安装 DHCP 服务器

（1）在计算机上执行 "开始"→"管理您的服务器" 命令，出现管理您的服务器界面，单击"添加或删除服务器角色"，打开配置您的服务器向导的 "服务器角色" 界面，选中 "DHCP 服务器" 角色，单击 "下一步" 按钮。

（2）出现 "选择总结" 界面，单击 "下一步" 按钮。

（3）出现 "新建作用域向导" 的欢迎界面，开始设置作用域，单击 "下一步" 按钮。

（4）打开 "作用域名" 对话框，在 "名称" 文本框中输入作用域的名称，在 "描述" 文本框中输入对作用域的说明性文字，如图 5-8 所示。

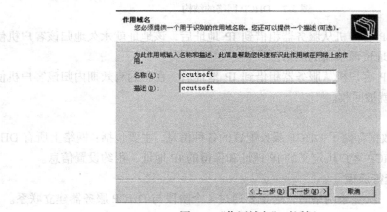

图 5-8　"作用域名" 对话框

（5）单击 "下一步" 按钮，打开 "IP 地址范围" 对话框，用户可以指定作用域的地址范围。在 "输入此作用域分配的地址范围" 选项组的 "起始 IP 地址" 和 "结束 IP 地址" 中分别输入作用域的起始地址和结束地址。还需要为这些 IP 地址设置子网掩码。"子网掩码" 选项的设置也可以通过设置 "长度" 来调整，一个 255 相当于 8 位的长度，255.255.255.0 相当于 24 位的长度。

（6）设置完毕后，单击 "下一步" 按钮，进入 "添加排除" 对话框，可以在该对话框中指定服务器不分配的 IP 地址。排除地址范围应该包括所有手工分配给其他 DHCP 服务器、DNS 服务器、WINS 服务器等需要固定 IP 地址的计算机。

　　在"起始 IP 地址"文本框中输入排除范围的起始 IP 地址，在"结束地址"文本框中输入排除范围的结束 IP 地址，然后单击"添加"按钮。按照同样的步骤可以排除多个地址范围。如果要排除单个 IP 地址，则只要在"起始 IP 地址"文本框中输入要排除的地址，"结束 IP 地址"为空，单击"添加"按钮。

　　（7）单击"下一步"按钮，进入"租约期限"对话框，如图 5-9 所示。租约期限是指客户机使用 DHCP 服务器所分配的 IP 地址的时间。对于经常变动的网络，租约期限可以设置得短一些。

　　（8）单击"下一步"按钮，进入"配置 DHCP 选项"对话框。如果想要客户机使用作用域，则必须配置最常用的 DHCP 选项，如网关、DNS 服务器和 WINS 服务器等。选中"是，我想现在配置这些选项"。

　　（9）单击"下一步"按钮，进入"路由器（默认网关）"对话框。在"IP 地址"文本框中设置 DHCP 服务器发送给 DHCP 客户机使用的路由器（默认网关）的 IP 地址，可以根据自己网络的规划进行设置。完成后单击"下一步"按钮。

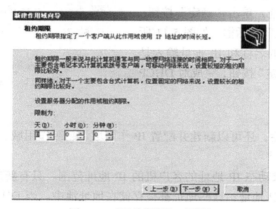

图 5-9　　"租约期限"对话框

　　（10）出现图 5-10 所示的"域名称和 DNS 服务器"对话框，如果要为 DHCP 客户机设置 DNS 服务器，则在"父域"文本框中设置 DNS 解析的域名，在"IP 地址"文本框中添加 DNS 服务器的 IP 地址，也可以在"服务器名"文本框中输入服务器的名称后，单击"解析"按钮自动查询 IP 地址。完成设置后单击"下一步"按钮。

图 5-10　"域名称和 DNS 服务器"对话框

5.2.4 配置 DHCP 服务器

一、授权 DHCP 服务器

安装好 DHCP 服务器后要对其进行授权。所谓授权，是指为了保证网络的安全，系统只允许那些已经被授权了的 DHCP 服务器在网络中发行 IP 地址，而没有经过授权的 DHCP 服务器是没有权利为客户提供服务的。

授权的步骤如下。

（1）执行"开始"→"管理工具"→"DHCP"命令，打开"DHCP 控制台"窗口。用鼠标右键单击控制台中的根节点，从弹出的快捷菜单中选择"管理授权的服务器"。

（2）打开"管理授权的服务器"对话框，可以在该对话框中对 DHCP 服务器进行授权，也可以解除已经授权了的 DHCP 服务器。单击"授权"按钮。

（3）打开"授权 DHCP 服务器"对话框，在"名称或 IP 地址"文本框中输入想要授权的 DHCP 服务器的名称或者 IP 地址，单击"确定"按钮。

（4）出现"确认授权"对话框，如图 5-11 所示。检查 DHCP 服务器的名称和 IP 地址输入是否正确，无误后单击"确定"按钮，完成对 DHCP 服务器的授权。

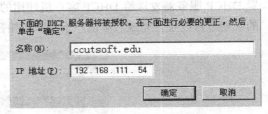

图 5-11 "确认授权"对话框

二、创建地址域

授权 DHCP 服务器后，还可以新建并配置 IP 作用域、超级作用域、多播地址作用域。

1. 创建作用域

作用域是指派给请求动态 IP 地址的客户机的 IP 地址范围。只有新建作用域后，DHCP 服务器才能拥有可被分配的 IP 地址，这些地址都被存储在地址池中。当 DHCP 客户端向 DHCP 服务器请求分配 IP 地址时，服务器与客户机签订一个租约，然后从地址池中分配一个尚未被使用的 IP 地址给客户机使用，当租约到期时，IP 地址就会自动返回地址池供再次分配。

在安装 DHCP 服务器时已经创建了一个作用域，如果想再创建其他的作用域，只需在"DHCP 控制台"中用鼠标右键单击 DHCP 服务器，在弹出的快捷菜单中选择"新建作用域"，启动"创建作用域向导"，利用作用域向导即可再创建新的作用域，具体步骤可参照 5.1 节中介绍的安装 DHCP 服务器的步骤操作。

2. 创建超级作用域

超级作用域，可以将多个作用域组合为单个管理实体。由于超级作用域可以包含其他分离的作用域的 IP 地址，所以当管理员需要使用另外一个 IP 网络地址范围扩展同一个物理网段的地址空间时，就可以通过创建超级作用域来解决问题。

创建超级作用域的步骤如下。

（1）打开"DHCP 控制台"窗口，在目录树中用鼠标右键单击想要创建超级作用域的 DHCP 服务器，从弹出的快捷菜单中选择"新建超级作用域"命令，打开"欢迎使用新建超级作用域向导"对话框。

（2）单击"下一步"按钮，在打开的"超级作用域名"对话框中输入想要建立的超级作用域的名称，如图 5-12 所示。

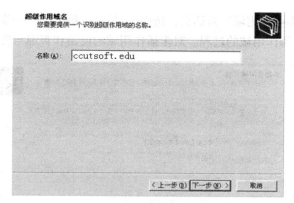

图 5-12 "超级作用域名"对话框

（3）单击"下一步"按钮，打开"选择作用域"对话框，在"可用作用域"列表中选择所建超级作用域包含的作用域，可以按 Shift 键或 Ctrl 键选择多个作用域。

（4）单击"下一步"按钮，进入"正在完成新建超级作用域向导"对话框。确认无误后单击"完成"按钮。

（5）用鼠标右键单击建立好的超级作用域，在弹出的快捷菜单中选择"显示统计信息"选项。

（6）出现超级作用域的统计信息界面，表明超级作用域已经成功将两个作用域进行了绑定。

3. 创建多播作用域

在网络中计算机之间的通信方式有 3 种：单播、广播和多播。

（1）单播是指通信的计算机都有自己的 IP 地址，数据包从源主机发送到目的主机。这是网络中最常用的点对点通信方式。在这种通信方式下，数据包的传送效率高，直接送达目的地，而不会发送到其他主机。

（2）广播是指通信的源主机有 IP 地址，数据包从源主机发送到网络上的所有节点，而且广播不通过路由转发。广播数据包是送达网络上的每个人，但不是工作组上的每个人。

（3）多播使用 D 类的 IP 地址，这是专门用于 IP 多播的保留地址。只要每个计算机都分配一个多播的 IP 地址，就将接收到多播数据包。

在 DHCP 服务器上可以通过建立多播作用域来给 DHCP 客户机分配多播 IP 地址。

创建多播作用域的步骤如下。

（1）打开"DHCP 控制台"窗口，在目录树中用鼠标右键单击想要创建多播作用域的 DHCP 服务器，从弹出的快捷菜单中选择"新建多播作用域"命令，打开"欢迎使用新建多播作用域向导"对话框。

（2）单击"下一步"按钮，出现"多播作用域名称"对话框，如图 5-13 所示。在"名称"和"描述"文本框中进行设置。单击"下一步"按钮。

（3）出现"IP 地址范围"对话框，在"起始 IP 地址"和"结束 IP 地址"文本框中输入 D 类多播地址（224.0.0.0 ~ 239.255.255.255），在"TTL"文本框中设置多播作用域最多可以经过的路由器数目。设置完成后单击"下一步"按钮。

（4）出现"添加排除"对话框，用于设置多播地址范围内保留的地址范围。完成后单击"下一步"按钮。

（5）出现"租约期限"对话框，用于设置多播地址的租约期限，默认为 30 天。完成后单击"下一步"按钮。

（6）出现 "激活多播作用域"对话框，选中 "是"，单击"下一步"按钮。

至此，完成创建多播作用域的过程。对多播作用域的使用和管理与普通作用域相同。

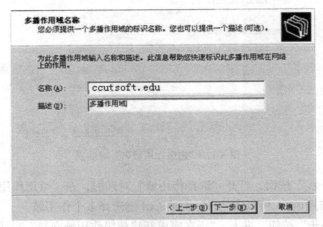

图 5-13 "多播作用域名称"对话框

5.3 WWW 服务

5.3.1 WWW 的工作原理

大多数网站的域名都有 "www"标识，它是万维网——World Wide Web 的缩写。十几年前，英国科学家伯纳斯·李发明了万维网的方式，在互联网中引入直观的图形界面，取代了抽象难懂的命令格式，从而使 "上网"不再是专业人员的 "特权"，互联网因此得以迅速普及，数以亿计的人能够方便地使用上了浩瀚的网络资源。更为重要的是，伯纳斯·李并没有为自己的发明申请专利或是限制它的使用，而是无偿地公开了他的发明成果，从而使网络以前所未有的速度获得发展。为了表彰伯纳斯·李的贡献，英国王室册封他为爵士。

当然，互联网飞速发展最主要的原因还是带宽的不断提高，有了宽带连接，开发音乐和视频等娱乐性工具就变成互联网发展的必然趋势。伯纳斯·李并没有忽视这一潮流，他正在积极地进行新的研究。例如，进一步提高现有 Web 速度；开发新一代搜索引擎，使其更具智能化，并能理解用户的模糊要求。此外，伯纳斯·李还在致力于语音浏览器的开发，其目的是让视觉障碍者也能方便地上网。

WWW 并非某种特殊的计算机网络。万维网是一个大规模的、联机式的信息储藏所，英文简称为 Web。图 5-14 说明了万维网提供分布式服务的特点。

每一个万维网站点都存放了很多文档。在这些文档中可能会有一些地方的文字是用特殊方式显示的，而当鼠标指针移动到这些地方时，鼠标指针就变成了一只手的形状。这表明这些地方有一个链接（这种链接由于能够连接到声音和图像文档，有时也称之为超链接），如果在这些地方单击鼠标，就可以从这个文档链接到另一个文档。经过一定的时延，在屏幕上就能将远方传送来的文档显示出来。

正是由于万维网的出现，使 Internet 从仅由少数计算机专家使用变为普通百姓也能使用的信息资源。万维网是一个分布式的超媒体（hypermedia）系统，它是超文本（hypertext）系统的扩充。万维网以客户机/服务器（C/S）方式工作。客户程序向服务器程序发出请求，服务器程序向客户程序返回客户所要的万维网文档。在一个客户程序主窗口上显示出的万维网文档称为页面（page）。

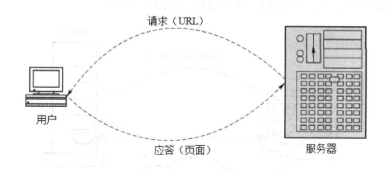

图 5-14　WWW 的工作原理

5.3.2　统一资源定位符 URL

URL 是对可以从 Internet 上得到的资源位置和访问方法的一种简洁的表示。URL 给资源的位置提供一种抽象的识别方法，并用这种方法给资源定位。

1．URL 的格式

URL 的一般形式如下。

<URL 的访问方式>：//<主机>：<端口>/<路径>

包括在一个简单的地址中：　传送协议　服务器　端口号　路径

2．URL 的访问方式

● ftp：文件传送协议 FTP。

● http：超文本传送协议　HTTP。

（1）FTP 的 URL。

ftp：//<主机>：<端口>/<路径>

（2）HTTP 的 URL。

http：//<主机>：<端口>/<路径>

例如，http://www.ccut.edu.cn:80/index.html

http 的默认端口号 80 和文件路径可以省略。

http://www.ccut.edu.cn

5.3.3　超文本传送协议 HTTP

HTTP（超文本传输协议）是传送某种信息的协议，而这种信息是使超文本的链接高效率地完成所必需的。从层次的角度看，HTTP 是面向事务的应用层协议，它是互联网上能够可靠地交换文件的重要基础。

由于 HTTP 是基于请求/响应方式的（相当于客户机/服务器）。一个客户机与服务器建立连接后，发送一个请求给服务器，请求方式的格式为：统一资源定位符（URL）、协议版本号，后边是 MIME 信息，包括请求修饰符、客户机信息和可能的内容。服务器接到请求后，给予相应的响应信息，其格式为一个状态行，包括信息的协议版本号、一个成功或错误的代码，后边是 MIME 信息，包括服务器信息、实体信息和可能的内容。

1. 万维网的工作过程

万维网的工作基本上可以分为以下 3 个过程，如图 5-15 所示。

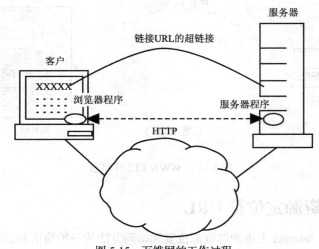

图 5-15　万维网的工作过程

（1）每一个网点都有一个服务器进程，它不断地监听 TCP 的端口 80，以便发现是否有客户发出建立连接请求。

（2）建立 TCP 连接，客户向服务器发出某个页面请求，服务器接着返回所请求的页面作为响应。

（3）释放 TCP 连接。

2. 用户浏览页面的方法

用户浏览页面的方法有 2 种。

（1）在浏览器的位置（location）窗口，键入 URL。

（2）在某个页面中单击一个可选部分（超链接），这时浏览器自动在 Internet 上找到所要链接的页面。

5.3.4　IIS 的安装

IIS 8.0 中的一个最重要的变动涉及 Web 服务器安全性。为了更好地预防恶意用户和攻击者的攻击，在默认情况下，没有将 IIS 安装在 Windows Server 2003 家族的成员上。而且，在最初安装 IIS 时，该服务在高度安全和"锁定"的模式下安装。

应用程序服务器的安装过程如下。

（1）打开"配置您的服务器向导"对话框，在"服务器角色"列表框中选中"应用程序服务器"，单击"下一步"按钮。

（2）出现"应用程序服务器选项"对话框，可以在该对话框中选择和应用程序服务器一起安装两个组件：FrontPage Server Extension 和启用 ASP.NET。

"FrontPage Server Extension"选项允许多个用户从客户端计算机远程管理和发布网站。如果希望多个用户同时创建网站，或使用用户可从客户端计算机上通过 Internet 远程创建 Web 应用程序，可选择该选项。

"启用 ASP.NET"选项：ASP.NET 是统一的 Web 开发平台，提供了生成和部署企业级的 Web 应用程序所必需的服务。ASP.NET 提供了一种新的编程模型和基础结构，以获得更安全、灵活和稳定的应用程序，这些应用程序可用于任何浏览器或设备。如果网站中包含已通过使用 ASP.NET 开发的应用程序，可选择该选项。

（3）单击"下一步"按钮，出现"选择总结"对话框，提示本次安装中的选项。单击"下一步"按钮，配置程序将自动按照选择总结中的选项进行安装和配置。

5.3.5　创建新的 Web 站点

创建新站点的操作步骤如下。

（1）执行"开始"→"管理工具"→"Internet 信息服务（IIS）管理器"命令，打开"Internet 信息服务（IIS）管理器"窗口，用鼠标右键单击目录树中的"网站"，从弹出的快捷菜单中选择 "新建"→"网站"选项，打开"新建网站向导"的欢迎界面。

（2）单击"下一步"按钮，打开"网站描述"对话框，如图 5-16 所示。在"描述"文本框中输入有关网站的信息。

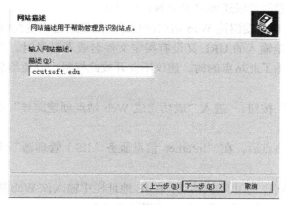

图 5-16　"网站描述"对话框

（3）单击"下一步"按钮，打开"IP 地址和端口设置"对话框，如图 5-17 所示。在该对话框中输入有关服务器地址和端口的信息。

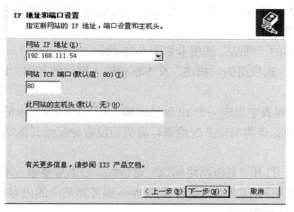

图 5-17　"IP 地址和端口设置"对话框

（4）单击"下一步"按钮，进入网站主目录的设置。网站主目录就是网站的根目录，是用户访问的起点，任何网站的设置都需要网站主目录。主目录用来存放 Web 站点的数据，主目录的内容即 Web 站点的主页。

在"路径"文本框中输入主目录的路径，即 Web 站点数据所在的目录路径。选中"允许匿名访问网站"选项，这样用户不需要用户名和密码也可以访问该 Web 站点、浏览网页。

（5）单击"下一步"按钮，进入"网络访问权限"对话框，在此对话框中可以设置 Web 站点的一些权限。

"读取"权限：提供给客户端读取网页的服务，也就是说，客户端可以下载网页。但如果 Web 服务器位于 NTFS 文件系统的驱动器上，则客户端能否下载网页还要取决于 NTFS 权限的设置。如果客户端没有读取网页的 NTFS 权限，即使 Web 站点授予客户端读取的权限，客户端也还是不能下载网页。

"执行（VKISAPI 应用程序或 CGI）"权限：允许客户端执行 ISAP 应用程序或者 CGI 的应用程序。

"写入"权限：允许客户端上载文件或者编辑改变网页内容。和"读取"权限相同，客户端是否拥有上载或者改变内容的权限还要取决于 NTFS 权限。

"浏览"权限：允许客户端浏览 Web 站点的目录。如果给客户端此权限，则当 Web 站点上没有启用默认文档，客户端输入的 URL 又没有指定文件名或者目录时，页面将显示此站点的目录列表，进而客户端便知悉了此站点的树。建议不要开放此权限，以免给恶意客户提供有利攻击的信息。

（6）单击"下一步"按钮，进入"成功完成 Web 站点创建向导"对话框，单击"完成"按钮，完成新建过程。

创建完新的 Web 站点后，在"Internet 信息服务（IIS）管理器"中就可以看到刚刚创建的 Web 站点。

启动新建的 Web 站点，停止默认站点，在 IE 地址栏中输入该 Web 服务器的 URL，即可自动打开该 Web 站点用户主目录中的 index.htm 或者 default.htm。

5.3.6　网站的配置

网站创建好以后，可以在"Internet 信息服务（IIS）管理器"中用鼠标右键单击该网站，在弹出的快捷菜单中选择"属性"选项，打开"站点属性"对话框，对网站的各选项卡进行详细配置。

1. 配置"网站"选项卡

"网站属性"对话框的"网站"选项卡如图 5-18 所示。

（1）在"网站标识"选项组的"描述"文本框中输入网站的名称，即在 IIS 控制台中看到的 Web 站点名称。

在"IP 地址"下拉列表中指定一个 IP 地址或输入用于访问该站点的新 IP 地址。如果没有分配指定的 IP 地址，则此站点将响应分配给该计算机但没有分配给其他站点的所有 IP 地址，使它成为默认网站。

单击"高级"按钮，打开"高级网络标识"对话框，如果需要输入不同的域名、不同的 IP 地址，或者同一个 IP 地址不同 TCP 端口所打开的 Web 服务器站点的内容相同时，可以在此对话框中将其他网站标识加到此计算机上。

单击"添加"按钮，打开"添加／编辑网站标识"对话框，在"IP 地址"下拉列表框中选择或设置 IP 地址，在"TCP 端口"文本框中设置使用的端口，在"主机头值"文本框中输入网站的域名，但该域名只有与 DNS 服务器配合才能使用。

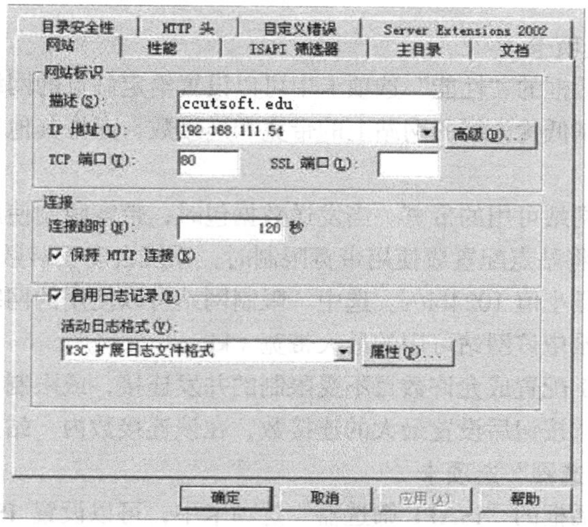

图 5-18　网站属性——"网站"选项卡

采用如上方法设置后，当客户端访问 IP 地址为"192.168.111.54"和"192.168.111.55"的 Web 站点时，看到的内容是相同的。

（2）在"TCP 端口"文本框中输入运行 Web 服务器的 TCP 端口，默认值是 80。也可以将端口更改成唯一的 TCP 端口号，但如果更改端口号，则必须预先通知客户端，让客户端请求该端口号，否则客户端的请求将无法连接到 Web 服务器上。TCP 端口号是必需的，不能为空。

在"SSL 端口"文本框中输入与该网站标识相关的 SSL（安全套接层）端口，默认端口号为 443。同样也可更改成任何唯一端口号，但也要预先通知客户端，以便让客户端请求更改的端口号。只有使用 SSL 加密时，才需要此端口号。如果站点没有启用 SSL 加密，则该文本框不可用。

（3）"连接"对话框用来设置连接参数，可以以秒为单位设置服务器断开不活动用户连接之前的时间，以确保在 HTTP 无法关闭某个连接时，关闭所有的连接。

"保持 HTTP 连接"是指服务器在 Web 浏览器的多个请求中保持连接状态，它可以极大地增强服务器性能的 HTTP 规范。采用此性能，Web 浏览器不必再为包含多个元素的页面进行大量的连接请求。如果为每个元素都进行单独连接，这些额外的请求和连接要求额外的服务器活动的资源，这将降低服务器的效率。在安装时，默认选中此复选框。

（4）选中"启用日志记录"复选框启用网站的日志记录功能，它可以记录关于用户活动的细节并按所选格式创建日志。活动日志格式有 4 种。

● Microsoft IIS 日志文件格式：一种固定的 ASCII 格式。
● NCSA 共用日志文件格式：一种固定的 ASCII 格式。
● ODBC 日志记录：一种记录到数据库的固定格式，与该数据库兼容。
● W3C 扩展日志文件格式：一种可自定义的 ASCII 格式，默认时选择此格式。要记录进程信息，就必须选择该格式。

单击"属性"按钮，打开"日志记录属性"对话框，在"常规"选项卡中可以指定创建和保存日志文件的方法。在"日志文件目录"文本框中会显示日志文件名，此名称由日志文件的格式和用于启动新日志文件的条件决定。

在"日志记录属性"对话框的"高级"选项卡中选择要在日志文件中记录的字段，以自定义 W3C 扩展日志记录。

2. 配置"性能"选项卡

在"网站属性"对话框的"性能"选项卡中可以设置给定站点的网络带宽，以控制该站点允许的流量。可以通过限制低优先级的网站上的带宽和连接数，允许其他高优先级站点处理更多的流量限制。

带宽限制：限制该网站可用的带宽。当发送数据包时，带宽限制使用数据包计划程序进行管理。当使用 IIS 管理器将站点配置成使用带宽限制时，系统自动安装数据包计划程序，并且 IIS 自动将带宽限制设置成最小值 1024bit/s。选中"限制网站可以使用的网络带宽"复选框，在"最大带宽"文本框中设置希望该网站可用的最大带宽（kbyte／s）。

网络连接：可将 IIS 配置成允许数目不受限制的并发连接，或限制该网站接收的连接数。如果在"连接限制为"单选按钮后设置最大的连接数，在该连接数内，站点可以保持性能的稳定。

3. 配置"ISAPI 筛选器"选项卡

在"网站属性"对话框的"ISAPI 筛选器"选项卡中，可以设置 ISAPI 筛选器选项。ISAPI 筛选器是在处理 HTTP 请求过程中响应事件的程序。列出了每个筛选器的状态（可以启动或禁用）、文件名以及加载到内存的优先级。只能更改具有相同优先级的筛选器的执行顺序。

4. 配置"主目录"选项卡

"网站属性"对话框中的"主目录"选项卡，如图 5-19 所示。

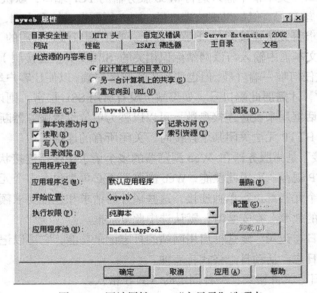

图 5-19　网站属性——"主目录"选项卡

（1）在"此资源的内容来自"中默认选中"此计算机上的目录"单选按钮，该选项允许用户访问计算机上的指定目录，以便查看或更新 Web 内容。在"本地路径"文本框中设置目录名称。并可以设置客户端对该 Web 站点的访问权限。有关权限的设置可参考 5.3 节的内容。

（2）"应用程序设置"选项组包括以下选项。

●"应用程序名"文本框：输入根目录的名称。

- "开始位置"文本框：显示应用程序在其上配置的配置数据库节点。
- "执行权限"下拉列表框：设置该站点资源许可的程序执行级别。"无"是限制只能访问静态文件，如 HTML 或图像文件；"纯脚本"只允许运行纯脚本，而不运行可执行程序；"脚本和可执行文件"可以删除所有限制，以便所有文件类型均可以访问或执行。
- "应用程序池"下拉列表框：设置该主目录相关联的应用程序池。

（3）如果在"此资源的内容来自"中选择"另一台计算机上的共享"，则允许用户查看或更新与该计算机有活动连接的其他计算机上的 Web 内容，如果管理员具有远程计算机上的管理权限，可以通过执行任何的 Windows 安全方法来控制对其内容的访问。

在"网络目录"文本框中输入服务器名和目录名，单击"连接为"，可以输入网络用户名和密码信息。

（4）如果在"此资源的内容来自"中选择"重定向到 URL"，则在"重定向到"文本框中输入 URL，将客户端应用程序重定向到其他网站或虚拟目录。

"客户端将定向到"有 3 个复选框。

- 上面输入的准确 URL：该选项可以将虚拟目录重定向到目标 URL，而不添加原始 URL 的任何其他部分。可以使用该选项将整个虚拟目录重定向到一个文件。
- 输入的 URL 下的目录：该选项可以将父目录重定向到子目录。如果将主目录重定向到某个子目录，则要在"重定向到"文本框中输入"／子目录名"，然后选中该选项。如果不使用该选项，那么 Web 服务器会不断地将父目录映射到自身。
- 资源的永久重定向：此选项可以将下列消息发送到客户端："301 永久重定向"。重定向被视为临时性的，并且客户端浏览器将接收到以下消息："302 临时重定向"。某些浏览器可以使用"301 永久重定向"消息作为永久更改 URL 的信号。

5. 配置"文档"选项卡

"网站属性"对话框的"文档"选项卡如图 5-20 所示，可以在此选项卡中定义站点的默认网页并在站点文档中附加页脚。

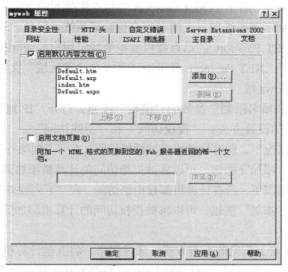

图 5-20　网站属性——"文档"选项卡

选中"启用默认内容文档"复选框，在浏览器请求访问该 Web 站点时，如果没有指定文档名称，则默认按照列表中的文档次序提供给浏览器。默认文档可以是目录主页或包含站点文档目录列表的索引页。多个文档可以按照自上而下的搜索顺序列出。

选中"启用文档页脚"复选框，可以将 Web 服务器配置成自动附加页脚到 Web 服务器返回的所有文档中。页脚文件不是完整的 HTML 文档，它是只包含格式化页脚内容的外观和功能时必要的 HTML 标记。

6. 配置"目录安全性"选项卡

"网站属性"对话框的"目录安全性"选项卡用于设置 IIS 的安全性功能。

（1）身份验证和访问控制：用于设置可以访问 Web 服务器的用户、验证用户身份的方法。单击"编辑"按钮，打开"身份验证方法"对话框。

选中"匿名访问"复选框，表明可以为用户建立匿名连接，用户可以使用匿名来宾账户登录到 IIS，默认情况下，服务器创建和使用账户"IUSR_计算机名"。

"用户访问需经过身份验证"参数用于设置非匿名访问的用户的身份验证方法。要求在访问服务器上的任何信息前，必须提供有效的 Windows 用户名和密码。有 4 种验证访问方法。

- 集成 Windows 身份验证：选择该选项可以确保用户名和密码是以哈希值的形式通过网络发送的。这提供了一种身份验证的安全形式，表明使用与用户的 Web 浏览器交换密码确认用户的身份。
- 摘要式身份验证：若选中仅与 Active Directory 一起工作，则在网络上发送哈希值而不是明文密码。摘要式身份验证通过代理服务器和其他防火墙一起工作，并且在 Web 分布式创作及版本控制目录中可用。
- 基本身份验证：选中该复选框，表明以明文（非加密的形式）在网络上传输密码。基本身份验证是 HTTP 规范的一部分并被大多数浏览器支持；但是，由于用户名和密码没有加密，因此可能存在安全性风险。
- .NET Passport：选择该复选框，可以启用网站上的.NET Passport 身份验证服务。.NET Passport 允许站点的用户创建单个易记的登录名和密码，保证所有启用.NET Passport 的网站和服务访问的安全。启用了.NET Passport 的站点依赖 NET Passport 中央服务器来对用户进行身份验证，而不需要维护自己的专用身份验证系统。但是，.NET Passport 中央服务器不对单个启用 .NET Passport 的站点授权或拒绝特定用户的访问权限。网站行使控制用户权限的职责。使用 .NET Passport 身份验证要求在"默认域"文本框中输入用于用户身份验证控制的 Windows 域。

（2）单击"IP 地址和域名限制"参数的"编辑"按钮，打开"IP 地址和域名限制"对话框，有两种限制 IP 地址访问的设置方法："授权访问"和"拒绝访问"。

- 授权访问：默认情况下，所有计算机都被授权访问，在"下列除外"列表框中的计算机将被拒绝访问。单击"添加"按钮，可以将被拒绝访问的计算机添加到"下列除外"列表框中。
- 拒绝访问：默认情况下，所有计算机都被拒绝访问，在"下列除外"列表框中的计算机将被授权访问，单击"添加"按钮，可以将被授权访问的计算机添加到"下列除外"列表框中。

7. 创建虚拟目录

虚拟目录是 Web 站点上信息的发布方式。通过网络，将其他计算机的目录映射为 Web 站点主目录中的文件夹。在建设网站时，可以将网站的内容存放在不同的硬盘或者不同的计算机上，通过映射成为 Web 服务器的虚拟目录来使用，这样可以避免主目录空间达到极限的缺点。

另外，使用虚拟目录，当数据移动时不会影响 Web 站点的结构。如果存放网站内容的文件夹发生变化，则只要将该虚拟目录重新指向到新的文件夹即可。

建立虚拟目录的步骤如下。

（1）在"Internet 信息服务（IIS）管理器"对话框中，用鼠标右键单击站点名称，从弹出的快捷菜单中选择"新建"→"虚拟目录"。

（2）出现创建虚拟目录向导的欢迎界面，单击"下一步"按钮，打开"虚拟目录别名"对话框，如图 5-21 所示。虚拟目录别名用于在网站中标识物理上实际的目录。虚拟目录名称不能与网站中已经存在的物理目录名称或已有的虚拟目录名称相同。

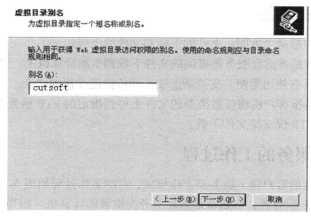

图 5-21　"虚拟目录别名"对话框

在"别名"文本框中输入虚拟目录名称，如果是在网站根目录下建立的虚拟目录，则访问形式为："http://网站的 IP 地址/虚拟目录名"，虚拟目录允许嵌套在网站目录或者虚拟目录下使用。完成设置后单击"下一步"按钮。

（3）出现"网站内容目录"对话框，该对话框用于设置虚拟目录代表的后台实际物理路径，在"路径"文本框中输入物理路径，然后单击"下一步"按钮。

（4）出现"网络访问权限"对话框，可以设置浏览器访问虚拟目录的权限，设置完毕后单击"下一步"按钮。

（5）出现创建虚拟目录完成界面，单击"完成"按钮，完成虚拟目录的创建。

（6）在"Internet 信息服务（IIS）管理器"对话框中，在创建的站点下可以看到虚拟目录。

（7）用鼠标右键单击虚拟目录，在弹出的快捷菜单中选择"属性"，出现"虚拟目录属性"对话框的"虚拟目录"选项卡，在该选项卡中可以配置虚拟目录。

5.4　FTP 文件传输协议

5.4.1　FTP 简介

文件传输服务是 Internet 中最早提供的服务功能之一。文件传输服务提供了在 Internet 的任意两台计算机之间相互传输文件的机制，它是广大用户获得丰富的 Internet 资源的重要方法之一。

文件传输协议 FTP 是 Internet 上使用最广泛的文件传送协议。它允许用户将文件从一台计算机传到另一台计算机上，并且能保证传输的可靠性。因此，人们通常将文件传输服务称为 FTP 服务。

由于采用 TCP／IP 作为 Internet 的基本协议。无论两台 Internet 上的计算机在地理位置上相距多远，只要它们都支持 FTP，就可以相互传送文件。这样做不仅可以节省实时联机的通信费用，而且可以方便地阅读与处理传输过来的文件。同时，采用 FTP 传输文件时，不需要对文件进行复杂的转换，因此具有较高的效率。Internet 与 FTP 的结合，好像使每个联网的计算机都拥有了一个容量巨大的备份文件库，这是单个计算机无法比拟的优势。

5.4.2 FTP 的功能

FTP 的主要功能包括两个方面：文件的下载和文件的上传。

（1）文件的下载就是将远程服务器提供的文件下载到本地计算机上。使用 FTP 实现的文件下载与 HTTP 相比较，具有使用简便、支持断点续传和传输速度快的优点。

（2）文件的上传是指客户机将任意类型的文件上传到指定的 FTP 服务器上。FTP 服务支持文件上传和下载，而 HTTP 仅支持文件下载。

5.4.3 FTP 服务的工作过程

FTP 服务采用典型的客户机／服务器工作模式，它的工作过程如图 5-22 所示。远程提供 FTP 服务的计算机称为 FTP 服务器，它通常是信息服务提供者的计算机，相当于一个大的文件仓库；用户的本地计算机称为客户机。文件从 FTP 服务器传输到客户机的过程称为下载；文件从客户机传输到 FTP 服务器的过程称为上载。

FTP 的底层通信协议是 TCP／IP，客户机和服务器必须打开一个 TCP／IP 端口用于 FTP 客户机发送请求和 FTP 服务器回应请求。

FTP 服务器默认设置两个端口 21 和 20。端口 21 用于监听 FTP 客户机的连接请求，在整个会话期间，该端口必须一直打开。端口 20 用于传输文件，只在传输过程中打开，传输完毕后关闭。由于 FTP 使用两个不同的端口号，因此数据连接与控制连接不会发生混乱。

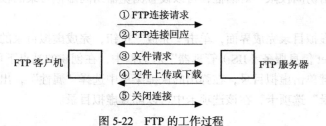

图 5-22 FTP 的工作过程

使用两个独立连接的主要好处是使协议更加简单和更容易实现，同时在传输文件时，还可以利用控制连接。

5.4.4 FTP 的访问方式

FTP 服务是一种实时的联机服务。访问 FTP 服务器前必须登录，登录时要求用户正确键入自己的用户名与密码。只有登录成功后，才能访问 FTP 服务器，并对授权的文件进行查看与传输。根据所使用的用户账号的不同，可以将 FTP 服务分为普通 FTP 与匿名 FTP 服务两种类型。

　　普通 FTP 服务要求用户在登录时提供正确的用户名和密码，也就是说用户必须在远程主机上拥有自己的账号，否则将无法使用 FTP 服务。这对于大量没有账号的用户是不方便的。

　　匿名 FTP 服务的实质是提供服务的机构在它的 FTP 服务器上建立一个公开账号（通常为 anonymous），并赋予该账号访问公共目录的权限。用户要访问这些提供匿名服务的 FTP 服务器时，一般不需要输入用户名与密码。如果需要输入它们，可以用 "anonymous" 作为用户名，用 "ccutsoft" 作为用户密码。有些 FTP 服务器可能会要求用户用自己的电子邮件地址作为用户密码。

5.4.5　创建 FTP 服务器

　　在 Windows Server 2003 提供的 IIS 6.0 服务器中内嵌了 FTP 服务器软件，但在 Windows Server 2003 的默认安装过程中没有安装，手动安装 FTP 服务器的步骤如下。

　　（1）执行"开始"→"控制面板"→"添加／删除程序"→"添加／删除 Windows 组件"。

　　（2）打开 Windows 组件向导界面，在"组件"列表框中选中"应用程序服务器"选项，单击"详细信息"按钮。

　　（3）打开应用程序服务器界面，在"应用程序服务器的子组件"列表框中选中"Internet 信息服务（IIS）"选项，单击"详细信息"按钮。

　　（4）出现 Internet 信息服务（IIS）界面，在"Internet 信息服务（IIS）的子组件"列表框中选中"文件传输协议（FTP）服务"选项，单击"确定"按钮。将 Windows Server 2003 的安装光盘放入光驱中，计算机自动完成 FTP 服务的安装过程。

5.4.6　管理 FTP 服务器

　　执行"开始"→"管理工具"→"Internet 信息服务（IIS）管理器"，打开"Internet 信息服务（IIS）管理器"界面，如图 5-23 所示。系统已默认建立了名为"默认 FTP 站点"的 FTP 站点，并在 TCP/IP 的 21 端口开始提供服务。在右边的"FTP 站点列表"中选中"默认 FTP 站点"，用鼠标右键单击，在弹出的快捷菜单中选择"属性"，对 FTP 站点进行配置。

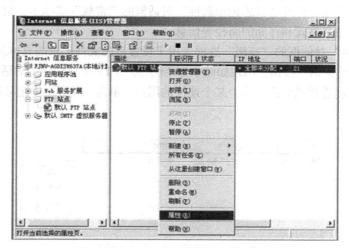

图 5-23　Internet 信息服务（IIS）管理器

1. 配置 "FTP 站点" 选项卡

"FTP 站点"选项卡如图 5-24 所示。

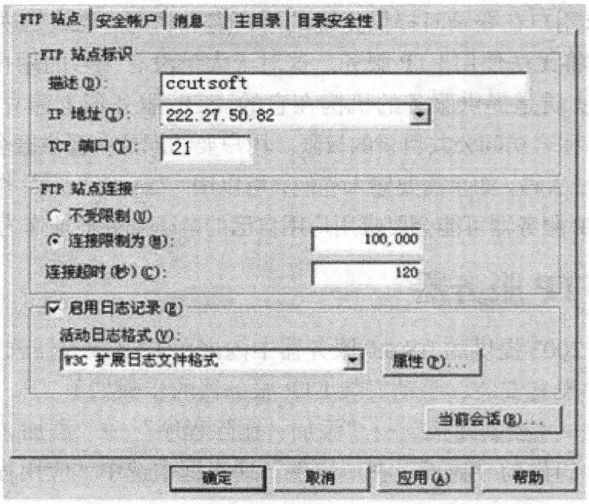

图 5-24　默认 FTP 站点属性——"FTP 站点"选项卡

（1）"FTP 站点标识"参数。

在"描述"文本框中输入对该 FTP 站点的描述信息，在"IP 地址"下拉列表框中选择该 FTP 站点的 IP 地址，在"TCP 端口"文本框中设置该 FTP 站点默认的端口。

（2）"FTP 站点连接"参数。

选中"不受限制"单选按钮，不限制同时连接到 FTP 服务器的用户数，选中"连接限制为"单选按钮，在文本框中输入管理员要限制的同时连接用户数，在"连接超时（秒）"文本框中设置用户连接服务器后没有相关操作的时间间隔，超过这个时间间隔，服务器将自动断开用户的连接。

（3）"启用日志记录"参数。

设置是否启用服务器日志来记录客户机的访问情况，以及使用的日志文件的格式。

单击"属性"按钮，打开"日志记录属性"对话框的"常规"选项卡，可以设置日志记录的时间、日志文件的命名格式和存储的路径等信息。

"日志记录属性"对话框的"高级"选项卡用于设置日志文件记录的具体属性。

（4）单击"当前会话"按钮，出现如图 5-25 所示的"FTP 用户会话"对话框，列举了连接的用户、IP 地址和已经连接的时间。选中某个连接的用户，单击"断开"按钮可以强行断开 FTP 客户机的连接。

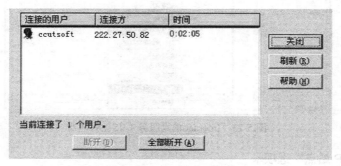

图 5-25　"FTP 用户会话"对话框

2. 配置"安全账户"选项卡

FTP 站点的"安全账户"选项卡如图 5-26 所示。

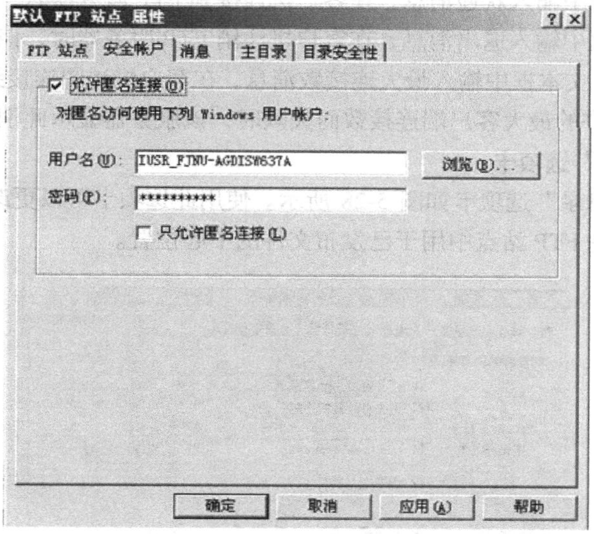

图 5-26　默认 FTP 站点属性——"安全账户"选项卡

选中"允许匿名连接"复选框，表明任何用户都可以作为匿名用户登录到 FTP 站点，默认情况下，所有的匿名登录创建名为"IUSR_计算机名"的账号，如果不选中该项，则用户登录 FTP 站点时需要提供用户名和密码，但由于 FTP 使用明文传送账号和密码，因此安全性较差。

选中"只允许匿名连接"复选框，表明用户不能使用用户登录，只能使用匿名登录。单击"浏览"按钮，可以添加用户能够登录的用户名和密码。

3. 配置"消息"选项卡

FTP 站点的"消息"选项卡如图 5-27 所示。使用该选项卡可以创建在用户连接到 FTP 站点时显示的标题、欢迎、退出和用户连接达到最大连接用户数的消息。

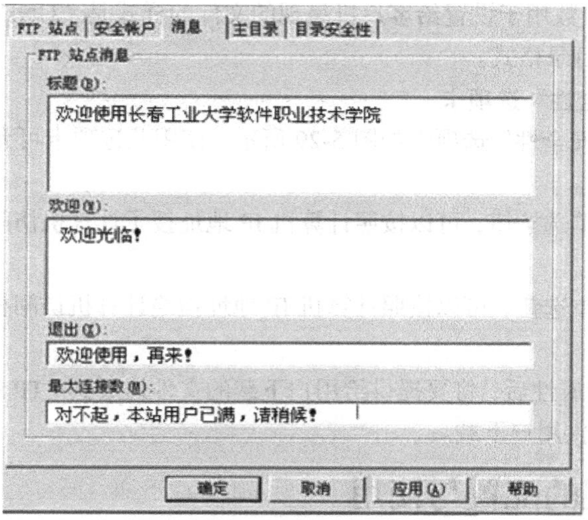

图 5-27　默认 FTP 站点属性——"消息"选项卡

在"标题"文本框中输入标题消息,在客户机连接到 FTP 服务器之前,该服务器显示此消息。

在"欢迎"文本框中输入欢迎消息,在客户机连接到 FTP 服务器时,该服务器显示该消息。

在"退出"文本框中输入退出消息,在客户机注销 FTP 服务器时,该服务器显示此消息。

在"最大连接数"文本框中输入最大连接数消息,在客户机试图连接到 FTP 服务器,但由于该 FTP 服务已达到允许的最大客户端连接数而失败时,该服务器显示此消息。

4. 配置"主目录"选项卡

FTP 站点的"主目录"选项卡如图 5-28 所示。使用此选项卡可以更改 FTP 站点的主目录或修改其属性,主目录是 FTP 站点中用于已发布文件的中心位置。

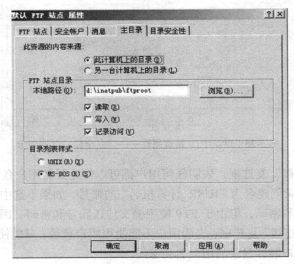

图 5-28 默认 FTP 站点属性——"主目录"选项卡

"此资源的内容来源"参数用于设置主目录的来源,"FTP 站点目录"设置存放文件的站点目录。对目录可以设置"读取"、"写入"和"记录访问"3 种权限。

"目录列表样式"参数用于设置给客户机呈现的文件的样式是"UNIX"的文件目录格式,还是"MS-DOS"的文件目录格式。

5. 配置"目录安全性"选项卡

FTP 站点的"目录安全性"选项卡如图 5-29 所示。使用此选项卡可允许或阻止单个计算机或计算机组访问 FTP 站点。

选中"授权访问"单选按钮,可以按照计算机 IP 地址授予计算机访问权限,没有添加到列表中的计算机将不能访问。

选中"拒绝访问"单选钮,可以按照计算机 IP 地址拒绝计算机访问权限,没有添加到列表中的计算机将可以访问。

设置好 FTP 服务器属性后,将要提供给用户下载的文件拷贝到 FTP 站点"主目录"选项卡中设置的主目录下,即可供用户下载。

5.4.7 客户端的配置与使用

目前,常用的 FTP 客户端程序通常有 3 种类型:传统的 FTP 命令行、浏览器与 FTP 下载工具。

1. 使用传统 FTP 命令行访问 FTP 站点

传统的 FTP 命令行是最早的 FTP 客户端程序，它需要进入 MS-DOS 窗口，FTP 命令行包括了 50 多条命令。常用的命令格式如下。

（1）FTP 主机名。

用于连接到 FTP 站点。以 anonymous 为用户名，密码为空；或以 ftp 为用户名，密码为 ftp。

（2）open 主机名端口。

用于打开具有特定端口号的 FTP 站点，如图 5-29 所示。

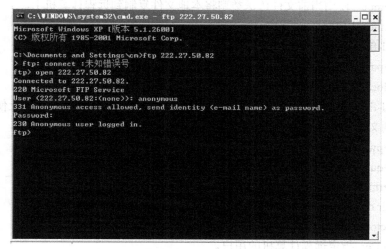

图 5-29 访问特定端口号的 FTP 站点

（3）FTP>bye 结束与远程计算机的 FTP 会话并退出 FTP。

（4）FTP>cd 更改远程计算机上的工作目录。

（5）FTP>delete 删除远程计算机上的文件。

（6）FTP>dir 显示远程目录文件和子目录列表。

格式：remote-directory 指定要查看其列表的目录。如果没有指定目录，则使用远程计算机中的当前工作目录。Local-file 指定要存储列表的本地文件。如果没有指定，则输出将显示在屏幕上。

（7）FTP>get 使用当前文件转换类型将远程文件复制到本地计算机。

格式：get remote-file [local-file]

说明：remote-file 指定要复制的远程文件。Local-file 指定要在本地计算机上使用的名称。如果没有指定，则文件命名为 remote-file。

（8）FTP>help [command]。

说明：command 指定需要有关说明的命令的名称。如果没有指定 command，则 FTP 将显示全部命令的列表。

（9）FTP>ls 显示远程目录文件和子目录的缩写列表。

格式：ls [remote-directory] [local-file]

说明：remote-directory 指定要查看其列表的目录。如果没有指定目录，则使用远程计算机中的当前工作目录。

Local-file 指定要存储列表的本地文件。如果没有指定，则输出显示在屏幕上。

（10）FTP>mkdir 创建远程目录。

格式：mkdir directory

说明：directory 指定新的远程目录的名称。

（11）FTP>mls 显示远程目录文件和子目录的缩写列表。

格式：mls remote-files […] local-file

说明：remote-files 指定要查看列表的文件。必须指定 remote-files，local-file 指定要存储列表的本地文件。

（12）FTP>mput 使用当前文件传送类型将本地文件复制到远程计算机上。

格式：mput local-files […]

说明：local-files 指定要复制到远程计算机的本地文件。

（13）FTP>put 使用当前文件传送类型将本地文件复制到远程计算机上。

格式：put local-file [remote-file]

说明：local-file 指定要复制的本地文件。remote-file 指定要在远程计算机上使用的名称。如果没有指定，则文件命名为 local-file。

（14）FTP>pwd 显示远程计算机上的当前目录。

（15）FTP>quit 结束与远程计算机的 FTP 会话并退出 FTP。

（16）FTP>rmdir 删除远程目录。

格式：rmdir directory

说明：directory 指定要删除的远程目录的名称。

（17）FTP>user 指定远程计算机的用户。

格式：user username [password] [account]

说明：user name 指定登录到远程计算机所使用的用户名。

password 指定 user-name 的密码。如果没有指定，但必须指定，FTP 会提示输入密码。

account 指定登录到远程计算机所使用的账户。如果没有指定 account，但是需要指定，FTP 会提示输入账户。

通过上述的 FTP 命令，可以完成 FTP 的功能。但由于 DOS 方式使用起来很不方便，可视化程度差，不适合一般用户使用，因此目前很少使用。

2. 利用 IE 浏览器访问 FTP 站点

Microsoft 的 IE 浏览器内嵌了 FTP 客户机软件，不但支持 WWW 方式访问，还支持 FTP 方式访问，通过 IE 可以直接登录到 FTP 服务器并下载文件。

利用 IE 8.0 访问 FTP 站点的方法如下。

若要访问的 FTP 站点为匿名站点，则在 IE 浏览器的地址栏输入"ftp://FTP 站点的 IP 地址或 DNS 域名"。

如果 FTP 站点提供的是用户访问的方法，则在 IE 浏览器的地址栏中需要添加用户名和密码信息，格式为："ftp://用户名：密码@FTP 站点的 IP 地址或 DNS 域名"。也可以按照匿名访问的方法进行访问，IE 浏览器会自动弹出登录身份窗口，提示输入用户名和密码。

3. 使用专门的 FTP 客户端软件

下面以 CuteFTP 为例，介绍如何利用 FTP 客户端软件实现客户端与 FTP 服务器之间的文件上传和下载。

（1）打开 CuteFTP，在 CuteFTP 工作窗口中的"主机"文本框中输入 FTP 服务器的 IP 地址，在"用户名"文本框中输入登录到 FTP 服务器上的有效用户名，在"密码"文本框中输入密码，如图 5-30 所示。

图 5-30　CuteFTP 的工作窗口

（2）单击"连接"按钮，FTP 客户端开始与 FTP 服务器进行连接，连接成功后，在右侧窗口中出现 FTP 服务器主目录下的所有文件，左侧窗口中显示客户端计算机中的文件。

（3）选中左侧窗口中的某一文件，单击"传输"菜单下的"上传"，可以将客户端计算机中的文件上传到 FTP 服务器。

（4）选中右侧窗口中的某一文件，单击"传输"菜单下的"下载"，可以将 FTP 服务器上的文件下载到客户端计算机上。

习　题　五

一、选择题

1. 下列哪项不是 DNS 域名解析的主要方法？（　　　）

　　A. 递归查询法　　　　B. 反向查询法　　　　C. 侧面查询法　　　　D. 叠代查询法

2. 下列哪项不是应用层协议？（　　　）

　　A. FTP　　　　　　　　B. RIP　　　　　　　　C. HTTP　　　　　　　D. DNS

3. 关于 DHCP 工作过程错误的是（　　　）。

　　A. 检查　　　　　　　　B. 请求　　　　　　　　C. 确认　　　　　　　D. 提供

4. 以下属于万维网协议的是（　　　）。

　　A. POP3　　　　　　　B. DHCP　　　　　　　C. HTTP　　　　　　　D. ARP

5. ABC 公司网站上提供了 ABC 全球各公司的链接网址，其中 www.abc.com.cn 表示 ABC（　　　）公司的网站。

　　A. 中国　　　　　　　　B. 美国　　　　　　　　C. 奥地利　　　　　　D. 匈牙利

6. Windows 系统中 FTP 匿名登录的用户名是（　　　）。

    A. 由使用者设定　　　　　　　　　　　　B. 不用输入

    C. anonymous　　　　　　　　　　　　　D. admin

7. FTP 目录可以设置"读取"、"写入"和"（　　　）"3 种权限。

    A. 读取、写入　　　B. 记录访问　　　　C. 只读　　　　　　D. 只写

二、填空题

1. 常用的 FTP 客户端程序通常有_____、_____和_____类型。

2. DHCP 超级作用域选项类别为_____和_____。

3. FTP 的访问方式有_____和_____ 2 种类型。

4. FTP 的主要功能包括_____和_____两个方面。

5. FTP 客户端想要从 FTP 的服务器下载文件，应该输入_____命令。

6. DHCP 创建多播作用域在网络中计算机之间的通信方式有 3 种：_____、_____和_____。

7. Web 用户访问需经过身份验证参数用于设置非匿名访问的用户的身份验证方法有 4 种_____、_____、_____和_____。

三、简答题

1. FTP 是面向连接服务器，还是面向无连接服务器？

2. 学生 A 希望访问网站 www.ccutsoft.com，A 在其浏览器中输入 http:// www.ccutsoft.com 并按回车，直到网站首页显示在其浏览器中。请问：在此过程中，按照 TCP/IP 参考模型，从应用层到网络层都用到了哪些协议？

3. 什么是 DNS？简要说明域名是如何转化 IP 地址的。

第6章
网络安全

6.1　网络安全概述

6.1.1　网络安全研究背景

20世纪40年代，随着计算机的出现，计算机安全问题也随之产生。计算机在社会各个领域的广泛应用和迅速普及，使人类社会步入信息时代，以计算机为核心的安全、保密问题越来越突出。

20世纪70年代以来，在应用和普及的基础上，以计算机网络为主体的信息处理系统迅速发展，计算机应用也逐渐向网络发展。网络化的信息系统集通信、计算机和信息处理于一体，是现代社会不可缺少的基础。计算机应用发展到网络阶段后，信息安全技术得到迅速发展，原有的计算机安全问题增加了许多新的内容。

同以前的计算机安全保密相比，计算机网络安全技术的问题要多得多，也复杂得多，涉及物理环境、硬件、软件、数据、传输、体系结构等各个方面。除了传统的安全保密理论、技术及单机的安全问题以外，计算机网络安全技术包括了计算机安全、通信安全、访问控制安全，以及安全管理和法律制裁等诸多内容，并逐渐形成独立的学科体系。

换一个角度讲，当今社会是一个信息化社会，计算机通信网络在政治、军事、金融、商业、交通、电信、文教等方面的作用日益增大。社会对计算机网络的依赖也日益增强，尤其是计算机技术和通信技术相结合所形成的信息基础设施已经成为反映信息社会特征最重要的基础设施。人们建立了各种各样完备的信息系统，使得人类社会的一些机密和财富高度集于计算机中。但是这些信息系统都是依靠计算机网络接收和处理信息，实现其相互间的联系和对目标的管理、控制。以网络方式获得信息和交流信息已成为现代信息社会的一个重要特征。随着网络的开放性、共享性及互连程度的扩大，特别是Internet的出现，网络的重要性和对社会的影响也越来越大。随着网络上各种新业务，如电子商务（electronic commerce）、电子现金（electronic cash）、数字货币（digital cash）、网络银行（network bank）等的兴起，以及各种专用网（如金融网等）的建设，安全问题显得越来越重要，因此对网络安全的研究成了现在计算机和通信界的一个热点。

一、什么是安全

简单地说，网络环境中的安全是指一种能够识别和消除不安全因素的能力。安全的一般性定义也必须解决保护财产的需要，包括信息和物理设备（如计算机本身）。安全的想法也涉及适宜性和从属性概念。负责安全的任何一个人都必须决定谁在具体的设备上进行合适的操作，以及什么时候。当涉及公司安全时，什么是适宜的，在公司与公司之间是不同的，但是任何一个具有网络的公司都必须具有一个解决适宜性、从属性和物理安全问题的安全政策。

随着现代的、先进的复杂技术的发展，如局域网和广域网、Internet，安全的想法和实际操作已变得更加复杂，对于网络来说，安全定义为一个持续的过程。

1．计算机网络安全的重要性

（1）计算机存储和处理的是有关国家安全的政治、经济、军事、国防的情况及一些部门、机构、组织的机密信息或是个人的敏感信息、隐私，因此成为敌对势力、不法分子的攻击目标。

（2）随着计算机系统功能的日益完善和速度的不断提高，系统组成越来越复杂、系统规模越来越大，特别是 Internet 的迅速发展，存取控制、逻辑连接数量不断增加，软件规模空前膨胀，任何隐含的缺陷、失误都能造成巨大损失。

（3）人们对计算机系统的需求在不断扩大，这类需求在许多方面都是不可逆转、不可替代的。

（4）随着计算机系统的广泛应用，各类应用人员队伍迅速发展壮大，教育和培训却往往跟不上知识更新的需要，操作人员、编程人员和系统分析人员的失误和缺乏经验都会造成系统的安全功能不足。

2．计算机网络安全问题涉及的领域

自然科学，又包括社会科学。就计算机系统的应用而言，安全技术涉及计算机技术、通信技术、存取控制技术、检验认证技术、容错技术、加密技术、防病毒技术、抗干扰技术、防泄漏技术，等等，因此是一个非常复杂的综合问题，并且其技术、方法和措施都要随着系统应用环境的变化而不断变化。

学习计算机网络安全技术的目的不是要把计算机系统武装到百分之百安全，而是使之达到相当高的水平，使入侵者的非法行为变得极为困难、危险、耗资巨大，获得的价值远不及付出的代价高。

在网络环境中，安全是一种能够识别和消除不安全因素的能力。从认识论的高度看，人们往往首先关注对系统的需要、功能，然后才被动地从现象注意系统应用的安全问题。因此广泛存在着重应用轻安全、质量法律意识淡薄的现象。计算机系统的安全是相对不安全而言的，许多危险、隐患和攻击都是隐藏的、潜在的、难以明确却又广泛存在的。

二、网络安全潜在的威胁

1．计算机网络面临的威胁

计算机网络所面临的威胁大体可分为以下两种。

（1）对网络中信息的威胁。

（2）对网络中设备的威胁。

影响计算机网络的因素很多，有些因素可能是有意的，也可能是无意的；可能是人为的，也可能是非人为的；也有可能是外来黑客对网络系统资源的非法使用。

2．网络安全面临的主要威胁

网络安全所面临的主要潜在威胁有以下几个方面。

（1）信息泄密。主要表现为网络上的信息被窃听，这种仅窃听而不破坏网络中传输信息的网络侵犯者被称为消极侵犯者。

（2）信息被篡改。这是纯粹的信息破坏。这样的网络侵犯者被称为积极侵犯者。积极侵犯者截取网上的信息包，并对之进行更改使之失效，或者故意添加一些有利于自己的信息起到信息误导的作用。积极侵犯者的破坏作用最大。

（3）传输非法信息流。用户可能允许自己与其他用户进行某些类型的通信，但禁止其他类型的通信。例如，允许电子邮件传输而禁止文件传送。

（4）网络资源的错误使用。如果不合理地设定资源访问控制，一些资源有可能被偶然或故意地破坏。

（5）非法使用网络资源。非法用户登录进入系统使用网络资源，造成资源消耗，损害合法用户的利益。

（6）计算机病毒已经成为网络安全的最大威胁。

6.1.2　网络中存在的不安全因素

网络所带来的诸多不安全因素使得网络使用者不得不采取相应的网络安全对策。为了堵住安全漏洞和提供安全的通信服务，必须运用一定的技术来对网络进行安全建设，建立完善的法律、法规以及完善管理制度，提高人们的安全意识，这已为广大网络开发商和网络用户的共识。

依据网络与信息所面临的威胁可将网络及信息的不安全因素归结为以下几类：自然灾害、人为灾害、系统物理故障、人为的无意失误、网络软件的缺陷、计算机病毒、法规与管理不健全。

1．自然灾害

自然灾害是指水灾、火灾、地震、雷击、台风及其他自然现象造成的灾害。

2．人为灾害

人为灾害是指战争、纵火、盗窃设备及其他影响到网络物理设备的犯罪等。

以上这些情况虽然发生的概率很小，但也不容忽视。

3．系统物理故障

系统物理故障是指硬件故障、软件故障、网络故障和设备环境故障等。

电子技术的发展使电子设备出故障的概率在几十年里一降再降，许多设备在它们的使用期内根本不会出错。但是由于计算机和网络的电子设备往往极多，故障还是时有发生。由于器件老化、电源不稳、设备环境等很多问题使计算机或网络的部分设备暂时或者永久失效。这些故障一般都具有突发的特点。

对付电子设备故障的方法是及时更换老化的设备，保证设备工作的环境，不要把计算机和网络的安全与稳定联系在某一台或几台设备上。另外还可以采用较为智能的方案，例如，现在智能网络的发展，能使网络上出故障的设备及时退出网络，其他设备或备份设备能及时弥补空缺，使用户感觉不到网络出现了问题。

软件故障一般要寻求软件供应商来解决，或者更换、升级软件。

4．人为的无意失误

人为的无意失误是指程序设计错误、误操作、无意中损坏和无意中泄密等。

例如，操作员安全配置不当造成的安全漏洞、用户安全意识不强、用户口令选择不慎、用户将自己的账号随意转借他人或与别人共享等都会给网络安全带来威胁。这些失误有的可以靠加强管理来解决，有的则无法预测，甚至永远无法避免。限制个人对网络和信息的权限，防止权力的滥用，采取适当的监督措施有助于部分解决人为无意失误的问题。出现失误之后及时发现，及时补救也能大大减少损失。

5. 人为的恶意攻击

人为的恶意攻击分为被动攻击和主动攻击两种。

被动攻击是指攻击者不影响网络和计算机系统的正常工作，从而窃听、截获正常的网络通信和系统服务过程，并对截获的数据信息进行分析，获得有用的数据，以达到其攻击目的。被动攻击的特点是难于发觉。一般来说，在网络和系统没有出现任何异常的情况下，没有人会关心发生过什么被动攻击。

主动攻击是指攻击者主动侵入网络和计算机系统，参与正常的网络通信和系统服务过程，并在其中发挥破坏作用，以达到其攻击目的。主动攻击的种类极多，新的主动攻击手段也在不断涌现。攻击者进行身份假冒攻击要实现的是冒充正常用户，欺骗网络和系统服务的提供者，从而获得非法权限和敏感数据的目的；身份窃取攻击是要取得用户的真正身份，以便为进一步攻击做准备；错误路由是指攻击者修改路由器中的路由表，将数据引到错误的网络或安全性较差的机器上来；重放攻击指在监听到正常用户的一次有效操作后，将其记录下来，之后对这次操作进行重复，以期获得与正常用户同样的对待。计算机病毒攻击的手段出现得更早，其种类繁多，影响范围广。不过以前的病毒多是毁坏计算机内部数据，使计算机瘫痪。现在某些病毒已经与黑客程序结合起来，被黑客利用来窃取用户的敏感信息，危害更大。

6. 网络软件的缺陷

网络软件不可能是百分之百的无缺陷和无漏洞的，然而，这些漏洞和缺陷恰恰是黑客进行攻击的首选目标，曾经出现过的黑客攻入网络内部事件，这些事件大部分就是因为安全措施不完善所招致的。另外，软件的"后门"都是设计编程人员为了自便而设置的，一般不为外人所知，但一旦"后门"洞开，其造成的后果将不堪设想。

7. 计算机病毒

计算机病毒是一段能够进行自我复制的程序。病毒运行后可能损坏文件，使系统瘫痪，造成各种难以预料的后果。在网络环境下，病毒具有不可估量的威胁和破坏力。

8. 法规与管理不健全

在网络安全系统的法规和管理方面，我国起步较晚，目前还有很多不完善、不周全的地方，这给了某些不法分子可乘之机。但是政府和立法机构已经注意到了这个问题，立法工作正在迅速进行，而且打击力度是相当大的。各个公司、部门的管理者也逐渐关心这个问题。随着安全意识的进一步提高，由于法规和管理不健全导致的安全威胁将逐渐减少。

6.1.3 网络安全体系结构

为了适应网络技术的发展，国际标准化组织 ISO 的计算机专业委员会根据开放系统互连参考模型制定了一个网络安全体系结构模型。这个三维模型从比较全面的角度来考虑网络与信息的安全问题。

网络安全需求应该是全方位的、整体的。在 OSI 参考模型 7 个层次的基础上，将安全体系划分为 4 个级别：网络级安全、系统级安全、应用级安全及企业级的安全管理，而安全服务渗透到每一个层次，从尽量多的方面考虑问题，有利于减少安全漏洞和缺陷。

针对网络系统受到的威胁，OSI 安全体系结构提出了以下几类安全服务。

1. 身份认证

身份认证是在两个开放系统同等层中的实体建立连接和数据传送期间，为提供连接实体身份的鉴别而规定的一种服务。身份认证防止冒充或重传以前的连接，即防止伪造连接初始化这种类型的攻击。这种鉴别服务可以是单向的，也可以是双向的。

2．访问控制（access control）

访问控制服务可以防止未经授权的用户非法使用系统资源。这种服务不仅可以提供给单个用户，也可以提供给封闭的用户组中的所有用户。

3．数据保密（data confidentiality）

数据保密服务的目的是保护网络中各系统之间交换的数据，防止因数据被截获而造成的泄密。

4．数据完整性（data integrity）

数据完整性服务用来防止非法实体对用户的主动攻击（对正在交换的数据进行修改、插入、使数据延时以及丢失数据等），以保证数据接收方收到的信息与发送方发送的信息完全一致。

5．不可否认性

不可否认性服务有 2 种形式：第一种形式是源发证明，即某一层向上一层提供的服务，它用来确保数据是由合法实体发出的，它为上一层提供对数据源的对等实体进行鉴别，以防假冒。第二种形式是交付证明，用来防止发送数据方发送数据后否认自己发送过数据，或接收方接收数据后否认自己收到过数据。

6．审计管理

审计管理对用户和程序使用资源的情况进行记录和审查，可以及早发现入侵活动，以保证系统安全，并帮助查清事故原因。

7．可用性

可用性服务保证信息使用者都可得到相应授权的全部服务。

6.1.4　网络安全标准

在讨论了一些网络安全基础内容，下面介绍几种已存在的安全标准。

1．ISO 7498–2 的 5 种安全服务

安全体系结构文献定义了安全就是最小化资产和资源的漏洞。资源可以指任何事物，漏洞是指任何可以造成破坏系统或信息的弱点。威胁是指潜在的安全破坏。ISO 还进一步对威胁进行分类，如前面介绍的不安全因素。 ISO 7498-2 安全体系结构文献中还定义了 5 种安全服务。

（1）鉴别（authentication）。

（2）访问控制（access control）。

（3）数据保密（data confidentiality）。

（4）数据完整性（data integrity）。

（5）抗否认（non-reputation）。

2．ISO 7498–2 的 8 种安全机制

为了实现以上服务，制定了以下 8 种安全机制。

（1）加密机制。

（2）数字签名机制。

（3）访问控制机制。

（4）数据完整性机制。

（5）鉴别交换机制。

（6）通信业务填充机制。

（7）路由控制机制。

（8）公正机制。

6.2 现代密码技术基础

6.2.1 密码技术概述

1. 密码的发展历史

人类使用密码的历史，从今天已知的，最早可以追溯到古巴比伦人的泥板文字。古埃及人、古罗马人、古阿拉伯人……几乎世界历史上的所有文明都使用过密码。

公元前 5 世纪，古希腊斯巴达出现原始的密码器，用一条带子缠绕在一根木棍上，沿木棍纵轴方向写好明文，解下来的带子上就只有杂乱无章的密文。解密者只需找到相同直径木棍，把带子缠上去，沿木棍纵轴即可读出有意义的明文。

公元前 1 世纪，著名的恺撒（Caesar）密码被用于高卢战争中，这是一种简单易行的单字母替代密码。

密码技术是防止信息泄露的技术，是信息安全技术中最重要和最基本的安全技术。

密码技术中常用的一些术语如下。

（1）明文 P（plaintext）：可以理解的信息原文。

（2）加密 E（encryption）：用某种方法伪装明文以隐藏它的内容的过程。

（3）密文 C（ciphertext）：经过加密后将明文变换成不容易理解的信息。

（4）解密 D（decryption）：将密文恢复成明文的过程。

（5）算法（algorithm）：就是用于加密或解密的方法，在现代密码学中，算法就是一个用于加密和解密的数学函数。

（6）密钥 K（key）：用来控制加密和解密算法的实现。

例：函数具有两个自变量 P 和 K，在函数 F 的作用下得到密文。

在已知密钥 K1 和 K2、加密算法 E 和解密算法 D 时，加密和解密过程可以表示如下。

$$E_{K1}（P）=C$$

$$D_{K2}（C）=P$$

显然为使明文加密后能被解密必须有：

$$P=D_{K2}（E_{K1}（P））=P$$

在实际加密和解密时，根据加密算法的特点，K1 与 K2 的值可以不同，也可以相同。

2. 现代密码学的两个重要的研究分支

（1）对称加密方法，其典型代表是 DES（数据加密标准）、IDEA（国际数据加密算法）、AES（高级加密标准）等算法。

（2）公开密钥算法，其典型代表是 RSA、椭圆曲线加密、NTRU 算法等。

6.2.2 对称加密体制

对称加密算法，有时又叫传统密码算法，它的典型特点如下。

（1）采用的解密算法就是加密算法的逆运算，或者解密算法与加密算法完全相同。

（2）加密密钥和解密密钥相同，或者加密密钥能够从解密密钥中推算出来，反过来也成立。

对称算法要求发送者和接收者在安全通信之前，商定一个密钥。它的安全性依赖于密钥的保密性。

对称算法可分为两类：分组密码和流密码。

（1）分组密码是将明文分成固定长度的组或块（如 64 比特为一组），然后用同一密钥和算法对每一块进行加密，输出密文的长度也是固定的。

（2）流密码（stream cipher）的主要原理是通过伪随机序列发生器产生性能优良的随机序列，使用该序列与明文序列叠加来输出密文序列。解密时，再用同一个随机序列与密文序列进行叠加来恢复明文。

一、DES 算法

1. DES 算法描述

DES 是分组加密算法，它以 64 位（二进制）为一组，对称数据加密，64 位明文输入，64 位密文输出。密钥长度为 56 位，利用密钥，通过传统的换位、替换和异或等变换，实现二进制明文的加密与解密，如图 6-1 所示。

2. DES 算法概要

（1）对输入的明文从右向左按顺序每 64 位分为一组（不足 64 位时，在高位补 0），并按组进行加密或解密。

（2）进行初始换位。

（3）将换位后的明文分成左、右两个部分，每部分长 32 位。

（4）进行 16 轮相同的变换，包括密钥变换。

（5）将变换后的左右两部分合并在一起。

（6）逆初始变换，输出 64 位密文。

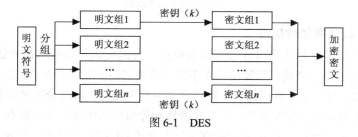

图 6-1　DES

令 i 表示迭代次数，$\oplus$ 表示逐位模 2 求和，f 为加密函数。

$$L_i \leftarrow R_{i-1}$$
$$R_i \leftarrow L_{i-1} \oplus f(R_{i-1}, k_i)$$

3. DES 算法的加密过程

DES 算法的加密过程如图 6-2 所示。具体过程如下。

（1）初始置换。

初始置换就是把输入的 64 位二进制明文 P 按照规则，改变明文 P 的顺序。

（2）选择扩展运算。

由原来的 32 位扩展到 48 位（输入 32，输出 48）。

（3）使用密钥。

在第 $i+1$ 次迭代中，用 48 位二进制的密钥（由 56 位密钥生成）。

$K(i+1) = k_1(i+1) k_2(i+1) \cdots k_{48}(i+1)$ 与 $E(R(i))$ 按位相加（逻辑异或），输出仍是 48

位（8×6）。

（4）DES 子密钥生成。

由原来的 64 位密钥压缩到 56 位，进行循环左移。

（5）压缩替代 S 盒。

由原来的 48 位密钥压缩到 32 位。

（6）P 盒置换。

P 盒的雪崩效应（改变一点会有很大变化）。

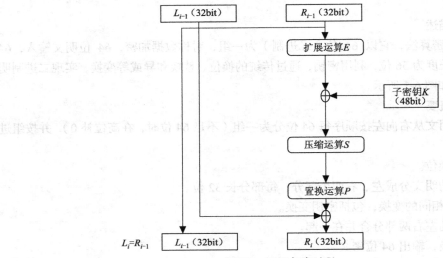

图 6-2　DES 加密过程

二、AES 高级数据加密标准

对称密码体制的发展趋势将以分组密码为重点。分组密码算法通常由密钥扩展算法和加密（解密）算法两部分组成。密钥扩展算法将 b 字节用户主密钥扩展成 r 个子密钥。加密算法由一个密码学上的弱函数 f 与 r 个子密钥迭代 r 次组成。混乱和密钥扩散是分组密码算法设计的基本原则。抵御已知明文的差分和线性攻击，可变长密钥和分组是该体制的设计要点。

AES 是美国国家标准技术研究所（NIST）旨在取代 DES 的 21 世纪的加密标准。

AES 的基本要求是采用对称分组密码体制，可使用 128、192、256 位密钥。分组长度为 128 位，算法应易于用各种硬件和软件实现。1998 年，NIST 开始 AES 的第一轮分析、测试和征集，共产生了 15 个候选算法。1999 年 3 月完成了 AES2 的第二轮分析、测试。2000 年 10 月 2 日，美国政府正式宣布选中比利时密码学家 Joan Daemen 和 Vincent Rijmen 提出的一种密码算法 RIJNDAEL 作为 AES。

在应用方面，尽管 DES 在安全上是脆弱的，但快速 DES 芯片的大量生产，使得 DES 仍能暂时继续使用，为提高安全强度，通常使用独立密钥的三级 DES。但是 DES 迟早要被 AES 代替。虽然流密码体制较之分组密码在理论上更加成熟且安全，但未被列入下一代加密标准。

AES 加密数据块和密钥长度可以是 128 比特、192 比特、256 比特中的任意一个。AES 加密有很多轮的重复和变换。

AES 加密的大致步骤如下。

（1）密钥扩展（Key Expansion）。

（2）初始轮（Initial Round）。

（3）重复轮（Rounds），每一轮又包括 SubBytes、ShiftRows、MixColumns、AddRoundKey。

（4）最终轮（Final Round），最终轮没有 MixColumns。

6.2.3　公开密钥体制

1. 公开密钥算法的典型特点

（1）在公开密钥算法中，有一对密钥（pk，sk），其中 pk（public key）是公开的，即公开密钥，简称公钥。另一个密钥 sk（private key）是保密的，这个保密密钥称为私人密钥，简称私钥。

（2）在公开密钥算法进行加密和解密时，使用不同的加密密钥和解密密钥，而且不能从加密密钥或解密密钥相互推导出来，或者很难推导出来。

（3）在公开密钥算法中，公开密钥和私人密钥必须配对使用。也就是说使用公开密钥加密时，就必须使用相应的私人密钥解密；使用私人密钥加密时，也必须使用相应的公开密钥解密。

（4）一般来说，公开密钥算法都是建立在严格的数学基础上，公开密钥和私人密钥也是通过数学方法产生的。公开密钥算法的安全性依赖于某个数学问题很难解决的基础上。

2. 公私钥加解密举例

假设甲有一份需保密的数字商业合同发给乙签署，经过如下步骤。

（1）甲用乙的公钥对合同加密。

（2）密文从甲发送到乙。

（3）乙收到密文，并用自己的私钥对其解密。

（4）解密正确，经阅读，乙用自己的私钥对合同进行签署。

（5）乙用甲的公钥对已经签署的合同进行加密。

（6）乙将密文发给甲。

（7）甲用自己的私钥将已签署的合同解密。

（8）解密正确，确认签署。

Diffie-Hellman，简称 D-H 算法。是由公开密钥密码体制的奠基人 Diffie 和 Hellman 提出的一种思想。简单地说 就是允许两名用户在公开媒体上交换信息以生成"一致"的、可以共享的密钥。换句话说，就是由甲方产出一对密钥（公钥、私钥），乙方依照甲方公钥产生乙方密钥对（公钥、私钥）。以此为基线，作为数据传输保密基础，同时双方使用同一种对称加密算法构建本地密钥（secret key）对数据加密。这样，在互通了本地密钥算法后，甲乙双方公开自己的公钥，使用对方的公钥和刚才产生的私钥加密数据，同时可以使用对方的公钥和自己的私钥对数据解密。不单单是甲乙双方，还可以扩展为多方共享数据通信，这样就完成了网络交互数据的安全通信。

3. 流程分析

（1）甲方构建密钥对，将公钥公布给乙方，将私钥保留；双方约定数据加密算法；乙方通过甲方公钥构建密钥对，将公钥公布给甲方，将私钥保留。

（2）甲方使用私钥、乙方公钥、约定数据加密算法构建本地密钥，然后通过本地密钥加密数据，发送给乙方加密后的数据；乙方使用私钥、甲方公钥、约定数据加密算法构建本地密钥，然后通过本地密钥对数据解密。

（3）乙方使用私钥、甲方公钥、约定数据加密算法构建本地密钥，然后通过本地密钥加密数据，发送给甲方加密后的数据；甲方使用私钥、乙方公钥、约定数据加密算法构建本地密钥，然后通过本地密钥对数据解密。

例如，MIT 的 Ron Rivest、Adi Shemir 和 Len Adleman 于 1978 年在题为《获得数学签名和公开钥密码系统的方法》的论文中提出了基于数论的非对称密码体制，称为 RSA 密码体制。

RSA 是一种分组密码体制，其理论基础是数论中"大整数的素因子分解是困难问题"的结论，即求两个大素数的乘积在计算机上是容易实现的，但要将一个大整数分解成两个大素数之积则是困难的。

（1）选择两个大素数，p 和 q，计算出 $n=qp$，n 称为 RSA 算法的模数。p、q 必须保密，一般要求 p、q 为安全素数，n 的长度大于 1 024bit，这主要是因为 RSA 算法的安全性依赖于因子分解大数问题。

（2）计算 n 的欧拉数。

$$\phi(n) = (p-1)(q-1)$$

$\phi(n)$ 定义为不超过 n 并与 n 互质的数的个数。

（3）随机选择加密密钥 e，从[0，$\phi(n)$ –1]中选择一个与 $\phi(n)$ 互质的数 e 作为公开的加密指数。

（4）利用 Euclid 算法计算解密密钥 d，满足 $de \equiv 1 \pmod{\phi(n)}$。其中 n 和 d 也要互质。数 e 和 n 是公钥，d 是私钥。两个素数 p 和 q 不再需要，应该丢弃，不要让任何人知道。

（5）得到需要的公开密钥和秘密密钥。

公开密钥（即加密密钥） $PK=(e, n)$

秘密密钥（即解密密钥） $SK=(d, n)$

4．编辑本段加密与解密

（1）加密信息 m（二进制表示）时，首先把 m 分成等长数据块 $m1$, $m2$, ..., mi，块长为 s，其中 $2^s <= n$，s 尽可能地大。

（2）对应的密文是：$ci \equiv mi^e \pmod{n}$ （ a ）

（3）解密时做如下计算：$mi \equiv ci^d \pmod{n}$ （ b ）。RSA 可用于数字签名，方案是用（ a ）式签名，（ b ）式验证。

6.2.4　对称加密体制与公开密钥体制的比较

1．对称算法

（1）在对称算法体制中，如果有 N 个成员，就需要 $N(N-1)/2$ 个密钥，巨大的密钥量给密钥的分配和安全管理带来了困难。

（2）在对称算法体制中，知道了加密过程可以很容易推导出解密过程，知道了加密密钥就等于知道了解密密钥，可以用简单的方法随机产生密钥。

（3）多数对称算法不是建立在严格意义的数学问题上，而是基于多种"规则"和可"选择"假设上。

（4）用对称算法传送信息时，通信双方在开始通信之前必须约定使用同一密钥，这就带来密钥在传递过程中的安全问题，所以必须建立受保护的通道来传递密钥。

（5）对称算法不能提供法律证据，不具备数字签名功能。

（6）对称算法加密速度快，这也是对称算法唯一的重要优点，通常用对称算法加密大量的明文。

2. 公开密钥算法

（1）在公开密钥体制中，每个成员都有一对密钥（pk、sk）。如果有 N 个成员，就只需要 $2N$ 个密钥，需要的密钥少，密钥的分配和安全管理相对容易一些。

（2）知道加密过程不能推导出解密过程，不能从 pk 推导出 sk，或从 sk 推导出 pk。或者说，如果能推导出来也是很难的，要花很长的时间和很大的代价。

（3）容易用数学语言描述，算法的安全性建立在已知数学问题求解困难的假设上。

（4）需要一个有效的计算方法求解一对密钥 pk、sk，以确保不能从 pk、sk 中相互推导。

（5）用公开密钥算法传送信息时，无须在通信双方传递密钥，也就不需要建立受保护的信息通道。这是公开密钥算法最大的优势，使得数字签名和数字认证成为可能。公开密钥算法有着更广阔的应用范围。

（6）就目前来看，公开密钥算法加密的速度要比对称算法慢得多。一般公开密钥算法只用于加密安全要求高，信息量不大的场合。

6.3　数字签名与认证

6.3.1　数字签名概述

在网络通信和电子商务中很容易发生如下问题。

（1）否认，发送信息的一方不承认自己发送过某一信息。

（2）伪造，接收方伪造一份文件，并声称它是来自某发送方的。

（3）冒充，网络上的某个用户冒充另一个用户接收或发送信息。

（4）篡改，信息在网络传输过程中已被篡改，或接收方对收到的信息进行篡改。

用数字签名（digital signature）可以有效地解决这些问题。数字签名就是用于对数字信息进行签名，以防止信息被伪造或篡改等。

公开密钥体制可以用来设计数字签名方案。假设用户 Alice 发送一个签了名的明文 M 给用户 Bob 的数字签名过程如下。

（1）Alice 用信息摘要函数 hash 从 M 抽取信息摘要 M'。

（2）Alice 用自己的私人密钥对 M 加密，得到签名文本 S，即 Alice 在 M 上签了名。

（3）Alice 用 Bob 的公开密钥对 S 加密得到 S'。

（4）Alice 将 S 和 M 发送给 Bob。

（5）Bob 收到 S 和 M 后，用自己的私人密钥对 S 解密，还原出 S。

（6）Bob 用 Alice 的公开密钥对 S 解密，还原出信息摘要 M'。

（7）Bob 用相同的信息摘要函数从 M 抽取信息摘要 M''。

（8）Bob 比较 M' 与 M''，当 M' 与 M'' 相同时，可以断定 Alice 在 M 上签名。

由于 Bob 使用 Alice 的公开密钥才能解密 M'，可以肯定 Alice 使用了自己的私人密钥对 M 进行了加密，所以 Bob 确信收到的 M 是 Alice 发送的，并且 M 是发送给 Bob 的。

6.3.2　单向散列函数

单向散列函数也称 hash 函数，它可以提供判断电子信息完整性的依据，是防止信息被篡改的一种有效方法。单向散列函数在数据加密、数据签名和软件保护等领域有广泛的应用。

1．单向散列函数的特点

当向 hash 函数输入一个任意长度的信息 M 时，hash 函数将输出一个固定长度为 m 的散列值 h。即：

$$h=h（M）$$

安全的 hash 函数的特点如下。

（1）hash 函数能从任意长度的 M 中产生固定长度的散列值 h。

（2）已知 M 时，利用 $h（M）$ 很容易计算出 h。

（3）已知 M 时，要想通过控制同一个 $h（M）$，计算出不同的 h 是很困难的。

（4）已知 h 时，要想从 $h（M）$ 中计算出 M 是很困难的。

（5）已知 M 时，要找出另一信息 M'，使 $h（M）=h（M'）$ 是很困难的。

最常用的 hash 算法有 MD5、SHA 算法等。下面介绍一个利用 hash 函数实现报文鉴别（证实）的实例。

如果 Alice 发送了信息给 Bob，Bob 收到信息后需要证实：

● Bob 收到的明文是否肯定是由 Alice 发送的。

● Bob 收到的明文是否被篡改。

鉴别过程如下。

Alice 用单向散列函数 h 从明文 M 中抽取信息文摘 6，并利用 RSA 算法和 Alice 的私人密钥 sk 对 6 加密，得到密文 $E（6）$，这个过程相当于数字签名。

Alice 将 M、$E（6）$ 发送给 Bob。

Bob 收到 M、$E（6）$ 后，用 Alice 的公开密钥 pk 对 $E（6）$ 解密，即：

$$D（E（6））\ \rightarrow\ 6，还原出 6$$

Bob 用相同的单向散列函数 h 从收到的明文 M 中抽取信息文摘 61。

Bob 比较 61 和 6，如果 61= 6，则证实：M 是 Alice 发送的，并且明文在传输过程中没有被篡改；否则，证实：M 不是 Alice 发送的，或者明文在传输过程中已经被篡改。

2．MD5 算法

在初始化输入的明文之后，MD5 是按 512 位为一组来处理输入的信息，每一分组又被划分为 16 个 32 位子分组，经过一系列处理后，算法的输出由 4 个 32 位分组组成，把这 4 个 32 位分组串联（级联）后生成一个 128 位散列值。

6.3.3　Kerberos 身份验证

Kerberos 是一种网络身份验证协议，Kerberos 要解决的问题是：在一个开放的分布式网络环境中，当工作站上的用户希望访问分布在网络服务器上的服务和数据时，我们希望服务器能对服务请求进行鉴别，并限制非授权用户的访问。

在分布式网络环境下，可能存在以下 3 种威胁。

（1）用户可能访问某个特定工作站，并伪装成该工作站的用户。

（2）用户可能会更改工作站的网络地址，伪装成其他工作站。

（3）用户可能窃听报文交换过程，并使用重放攻击来获得进入服务器或中断进行的操作。

针对分布式网络环境下的安全威胁，Kerberos 提供的认证身份服务不依赖于主机操作系统的认证、不信任主机地址、不要求网络中的主机保持物理上的安全。

Kerberos 服务起到可信仲裁者的作用，它提供了安全的网络鉴别，实现服务器与用户间的相互鉴别。

6.3.4　公开密钥基础设施 PKI

PKI 就是通过使用公开密钥技术和数字证书来提供网络信息安全服务的基础设施，是在统一的安全认证标准和规范基础上提供在线身份认证、证书认证（certificate authority，CA）、数字证书、数字签名等服务。

PKI 至少具有认证机构（CA）、数字证书库、密钥备份及恢复系统、证书作废处理系统、PKI 应用接口系统 5 个基本系统，构建 PKI 也将围绕这 5 个系统来构建。

1.　认证机构 CA

CA 的主要功能就是签发证书和管理证书，其主要职责包含下面几个方面。

（1）验证并标识证书申请者的身份。

（2）确保 CA 用于签名证书的非对称密钥的质量和安全性。

（3）确保整个签证过程的安全性，确保签名私人密钥的安全性。

（4）管理证书信息资料，包括公开密钥证书序列号、CA 标识等的管理。

（5）确定并检查证书的有效期限。

（6）确保证书用户标识的唯一性。

（7）发布并维护作废证书表。

（8）向申请人发通知。

2.　数字证书库

数字证书库是证书集中存放的地方，是网上的一种公共信息库，用户可以从证书库中获得其他用户的证书和公开密钥。

3.　密钥备份及恢复

如果用户丢失了用于解密数据的密钥，则密文数据将无法被解密，造成数据丢失。为避免这种情况的出现，PKI 应该提供备份与恢复解密密钥的机制。

4.　证书作废处理系统

同日常生活中的各种证件一样，数字证书在 CA 为其签署的有效期内也可能需要作废。作废证书一般通过将证书列入作废证书表（certificate revocation lists，CRL）来完成。证书的作废处理必须在安全及可验证的情况下进行，系统还必须保证 CRL 的完整性。

5.　密钥和证书的更新

为了保证安全，证书和密钥必须有一定的更换频率。因此，PKI 必须对已发的证书有更换措施，这个过程称为密钥更新或证书更新。

6.　证书历史档案

在密钥更新后，每一个用户都会有多个旧证书和至少一个当前新证书。这一系列旧证书和相应的私人密钥就组成了用户密钥和证书的历史档案。

与私人密钥不同的是，为了防止其他人使用旧的签名密钥，当签名密钥更新时，必须完全销毁旧的签名密钥。

7. PKI 应用接口系统的功能

PKI 应用接口系统需要实现如下功能。

（1）为所有用户以一致、可信的方式使用公开密钥证书提供支持。

（2）为用户提供安全、统一的密钥备份与恢复支持。

（3）确保用户的签名私人密钥始终只在用户本人的控制之下，阻止备份签名私人密钥的行为。

（4）根据安全策略自动为用户更换密钥，实现密钥更换的自动、透明与一致。

（5）为方便用户访问加密的历史数据，向用户提供历史密钥的安全管理服务。

（6）为所有用户访问统一的公用证书库提供支持。

（7）向所有用户提供统一的证书作废处理服务。

（8）完成交叉证书的验证工作，为所有用户提供统一模式的交叉验证支持。

（9）支持多种密钥存放介质，包括 IC 卡、PC 卡、安全文件等。

6.4　计算机病毒

6.4.1　计算机病毒概述

1. 计算机病毒的定义

《中华人民共和国计算机信息系统安全保护条例》将计算机病毒定义为具有破坏性的计算机程序。

2. 计算机病毒的特征

（1）破坏性。

（2）隐蔽性。

（3）传染性。

（4）潜伏性。

（5）可触发性。

（6）不可预见性。

其中，破坏性、隐蔽性、传染性是计算机病毒的基本特征。

3. 计算机病毒的产生原因

软件产品的脆弱性是产生计算机病毒根本的技术原因。社会因素是产生计算机病毒的土壤。

4. 计算机病毒的传播途径

计算机病毒主要是通过复制文件、发送文件、运行程序等操作传播的。通常有以下几种传播途径。

（1）移动存储设备。

包括软盘、硬盘、移动硬盘、光盘、磁带等。硬盘是数据的主要存储介质，因此也是计算机病毒感染的主要目标。

（2）网络。

目前大多数病毒都是通过网络进行传播的，破坏性很大。

5. 计算机病毒的分类

计算机病毒大致归结为 7 种类型。

（1）引导型病毒。

引导型病毒主要通过感染软盘、硬盘上的引导扇区或改写磁盘分区表（FAT）来感染系统。早期的计算机病毒大多数属于这类病毒。

（2）宏病毒。

宏病毒是一种寄存于微软 Office 的文档或模板的宏中的计算机病毒，是利用宏语言编写的。由于 Office 软件在全球有广泛的用户，所以宏病毒的传播十分迅速和广泛。

（3）蠕虫病毒。

蠕虫病毒与一般的计算机病毒不同，它不采用将自身拷贝附加到其他程序中的方式来复制自己，也就是说蠕虫病毒不需要将其自身附着到宿主程序上。蠕虫病毒主要通过网络传播，具有极强的自我复制能力、传播性和破坏性。

（4）特洛伊木马型病毒。

特洛伊木马型病毒实际上就是黑客程序，一般不对计算机系统进行直接破坏，而是通过网络控制其他计算机，包括窃取秘密信息，占用计算机系统资源等。

（5）网页病毒。

网页病毒一般也是使用脚本语言将有害代码直接写在网页上，当用户浏览网页时会立即破坏本地计算机系统，轻者修改或锁定主页，重者格式化硬盘，让人防不胜防。

（6）文件型病毒。

文件型病毒主要是以感染 COM、EXE 等可执行文件为主，被感染的可执行文件在执行的同时，病毒被加载并向其他正常的可执行文件传染或执行破坏操作。文件型病毒大多数也是常驻内存的。

（7）混合型病毒。

兼有上述计算机病毒特点的病毒统称为混合型病毒，因此它的破坏性更大，传染的机会也更多，杀毒也更加困难。

6. 感染计算机病毒的表现现象

（1）平时运行正常的计算机突然经常性无缘无故地死机。

（2）运行速度明显变慢。

（3）打印和通信发生异常。

（4）系统文件的时间、日期、大小发生变化。

（5）磁盘空间迅速减少。

（6）收到陌生人发来的电子邮件。

（7）自动链接到一些陌生的网站。

（8）计算机不识别硬盘。

（9）操作系统无法正常启动。

（10）部分文档丢失或被破坏。

（11）网络瘫痪。

6.4.2　计算机病毒制作技术

1. 采用自加密技术

计算机病毒采用自加密技术就是为了防止被计算机病毒检测程序扫描出来，并被轻易地反汇编。这给分析和破译计算机病毒等工作都增加了很多困难。

2. 采用变形技术

计算机病毒编制者通过修改某种已知计算机病毒的代码，使其能够躲过现有计算机病毒检测程序时，称这种新出现的计算机病毒是原来被修改计算机病毒的变形或变种。

3. 采用特殊的隐形技术

计算机病毒采用特殊的隐形技术，可以在其进入内存后，使计算机用户几乎感觉不到它的存在。

4. 对抗计算机病毒防范系统

当有某些著名的计算机病毒杀毒软件或在文件中查找到出版这些软件的公司名时，就会删除这些杀毒软件或文件等。

5. 反跟踪技术

计算机病毒采用反跟踪措施的目的是提高计算机病毒程序的防破译能力和伪装能力。常规程序使用的反跟踪技术在计算机病毒程序中都可以利用。

6. 利用中断处理机制

病毒设计者篡改中断处理功能为达到传染、激发和破坏等目的。例如，INT 13H 是磁盘输入输出中断，引导型病毒就是用它来传染病毒和格式化磁盘的。

6.5　网络安全协议

6.5.1　网络安全服务协议

网络安全服务协议可以在不同层次上提供网络安全服务。通用的解决方法是在网络层使用 IPSec 或在 TCP 上实现安全性。

6.5.2　SSL 协议

安全套接层（secure socket layer），SSL 协议是主要用于 Web 的安全传输协议，用于提高应用程序之间数据的安全性。

SSL 协议主要提供如下 3 种服务。

（1）认证用户和服务器的合法性。

（2）加密数据以隐藏被传送的数据。

（3）保护数据的完整性。

SSL 协议的实现过程如下。

（1）接通阶段：客户机通过网络向服务器申请连接，服务器回应。

（2）密码交换阶段：客户机与服务器之间交换双方认可的密码。

（3）会话密码阶段：客户机与服务器间产生彼此的会话密码。

（4）检验阶段：客户机检验服务器取得的密码。

（5）客户认证阶段：服务器验证客户机的可信度。

（6）结束阶段：客户机与服务器之间相互交换结束的信息。

6.5.3　TLS 协议

传输层安全（transport layer security，TLS）协议可以看成是 SSL 协议第 3 版的后继者。他的特点是以相关标准为基础的开放解决方案，他使用了非专利加密算法，错误报告功能更强，用于在两个通信应用程序之间提供保密性和数据完整性。

6.5.4　SSH 协议

安全通道，SSH 协议是要在非安全网络上提供安全的远程登录和其他安全网络服务。使用 SSH 协议可以把所有传输的数据进行加密和压缩，提供一个安全的网络"通道"，加快传输的速度，而且也能够防止 DNS 欺骗和 IP 欺骗。

SSH 协议主要由传输层协议、用户认证协议和连接协议层 3 个部分组成。

（1）传输层协议提供诸如认证、信任和完整性检验等安全措施，此外它还可以提供数据压缩功能。

（2）用户认证协议用来为服务器提供客户端用户的身份认证。

（3）连接协议层分配多个加密通道到一些逻辑通道上，它运行在用户认证层协议之上，提供给更高层的应用协议使用。

6.5.5　网际协议安全

网际协议安全（IPSec）是一套基于加密技术的保护服务安全协议族。它采用端对端的安全保护模式，保护工作组、局域网计算机、域客户和服务器、距离很远的分公司、漫游客户以及远程管理计算机间的通信。

IPSec 在 IP 层上实现了加密、认证、访问控制等多种安全技术，极大地提高了 TCP/IP 的安全性，使得对安全网络系统的管理变得简便灵活。

1. IPSec 通过下列服务来保护通过公共 IP 网络传送的机密数据

（1）访问控制。

（2）数据源认证。

（3）有限传输流量的机密性。

（4）无连接完整性。

（5）抗重播。

2. IPSec 安全体系结构中的 3 个最基本的协议

（1）认证头（AH）协议为 IP 包提供信息源认证和完整性保证。

（2）封装安全（ESP）协议提供加密保证。

（3）Internet 安全协会和密钥管理（ISAKMP）协议提供双方交流时的共享安全信息，它支持 IPSec 协议的密钥管理需求。

3. IPSec 有两种工作方式即隧道（tunneling）模式和传送（transport）模式

隧道模式是在两个路由器上完成的，在路由器两端配置使用 IPSec，保护两个路由器之间的通信，主要用于广域网上，不提供各个网络内部的安全性。

在传输模式中，只有更高层协议帧（TCP、UDP、ICMP 等）被放到加密后的 IP 数据包的 ESP 负载部分，用于保护两个主机之间的通信，提供 P2P（点对点）的安全性。

6.6 防火墙技术

6.6.1 防火墙概述

在内部网和 Internet 之间插入一个系统，即防火墙，用来防止各类黑客的破坏，阻断来自外部网络的威胁和入侵，具有防备潜在的恶意活动屏障的作用，如图 6-3 所示。

图 6-3 防火墙

1. 防火墙的概念

防火墙是保障网络安全的一个系统或一组系统，用于加强网络间的访问控制，防止外部用户非法使用内部网的资源，保护内部网络的设备不被破坏，防止内部网络的敏感数据被窃取。

防火墙至少提供以下两个基本的服务。

（1）有选择地限制外部网络用户对本地网的访问，保护本地网的特定资源。

（2）有选择地限制本地网用户对外地网的访问。

安全、管理、速度是防火墙的三大要素。

它可以嵌入某种硬件产品中，以硬件设备形式出现，即硬件防火墙。它也可以是一种软件产品，即软件防火墙。

2. 防火墙的主要功能

（1）防止易受攻击的服务。

（2）控制访问网点。

（3）集中安全性管理。

（4）对网络存取和访问进行监控审计。

（5）检测扫描计算机的企图。

（6）防范特洛伊木马。

（7）防病毒功能。

（8）支持 VPN 技术。

（9）提供网络地址翻译 NAT 功能。

3. 防火墙的主要缺陷

（1）不能防范内部攻击。

（2）不能防范不通过防火墙的连接入侵。

（3）不能自动防御所有新的威胁。

4. 防火墙的基本类型

从概念上来讲，可以将防火墙分成两种基本类型的防火墙。

（1）网络层防火墙。

网络层防火墙是作用于网络层的，一般根据源、目的地址做出决策，输入单个的 IP 包，通常需要分配有效的 IP 地址块。网络层防火墙一般速度都很快，对用户很透明。

（2）应用层防火墙。

应用层防火墙作用于网络应用层，是通过软件来分析用户应用层的数据流量，能对通过它的数据流进行记录和审计，能提供更详尽的审计报告。记录和控制所有进出流量的能力是应用层网关的主要优点之一。同时，应用层防火墙还可以充当网络地址翻译器。在某些情况下，设置了应用层防火墙后，可能会对性能造成影响，会使防火墙不太透明。应用层防火墙比网络层防火墙实施更保守的安全模型。

从技术上来讲，可以将防火墙分为传统防火墙、分布式防火墙、嵌入式防火墙和智能防火墙等。

（1）嵌入式防火墙。

嵌入式防火墙就是将防火墙功能嵌入路由器或交换机中。

（2）智能防火墙。

智能防火墙就是利用统计、记忆、概率和决策的智能方法来对数据进行识别，并达到访问控制的目的。

6.6.2　防火墙的体系结构

1. 筛选路由器结构

筛选路由器是防火墙最基本的构件。它一般作用在网络层（IP 层），按照一定的安全策略，对进出内部网络的信息进行分析和限制，实现报文过滤功能。该防火墙的点在于速度快等，但安全性能差。筛选路由器结构如图 6-4 所示。

图 6-4　筛选路由器结构

2. 双宿主主机结构

双宿主主机结构是用一台装有两块网卡的堡垒机构成防火墙，如图 6-5 所示。堡垒机上运行着防火墙软件，可以转发应用程序，提供服务等。内外网络之间的 IP 数据流被双宿主主机完全切断，用堡垒主机取代路由器执行安全控制功能。

图 6-5　双宿主主机结构

3. 屏蔽主机网关结构

屏蔽主机网关结构中的堡垒机与内部网相连，用筛选路由器连接到外部网上，筛选路由器作为第一道防线，堡垒主机作为第二道防线，如图 6-6 所示。这确保了内部网络不受未被授权的外部用户的攻击。该防火墙系统提供的安全等级比前面两种防火墙系统要高，主要用于小型或中型企业网络。

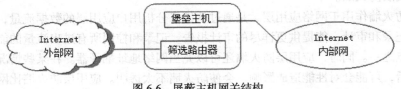

图 6-6　屏蔽主机网关结构

4. 屏蔽子网结构

屏蔽子网结构，就是在内部网络和外部网络之间建立一个被隔离的子网，这个子网可由堡垒主机等公用服务器组成，用两台筛选路由器将这一子网分别与内部网络和外部网络分开。内部网络和外部网络均可访问屏蔽子网，但禁止它们穿过屏蔽子网进行通信，从而进一步实现屏蔽主机的安全性，如图 6-7 所示。

图 6-7　屏蔽子网结构

6.6.3　防火墙技术

1. 包过滤技术

包过滤技术是基于 IP 地址来监视并过滤网络上流入和流出的 IP 包，它只允许与指定的 IP 地址通信。它的作用是在可信任网络和不可信任网络之间有选择地安排数据包的去向。

信息过滤规则是以其所收到的数据包头信息为基础，包头信息中包括 IP 源地址，IP 目标端地址、封装协议类型等。如果一个数据包满足过滤规则，则允许此数据包通过，否则拒绝此包通过，起到了保护内部网络的作用。

2. 代理服务技术

代理服务是运行在防火墙主机上的专门的应用程序，它位于内部网络上的用户和外部网上的服务之间，内部用户和外部网服务彼此不能直接通信，只能分别与代理打交道。代理负责接收外部网服务请求，再把它们转发到具体的服务中。

代理服务防火墙可以配置成允许来自内部网络的任何连接，它也可以配置成要求用户认证后才建立连接，为安全性提供了额外的保证，使得从内部发动攻击的可能性大大减小。

3. 电路层网关技术

电路层网关的运行方式与代理服务器相似，它把数据包提交给应用层过滤，并只依赖于 TCP 的连接。它遵循 SOCKS 协议，即电路层网关的标准。它是在网络的传输层实施访问策略，在内部网和外部网之间建立一个虚拟电路进行通信。

4. 状态检测技术

状态检测技术是包过滤技术的延伸，使用各种状态表（state tables）来追踪活跃的 TCP 会话。

由用户定义的访问控制列表（ACL）决定允许建立哪些会话（session），只有与活跃会话相关联的数据才能穿过防火墙。

状态检测技术防火墙是对包过滤技术、电路层网关和代理服务技术的折中，它的速度和灵活性没有包过滤机制好，但比代理服务技术好。它的应用级安全不如代理服务技术强，但又比包过滤机制的高。这种结合是对包过滤技术和代理服务技术的折中。

6.7 入侵检测技术

6.7.1 入侵检测系统概述

1. 什么是入侵检测

入侵检测是指对入侵行为的发现、报警和响应，它通过对计算机网络或计算机系统中若干关键点收集信息，并对收集到的信息进行分析，从而判断网络或系统中是否有违反安全策略的行为和系统被攻击的征兆。

入侵检测的目标是识别系统内部人员和外部入侵者的非法使用、滥用计算机系统的行为。

2. 入侵检测系统的功能

入侵检测系统能主动发现网络中正在进行的针对被保护目标的恶意滥用或非法入侵，并能采取相应的措施及时中止这些危害，如提示报警、阻断连接、通知网管等。

入侵检测系统的主要功能是监测并分析用户和系统的活动、核查系统配置中的安全漏洞、评估系统关键资源与数据文件的完整性、识别现有已知的攻击行为或用户滥用、统计并分析异常行为和对系统日志的管理维护。

6.7.2 入侵检测的一般步骤

1. 入侵数据提取

入侵数据提取主要是为系统提供数据，提取的内容包括系统、网络、数据及用户活动的状态和行为。入侵检测数据提取可来自以下 4 个方面。

（1）系统和网络日志。

（2）目录和文件中的改变。

（3）程序执行中的不期望行为。

（4）物理形式的入侵信息。

2. 入侵数据分析

入侵数据分析主要用于对数据进行深入分析，发现攻击并根据分析的结果产生事件，传递给事件响应模块。

入侵数据分析常用的技术手段有：模式匹配、统计分析和完整性分析等。入侵数据分析是整个入侵检测系统的核心模块。

3. 入侵事件响应

入侵事件响应的作用在于报警与反应，响应方式分为主动响应和被动响应。被动响应型系统只会发出报警通知，将发生的不正常情况报告给管理员，本身并不试图降低所造成的破坏，更不会主动对攻击者采取反击行动。

主动响应系统可以分为对被攻击系统实施保护的系统和对攻击系统实施反击的系统 2 种。

6.7.3 入侵检测系统的分类

1. 根据系统所检测的对象分类

（1）基于主机的入侵检测系统（HIDS）。

HIDS 安装在被保护的主机上，通常用于保护运行关键应用的服务器。它通过监视与分析主机的审计记录和日志文件来检测入侵行为。

HIDS 的优点是能够校验出攻击是成功还是失败；可使特定的系统行为受到严密监控等。缺点是它会占用主机的资源，要依赖操作系统等。

（2）基于网络的入侵检测系统（NIDS）。

NIDS 一般安装在需要保护的网段中，利用网络侦听技术实时监视网段中传输的各种数据包，并对这些数据包的内容、源地址、目的地址等进行分析和检测。如果发现入侵行为或可疑事件，入侵检测系统就会发出警报，甚至切断网络连接。

NIDS 的优点是购买成本低，对识别出来的攻击能进行实时检测和响应等。其主要缺点在于防欺骗能力较差、交互环境下难以配置等。

（3）基于应用的入侵检测系统（AIDS）。

AIDS 监控在某个软件应用程序中发生的活动，信息来源主要是应用程序的日志，其监视的内容更为具体。

2. 根据数据分析方法分类

（1）异常检测。

异常检测是假定所有的入侵行为都与正常行为不同。先定义一组系统在正常条件下的资源与设备利用情况的数值，建立正常活动的模型，然后再将系统在运行时的此类数值与事先定义的原有正常指标相比较，从而得出是否有攻击现象发生。

（2）误用检测。

误用检测是假定所有入侵行为、手段及其变种都能够表达为一种模式或特征。系统的目标就是检测主体活动是否符合这些模式，因此又称为特征检测。

3. 根据体系结构分类

根据入侵检测系统的系统结构，可分为集中式、等级式和分布式 3 种。

（1）集中式入侵检测系统。

集中式入侵检测系统可能有多个分布于不同主机上的审计程序，但只有一个中央入侵检测服务器。审计程序将当地收集到的数据发送给中央服务器进行分析处理。

（2）等级式入侵检测系统。

等级式入侵检测系统中定义了若干分等级的监控区域，每个入侵检测系统负责一个区域，每一级入侵检测系统只负责所监控区的分析，然后将当地的分析结果传送给上一级入侵检测系统。

（3）分布式入侵检测系统。

分布式入侵检测系统将中央检测服务器的任务分配给多个基于主机的入侵检测系统，这些入侵检测系统不分等级，各司其职，负责监控当地主机的某些活动。

习 题 六

一、选择题

1. MD5 算法是对明文取摘要，不论原文信息多长，最后摘要的长度都是（　　）。

    A. 48bit　　　　　　B. 128bit　　　　　　C. 64bit　　　　　　D. 56bit

2. 关于 Kerberos 系统，叙述正确的是（　　）。

    A. Kerberos 系统属于公钥基础设施的一种

    B. Kerberos 系统没有认证的功能

    C. Kerberos 系统采用的是公钥加密体制

    D. Kerberos 系统采用的是对称密钥加密体制

3. 在非对称算法体制中，如果有 N 个成员，就需要（　　）个密钥。

    A. $N(N\text{-}1)$　　　B. N　　　　　　C. $(N\text{-}1)/2$　　　D. $N(N\text{-}1)/2$

4. （　　）是数字签名要预先使用单向 hash 函数进行处理的原因。

    A. 保证密文能正确地还原成明文

    B. 提高密文的计算速度

    C. 加快数字签名和验证签名的运算速度，缩小签名密文的长度

    D. 多一道加密工序使密文更难破译

5. 在公钥密码系统中，发件人用收件人的（1）加密信息，收件人用自己的（2）解密，而且也只有收件人才能解密。（1）、（2）中应填入的是（　　）。

    A. 私钥，公钥　　　　　　　　　　B. 私钥，私钥

    C. 公钥，私钥　　　　　　　　　　D. 公钥，公钥

6. 下列选项不属于信息安全特性的是（　　）。

    A. 秘密性　　　　B. 完整性　　　　C. 可用性　　　　D. 高效性

7. D-H 算法建立的理论基础是（　　）。

    A. DES　　　　　　　　　　　　　B. 离散对数实现

    C. 大数分解和素数检测　　　　　　D. 哈希函数

8. 1976 年，提出公开密码系统的美国学者是（　　）。

    A. Bauer 和 HIll　　　　　　　　　B. Diffie 和 Hellman

    C. Diffie 和 Bauer　　　　　　　　D. Hill 和 Hellman

9. 在非对称加密体制中，（　　）是最著名和实用的一种非对称加密方法。

    A. SSL　　　　　　B. PGP　　　　　　C. SET　　　　　　D. RSA

10. IPSEC 协议是一个范围广泛、开放的 VPN 安全协议，可以设置在两种模式下运行，一种是传输模式，另一种是（　　）。

    A. 安全模式　　　　B. 隧道模式　　　　C. 保护模式　　　　D. 隐藏模式

二、填空题

1. 计算机病毒的基本特征是_____、_____、_____、_____、_____。

2. 防火墙的基本类型有_____、_____。

3. IPSec 有两种方式：_____模式和_____模式。

4. AES 使用的密钥长度为_____。

5. 对称算法可分为_____、_____两类。

6. CA 是整个_____的核心，它的主要功能为_____和_____。

7. 加密技术中的加密算法有_____、_____和_____ 3 种。

三、简答题

1. 有哪些常见的密码分析攻击方法？各自有什么特点？

2. 古典密码学常用的两种技术是什么？各自有什么特点？

3. 什么是防火墙？防火墙技术包括什么？

4. 简述 DES 加密算法的步骤，DES 的保密性主要取决于什么？

5. 对称密码体制和公钥密码体制的区别是什么？各有何优缺点？

第7章
无线局域网

7.1 无线局域网概述

7.1.1 无线局域网的概念

无线局域网（wireless local area network，WLAN）是指以无线信道作为传输媒介的计算机局域网络，是在有线网的基础上发展起来的，它使网上的计算机具有可移动性，能快速、方便地解决有线方式不易实现的网络信道的连通问题。无线局域网是相当便利的数据传输系统，它是利用射频（radio frequency，RF）技术，取代旧式碍手碍脚的双绞铜线（coaxial）所构成的局域网络，使得无线局域网能利用简单的存取架构达到"信息随身化，便利走天下"的理想境界。

无线局域网要求以无线方式相连的计算机之间资源共享，具有现有网络操作系统（NOS）所支持的各种服务功能。计算机无线联网常见的形式是把远程计算机以无线方式连入一个计算机网络中，作为网络中的一个节点，使之具有网上工作站所具有的同样功能，从而获得网络上的所有服务；或把数个有线或无线局域网连成一个区域网；当然，也可用全无线方式构成一个局域网或在一个局域网中混合使用有线与无线方式。此时，以无线方式入网的计算机将具有可移动性，可在一定的区域移动并随时与网络保持联系。

7.1.2 无线局域网的特点

一、无线局域网的优点

1. 灵活性和移动性

在有线网络中，网络设备的安放位置受网络位置的限制；而在无线局域网中，在无线信号覆盖区域内的任何一个位置都可以接入网络。无线局域网另一个最大的优点在于其移动性，连接到无线局域网的用户可以移动且能同时与网络保持连接。

2. 安装便捷

无线局域网可以免去或最大程度地减少网络布线的工作量，一般只要安装一个或多个接入点设备，就可建立覆盖整个区域的局域网。

3. 易于进行网络规划和调整

对于有线网络来说，办公地点或网络拓扑的改变通常意味着重新建网。重新布线是一个昂贵、费时、浪费和琐碎的过程，无线局域网可以避免或减少以上情况的发生。

4. 故障定位容易

有线网络一旦出现物理故障，尤其是由于线路连接不良而造成的网络中断，往往很难查明，而且检修线路需要付出很大的代价。无线网络则很容易定位故障，只需更换故障设备即可恢复网络连接。

5. 易于扩展

无线局域网有多种配置方式，可以很快从只有几个用户的小型局域网扩展到上千用户的大型网络，并且能够提供节点间"漫游"等有线网络无法实现的特性。由于无线局域网有以上诸多优点，因此其发展十分迅速。最近几年，无线局域网已经在企业、医院、商店、工厂和学校等场合得到了广泛的应用。

二、无线局域网的不足之处

无线局域网在给网络用户带来便捷和实用的同时，也存在着一些缺陷。无线局域网的不足之处体现在以下几个方面。

1. 性能

无线局域网是依靠无线电波进行传输的。这些电波通过无线发射装置进行发射，而建筑物、车辆、树木和其他障碍物都可能阻碍电磁波的传输，所以会影响网络的性能。

2. 速率

无线信道的传输速率与有线信道相比要低得多。目前，无线局域网的最大传输速率为150Mbit/s，只适合于个人终端和小规模网络应用。

3. 安全性

本质上无线电波不要求建立物理的连接通道，无线信号是发散的。从理论上讲，很容易监听到无线电波广播范围内的任何信号，造成通信信息泄露。

基于以上原因，目前计算机网络的骨干网仍采用有线介质传输信息。

三、无线局域网的技术要求

由于无线局域网需要支持高速、突发的数据业务，在室内使用还需要解决多径衰落以及各子网间串扰等问题。

具体来说，无线局域网必须实现以下技术要求。

1. 可靠性

无线局域网的系统分组丢失率与误码率应该在合适的范围之内。

2. 兼容性

对室内使用的无线局域网，应尽可能使其与现有的有线局域网在网络操作系统和网络软件上相互兼容。

3. 数据速率

为了满足局域网业务量的需要，无线局域网的数据传输速率应该在1Mbit/s以上。

4. 通信保密

由于数据通过无线介质在空中传播，无线局域网必须在不同层次采取有效的措施，以提高通信保密性和数据安全性。

5. 移动性

支持全移动网络或半移动网络。

6. 节能管理

当无数据收发时，站点机应处于休眠状态，当有数据收发时，再被激活，从而达到节省电力消耗的目的。

7. 小型化、低价格

这是无线局域网得以普及的关键。

8. 电磁环境

无线局域网应考虑电磁对人体和周边环境的影响问题。

7.1.3　无线局域网的应用

1. 大楼之间

大楼之间建构网络的连接，取代专线，简单又便宜。

2. 餐饮及零售

餐饮服务业可使用无线局域网产品，直接从餐桌即可输入并传送客人点菜内容至厨房、柜台。零售商促销时，可使用无线局域网产品设置临时收银柜台。

3. 医疗

使用附无线局域网产品的手提式计算机取得实时信息，医护人员可藉此避免对伤患救治的迟延、不必要的纸上作业、单据循环的迟延及误诊等，从而提升对伤患照顾的质量。

4. 企业

当企业内的员工使用无线局域网产品时，不管他们在办公室的任何一个角落，只要有无线局域网产品，就都能随意地发电子邮件、分享档案及上网浏览。

5. 仓储管理

一般仓储人员的盘点事宜，透过无线网的应用，能立即将最新的资料输入计算机仓储系统。

6. 货柜集散场

一般货柜集散场的桥式起重车，可于调动货柜时，将实时信息传回 office，以利相关作业之逐行。

7. 监视系统

一般位于远方且需受监控现场的场所，由于布线困难，可藉由无线网将远方的影像传回主控站。

8. 展示会场

诸如一般的电子展、计算机展，由于网络需求极高，而且布线又会让会场显得凌乱，因此若能使用无线网络，则是再好不过的选择。

7.2　无线局域网的协议标准

无线接入技术目前比较流行的有 IEEE 802.11 标准、蓝牙（bluetooth）、HomeRF（家庭网络）和红外线数据标准协会（infrared data association，IrDA）。

7.2.1　IEEE 802.11 标准

一、常用的无线局域网

IEEE 802.11 无线局域网标准的制定是无线网络技术发展的一个里程碑。IEEE 802.11 标准除了具备无线局域网的优点及各种不同性能外，还使得不同厂商的无线产品得以互连。另外，该标准促使核心设备执行单芯片解决方案，降低了无线局域网的造价。IEEE 802.11 标准的颁布，使得无线局域网在各种有移动要求的环境中被广泛接受。它是无线局域网目前最常用的传输协议，各个公司都有基于该标准的无线网卡产品。不过由于 IEEE 802.11 的传输速率最高只能达到 2Mbit/s，在传输速率上不能满足人们的需要，因此，IEEE 小组又相继推出了 IEEE 802.11b 和 IEEE 802.11a 两个新标准。IEEE 802.11b 标准采用一种新的调制技术，使得传输速率能根据环境变化，速率最高可达到 11Mbit/s，满足了日常的传输要求。而 IEEE 802.11a 标准的传输速率更惊人，最高可达 54 Mbit/s，完全能满足语音、数据、图像等业务的需要。表 7-1 所示为几种常用的无线局域网。

表 7-1　　　　　　　　　　　　　　　几种常用的无线局域网

标准	频段	数据速率	物理层	优缺点
IEEE 802.11b	2.4 GHz	最高为 11 Mbit/s	HR-DSSS	最高数据传输速率较低，价格最低，信号传播距离最远，且不易受阻碍
IEEE 802.11a	5 GHz	最高为 54 Mbit/s	OFDM	最高数据传输速率较高，支持更多用户同时上网，价格最高，信号传播距离较短，且易受阻碍
IEEE 802.11g	2.4 GHz	最高为 54 Mbit/s	OFDM	最高数据传输速率较高，支持更多用户同时上网，信号传播距离最远，且不易受阻碍，价格比 IEEE 802.11b 高
IEEE 802.11n	2.4Ghz 或者 5.0Ghz	最高为 600 Mbit/s	MIMO OFDM	最高数据传输速率最高，支持范围最广

二、　CSMA/CD 协议

CSMA/CD 协议已普遍应用于有线局域网，然而无线局域网却不能简单地搬用 CSMA/CD 协议。这里主要有以下两个原因。

（1）CSMA/CD 协议要求一个站点在发送本站数据的同时，还必须不间断地检测信道，但在无线局域网的设备中要实现这种功能就花费过大。

（2）即使能够实现碰撞检测功能，并且在发送数据时检测到信道是空闲的，在接收端仍然有可能发生碰撞。

通过图 7-1 来说明，当站点 A 和站点 C 检测不到无线信号时，都以为站点 B 是空闲的，因而都向站点 B 发送数据，结果发生碰撞。这种未能检测出媒体上已存在的信号的问题叫做隐蔽站问题（hidden station problem）。

在图 7-2 中，当站点 B 向站点 A 发送数据，而站点 C 又想和站点 D 通信。站点 C 检测到媒体上有信号，于是就不敢向站点 D 发送数据。其实站点 B 向站点 A 发送数据并不影响站点 C 向站点 D 发送数据，这就是暴露站问题（exposed station problem）。

由此可见，无线局域网可能出现检测错误的情况：检测到信道空闲，其实并不空闲，检测到信道忙，其实并不忙。

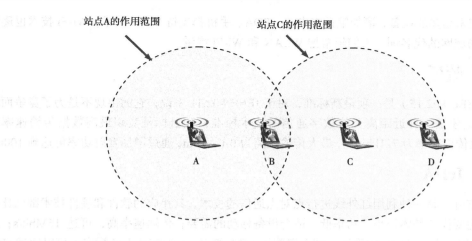

图 7-1　隐蔽站问题（站点 A 和站点 C 同时向站点 B 发送信号，发生碰撞）

因而无线局域网不能使用 CSMA/CD 协议，而只能使用改进的 CSMA 协议。改进的办法是为 CSMA 增加一个碰撞避免（collision avoidance）功能。碰撞避免的思路是：协议的设计尽量减小碰撞发生的概率。IEEE 802.11 就使用 CSMA/CA 协议。而在使用 CSMA/CA 协议的同时，还增加使用停止等待协议，即每发完一帧后要等到收到对方的确认才能继续发送下一帧。

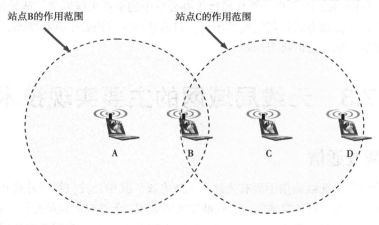

图 7-2　暴露站问题（站点 B 向站点 A 发送信号，使站点 C 停止向站点 D 发送数据）

7.2.2　Wi–Fi

1999 年工业界成立了 Wi-Fi 联盟，致力解决符合 IEEE 802.11 标准的产品的生产和设备兼容性问题。2002 年 10 月，Wi-Fi 正式改名为 Wi-Fi Alliance。Wi-Fi 是制定 IEEE 802.11 无线网络的组织，并非代表无线网络。

Wi-Fi（wireless fidelity）原先是无线保真的缩写，在无线局域网的范畴是指"无线相容性认证"。它实质上是一种商业认证，同时也是一种无线联网的技术。以前通过网线连接计算机，现在则是通过无线电波来联网。常见的就是一个无线路由器，在这个无线路由器的电波覆盖的有效范围内都可以采用 Wi-Fi 连接方式进行联网，如果无线路由器连接了一条 ADSL 线路或者其他上网线路，则又被称为"热点"。

目前，越来越多的设备，诸如笔记本电脑、PDA、手机都支持 Wi-Fi 技术，Wi-Fi 技术也逐渐成为了无线局域网的代名词，人们经常把 WLAN 和 Wi-Fi 混淆。

7.2.3　蓝牙

蓝牙（IEEE 802.15）是一项最新标准，对于 IEEE 802.11 来说，它的出现不是为了竞争而是相互补充。蓝牙是一种近距离无线数字通信的技术标准，其目标是实现最高数据传输速率为 1Mbit/s（有效传输速率为 721kbit/s），最大传输距离为 0.1～10m，通过增加发射功率可达到 100m。

7.2.4　IrDA

IrDA（红外）是一种利用红外线进行点对点通信的技术，其相应的软件和硬件技术都已比较成熟。它的主要优点是体积小、功率低，适合设备移动的需要；传输速率高，可达 16Mbit/s；成本低，应用普遍。目前有 95% 的手提电脑上安装了 IrDA 接口，最近市场上还推出了可以通过 USB 接口与 PC 相连接的 USB-IrDA 设备。但是，IrDA 也有其不尽如人意的地方。首先，IrDA 是一种视距传输技术，也就是说，两个具有 IrDA 端口的设备之间如果传输数据，中间就不能有阻挡物。这在两个设备之间是容易实现的，但在多个设备间就必须彼此调整位置和角度，这是 IrDA 的致命弱点。其次，IrDA 设备中的核心部件——红外线 LED 不是一种十分耐用的器件，如果经常用装配 IrDA 端口的手机上网，器件可能很快就不堪重负了。

总地来讲，IEEE 802.11 系列标准比较适于办公室中的企业无线网络，蓝牙技术和 IrDA 则可以应用于任何可以用无线方式替代线缆的场合。目前这些技术还处于并存状态，从长远看，随着产品与市场的不断发展，它们将走向融合。

7.3　无线局域网的主要实现技术

7.3.1　微波通信

目前常用的计算机无线通信手段有光波和无线电波。其中光波包括红外线和激光。红外线和激光易受天气影响，也不具备穿透能力，故难以实际应用。无线电波包括短波、超短波和微波等，其中微波通信具有很大的发展潜力。特别是 20 世纪 90 年代以来，美国几家公司发展的一种新型民用无线网络技术，是以微波频段为媒介，采用直序扩展频谱（DSSS）或跳频方式（FH）发射的传输技术，并以此技术作为发射、接收机，遵照 IEEE 802.3 以太网协议，开发了整套的无线网络产品。其通信方面的主要技术特点是：用 900MHz 或 2.45GHz（此频段为开放频段，无需申请许可证）微波作为传输媒介，以先进的直序扩展频谱或跳频方式发射信号，为宽带调制发射。因此它具有传输速率高、发射功率小、保密性好、抗干扰能力强的特点。更方便的是其易于进行多点通信，很多用户可以使用相同的通信频率，只要设置不同的标志码 ID，就可以产生不同的伪随机码来控制扩频调制，即可以进行互不干扰的同时通信。其通信距离和覆盖范围视所选用的天线不同而有所差异：定向传送可达 5～40km；室外的全向天线可覆盖 10～15km 的半径范围；室内全向天线可覆盖最大半径为 250m 的 5000m² 范围。微波扩频通信技术为无线网提供了良好的通信信道。

7.3.2　微波扩频通信

扩展频谱通信（spread spectrum communication）简称扩频通信。扩频通信的基本特征是使用比发送的信息数据传输速率高许多倍的伪随机码把载有信息数据的基带信号的频谱进行扩展，形成宽带的低功率频谱密度的信号来发射。增加带宽可以在较低的信噪比情况下以相同的信息传输速率来可靠地传输信息，甚至在信号被噪声淹没的情况下，只要相应地增加信号带宽，就仍然能够保持可靠的通信，即可以用扩频方法以宽带传输信息来换取信噪比上的好处。这就是扩频通信的基本思想和理论依据。

扩频通信技术在发射端以扩频编码进行扩频调制，在接收端以相关解调技术收取信息，这一过程使其具有许多优良特性，如抗干扰能力强；隐蔽性强，保密性好；多址通信能力强；抗多径干扰能力强；且有较好的安全机制。

实现扩频通信的基本工作方式有 4 种：直接序列扩频（direct sequence spread spectrum，DSSS）工作方式、跳变频率（frequency hopping，FH）工作方式、跳变时间（time hopping，TH）工作方式和线性调频（chirp modulation，Chirp）工作方式。目前使用最多、最典型的扩频工作方式是DSSS 方式，无线网络的通信就是采用这种方式工作的。

若对现有的产品参数详加比较，可以看出 DSSS 技术在需要最佳可靠性的应用中具有较佳的优势，而 FHSS 技术在需要低成本的应用中较占优势。虽然我们可以在网络内看到各家厂商各说各话，但真正需要注意的是厂商在对 DSSS 和 FHSS 技术的选择时，必须审视产品在市场的定位，因为它可以解决无线局域网络的传输能力及特性，包括：抗干扰能力、使用距离范围、频宽大小和传输资料的大小。

一般而言，DSSS 由于采用全频带传送数据，速度较快，未来可开发出更高传输速率的潜力也较大。DSSS 技术适用于固定环境中或对传输品质要求较高的应用，因此，无线厂房、无线医院、网络社区、分校联网等应用，大都采用 DSSS 无线技术产品。FHSS 则大都使用于需快速移动的端点，如移动电话在无线传输技术部分即是采用 FHSS 技术；且因 FHSS 传输范围较小，所以往往在相同的传输环境下，所需要的 FHSS 技术设备要比 DSSS 技术设备多，在整体价格上，可能也会比较高。以目前企业的需求来说，高速移动端点应用较少，而大多较注重传输速率及传输的稳定性，所以未来无线网络产品的发展应会以 DSSS 技术为主流。

7.4　无线局域网的设备与组成

7.4.1　无线局域网的设备

一、接入点

接入点（access point）一般俗称为网络桥接器，顾名思义，就是作为传统的有线局域网与无线局域网的桥梁，因此任何一台装有无线网卡的 PC 均可通过 AP 分享有线局域网，甚至广域网的资源。除此之外，AP 本身又兼具网管功能，可针对接有无线网络卡的 PC 进行必要的控管。目前市面上最流行的 AP 是无线路由器。

从本质上讲，接入点的作用相当于局域网集线器。它在无线局域网和有线网络之间接收、缓冲存储和传输数据，以支持一组无线用户设备。接入点通常是通过一条标准以太网线连接到有线主干网上，并通过天线与无线设备进行通信。接入点或者与之相连的天线通常安装在墙壁或天花板等高处。像蜂窝电话网络中的小区一样，当用户从一个小区移动到另一个小区时，多个接入点可支持从一个接入点切换到另一个接入点。

接入点的有效范围是 20～500m。根据技术、配置和使用情况，一个接入点可以支持 15～250 个用户。通过添加更多的接入点，可以比较轻松地扩充无线局域网，从而减少网络拥塞并扩大网络的覆盖范围。需要多个接入点的大型企业相交地部署这些接入点，以使网络连接保持不断。一个无线接入点能够跟踪其有效范围之内的客户行踪，允许或拒绝特殊的通信或者客户通过它进行通信。

现在市面上常见的无线路由器多为 54Mbit/s 以及 108Mbit/s 的速度，另有 300Mbit/s 速度的 Wi-Fi 路由器正在逐步普及。Wi-Fi 下一代标准制定启动最高传输速率可达 6.7Gbit/s。当然这个速度并不是连接互联网的速度，连接互联网的速度主要取决于 Wi-Fi 热点的互联网线路。

二、无线局域网卡

无线局域网卡（wireless lAN card）一般称为无线网络卡，其与传统的 Ethernet 网络卡的差别在于前者的数据传送是借助无线电波，而后者则是通过一般的网络线。

目前无线网络卡的规格大致可分成 2Mbit/s、5Mbit/s、11 Mbit/s 3 种，而其适用的接口可分为 PCMCIA、USB 和 PCI 3 种。

三、天线（antenna）

无线局域网的天线（见图 7-3）与一般电视所用的天线不同，原因是它们使用的频率不同，WLAN 所用频率为较高的 2.4GHz 频段。

天线的功能是将信号源的信号，通过天线本身的特性而传送至远处，至于能传多远，一般除了考虑信号源的输出强度之外，其另一重要因素乃是天线本身的 dB 值，也就是俗称的增益值，dB 值越高，相对所能传达的距离就越远。通常每增加 8dB，可以增至原距离的一半。

图 7-3　天线

7.4.2　无线局域网的组成

无线局域网由无线网卡、无线接入点（AP）、计算机和相关设备组成，采用单元结构，每个单元称为一个基本服务集（BSS）。BSS 的组成有 3 种方式。

1．集中控制方式

每个单元由一个中心站控制，终端在该中心站的控制下相互通信，在这种方式中，BSS 区域较大，中心站建设费用较高。集中控制方式又称有固定基础设施的无线局域网。如图 7-4 所示。

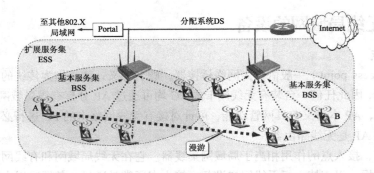

图 7-4　IEEE 802.11 的基本服务集 BSS 和扩展服务集 ESS

　　一个 BSS 包括一个基站和若干移动站，所有的站在本 BSS 以内都可以直接通信，但在和本 BSS 以外的站通信时，都要通过本 BSS 的基站。基本服务集内的基站叫作接入点 AP（access point），其作用和网桥相似。当网络管理员安装 AP 时，必须为该 AP 分配一个不超过 32 字节的服务集标识符（SSID）和一个信道。 一个基本服务集可以是孤立的，也可通过 AP。当一个 BBS 连接到一个主干分配系 DS，然后再接入另一个基本服务集，构成扩展的服务集（extended service set，ESS）。ESS 还可通过门户（portal）为无线用户提供到非 IEEE 802.11 无线局域网（如到有线连接的 Internet）的接入，门户的作用就相当于一个网桥。例如，移动站 A 从某一个基本服务集漫游到另一个基本服务集（到 A′ 的位置），仍可保持与另一个移动站 B 的通信。

　　一个移动站若要加入一个基本服务集 BSS，就必须先选择一个 AP，并与此接入点建立关联。建立关联就表示这个移动站加入了选定的 AP 所属的子网，并和这个 AP 之间创建了一个虚拟线路。只有关联的 AP 才能向这个移动站发送数据帧，而这个移动站也只有通过关联的 AP 才能向其他站点发送数据帧。

　　移动站与 AP 建立关联有两种方法。

　　（1）被动扫描

　　被动扫描即移动站等待接收接入站周期性发出的信标帧（beacon frame）。信标帧中包含若干系统参数（如服务集标识符 SSID 以及支持的速率等）。

　　（2）主动扫描

　　主动扫描即移动站主动发出探测请求帧（probe request frame），然后等待从 AP 发回的探测响应帧（probe response frame）。现在许多地方，如办公室、机场、快餐店、旅馆、购物中心等都能够向公众提供有偿或无偿接入 Wi-Fi 的服务，这样的地点就叫作热点。由许多热点和 AP 连接起来的区域叫作热区（hot zone）。热点也就是公众无线入网点。现在也出现了无线 Internet 服务提供者（wireless internet service provider，WISP）这一名词。用户可以通过无线信道接入 WISP，然后再经过无线信道接入 Internet。

　　2. 分布对等式

　　BSS 中任意两个终端可直接通信，无需中心站转接，这种方式中的 BSS 区域较小，但结构简单，使用方便。分布对等式又称为无固定基础设施（即没有 AP）的无线局域网。这种网络是由一些处于平等状态的移动站相互通信组成的临时网络，如图 7-5 所示。

　　移动自组网络主要应用于军事领域中，携带了移动站的战士可利用临时建立的移动自组网络进行通信。这种组网方式也能够应用到作战的地面车辆群和坦克群，以及海上的舰艇群、空中的机群。当出现自然灾害时，在抢险救灾时，利用移动自组网络进行及时的通信往往很有效。

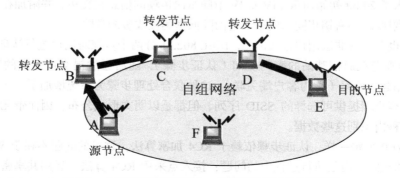

图 7-5　由处于平等状态的由一些便携机构成的自组网络

3. 集中控制方式与分布对等式相结合的方式

将以上两种方式相结合，实现类似有线网络中的混合状网络，是实际应用中主流的无线局域网结构。

7.5 无线局域网的安全问题

当有关 IEEE 802.11 的有线等效保密（WEP）协议安全系统易于受到攻击的报告发表时，无线局域网市场因为安全问题而开始降温。应该说，无线局域网的性能、互操作性和易管理性在不断改善，而安全性已经成为一个迫切需要解决的问题。无线局域网的安全性问题表现为如下几个方面。

7.5.1 传输介质的脆弱性

传统的有线局域网采用单一传输媒体：铜线与无源集线器（hub）或集中器，这些集线器端口和线缆接头差不多都连接到具备一定程度物理安全性的设备中，因而攻击者很难进入这类传输介质。许多有线局域网为每个用户配备专门的交换端口，即使是经认证的内部用户，也无法越权访问，更不用说外部攻击者了。与此对照，无线局域网的传输媒体——大气空间则要脆弱得多，很多空间都在无线局域网的物理控制范围之外，如公司停车场、无线网络设备的安装位置以及邻近高大建筑物等。网络基础架构的这些差别，导致无线局域网与有线网的安全性不在一个水准。

7.5.2 WEP 存在的不足

IEEE 802.11 委员会意识到无线局域网固有的安全缺陷而引入了 WEP。但 WEP 也不能完全保证加密传输的有效性，它不具备认证、访问控制和完整性校验功能。而无线局域网的安全机制是建立在 WEP 基础之上的，一旦 WEP 遭到破坏，这类机制的安全也就不复存在。

WEP 本身存在漏洞，它采用 RC4 序列密码算法，即运用共享密钥将来自伪随机数据产生器的数据生成任意字节长序列，然后将数据序列与明文进行异或处理，生成加密文本。

早期的 IEEE 802.11b 网络都采用 40bit 密钥，现行方案大多采用 128bit 密钥。使用穷举法，一个黑客在数小时内即可将 40bit 密钥攻破；而若采用 128 位密钥，则不太可能被攻破（时间太长）。

但若采用单一密钥方案（密钥串重复使用），即使是 104bit 密钥，也容易受到攻击。为此，在 WEP 中嵌入了 24 bit 初始向量（IV），IV 值随每次传输的信息包变更，并附加在原始共享密钥后面，以最大限度减小密钥相同的概率，进而降低密钥被攻破的危险。

认证失败也会导致非法用户进入网络。IEEE 802.11 分两个步骤对用户进行认证。首先，接入点必须正确应答潜在通信基站的密码质询（认证步骤），随后通过提交接入点的服务集标志符（SSID）与基站建立联系（称为客户端关联）。这种联合处理步骤为系统增加了一定的安全性。一些开发商还为客户端提供可选择的 SSID 序列，但都是以明文形式公布，因而带无线卡的协议分析器能够在数秒内识别这些数据。

与实现 WEP 加密一样，认证步骤依赖于 RC4 加密算法。这里的问题不在于 WEP 不安全，或 RC4 本身的缺陷，而是执行过程中的问题：接入点采用 RC4 算法，运用共享密钥对随机序列进行加密，生成质询密码；请求用户必须对质询密码进行解密，并以明文形式发回接入点，接入点将解密明文与原始随机序列进行对照，如果匹配，则用户获得认证。这样只需获取两类数据帧——质询帧和成功响应帧，攻击者便可轻易推导出用于解密质询密码的密钥串。WEP 系统有完整性校验功能，能部分防止这类采用重放法进行的攻击。但完整性校验是基于循环冗余校验（CRC）机制进行的，很多数据链接协议都使用 CRC，它不依赖于加密密钥，因而攻击者很容易绕过加密验证过程。

另外，攻击者还可能运用一些常见的方法对信息进行更改，这不仅意味着攻击者能够修改任何内容（如金融文档数据中的十进制小数点的位置），而且攻击者能够借助校验过程推断解密方式的正确性。

一旦经过适当认证和客户端关联，用户就能完全进入无线网。即使不攻击 WEP 加密，攻击者也能进入连接到无线网的有线网络，执行非法操作或扰乱网络主管的正常管理，甚至向网络扩散病毒、植入"木马"程序进行攻击等。

IEEE 802.11 以及 WEP 机制很少提及增强访问控制问题。一些开发商在接入点中建有 MAC 地址表用作访问控制列表，接入点只接受 MAC 地址表中的客户端的通信。但 MAC 地址必须以明文形式传输，因而无线协议分析器很容易拾取这类数据。通常情况下，可为不同无线网络接口卡（NIC）配置不同的 MAC 地址，因而运用仿真方法进行攻击对访问控制的影响较小。

7.5.3　WPA

WEP 是数据加密算法，它不是一个用户认证机制，WPA 用户认证是使用 IEEE 802.1x 和扩展认证协议（extensible authentication protocol，EAP）来实现的。

在 IEEE 802.11 标准中，IEEE 802.1x 身份认证是可选项，在 WPA 中，IEEE 802.1x 身份认证是必选项（关于 EAP 的详细资料，请查阅 IETF 的 RFC2284）。

对于加密，WPA 使用临时密钥完整性协议（temporal key integrity protocol，TKIP）的加密是必选项。TKIP 使用了一个新的加密算法取代了 WEP，比 WEP 的加密算法更强壮，同时还能使用现有的无线硬件上提供的计算工具来实行加密的操作。

一、WPA 安全的密钥特性

WPA 标准中包括下述的安全特性：WPA 认证、WPA 加密密钥管理、临时密钥完整性协议（TKIP）、Michael 消息完整性编码（MIC）、AES 支持。

WPA 改善了我们熟知的 WEP 的大部分弱点，它主要应用于公司内部的无线基础网络。无线基础网络包括：工作站、AP 和认证服务器（典型的 RADIUS 服务器）。在无线用户访问网络之前，RADIUS 服务掌控用户信任（如用户名和口令）和认证无线用户。

WPA 的优势来自于一个完整的包含 IEEE 802.1x/EAP 认证、智慧的密钥管理和加密技术的操作次序。它主要的作用包括确定网络安全性能（它可应用于 IEEE 802.11 标准中，并通过数据包里的 WPA 信息进行通信）、探测响应和（重）联合请求。这些基础的信息包括认证算法（IEEE 802.1x 或预共享密钥）和首选的密码套件（WEP、TKIP 或 AES）。WPA 使用 EAP 来强迫用户层的认证机制使用 IEEE 802.1x 基于端口的网络访问控制标准架构，IEEE 802.1x 端口访问控制是防止在用户身份认证完成之前就访问到全部的网络。IEEE 802.1x EAPOL-KEY 包是用 WPA 分发信息密钥给这些工作站进行安全认证的。

在工作站客户端程序使用包含在信息元素中的认证和密码套件信息去判断使用的是哪些认证方法和加密套件。例如，如果 AP 使用的是预共享密钥方法，那么客户端程序不需要使用成熟的

IEEE 802.1x。然而，客户端程序必须简单地证明它自己所拥有的预共享密钥给 AP；如果客户端检测到服务单元不包含一个 WPA 元素，那么它必须在命令中使用预 WPA 802.1x 认证和密钥管理来访问网络。

WPA 定义了强健的密钥生成/管理系统，它结合了认证和数据私密功能。在工作站和 AP 之间成功地认证和通过 4 次握手后，密钥产生了。临时密钥完整性协议（TKIP）使用包装在 WEP 上的动态加密算法和安全技术来克服它的缺点。数据完整性：TKIP 在每一个明文消息末端都包含了一个信息完整性编码（MIC），以确保信息不会被"哄骗"。

二、IEEE 802.1x 的认证过程

（1）最初的 IEEE 802.1x 通信开始以一个非认证客户端设备尝试连接一个认证端（如 AP），客户端发送一个 EAP 起始消息，然后开始客户端认证的一连串消息交换。

（2）AP 回复 EAP 请求身份消息。

（3）客户端发送给认证服务器的 EAP 的响应信息包包含了身份信息。AP 通过激活一个只允许从客户端到 AP 有线端的认证服务器的 EAP 包的端口，并关闭了其他所有的传输，像 HTTP、DHCP 和 POP3 包，直到 AP 通过认证服务器来验证用户端的身份（如 RADIUS）。

（4）认证服务器使用一种特殊的认证算法来验证客户端身份。同样它也可以通过使用数字认证或其他类型的 EAP 认证。

（5）认证服务器发送同意或拒绝信息给这个 AP。

（6）AP 发送一个 EAP 成功信息包（或拒绝信息包）给客户端。

（7）如果认证服务器认可这客户端，那么 AP 将转换这客户端的端口到授权状态并转发其他通信。最重要的是，这个 AP 的软件支持认证服务器中的特定 EAP 类型，并且用户端设备的操作系统或 Supplicant（客户端设备）应用软件也要支持它。AP 为 IEEE 802.1x 消息提供了"透明传输"。这就意味着可以指定任一 EAP 类型，而不需要升级一个自适应 IEEE 802.1x 的 AP。

相对于 WEP，WPA 加密技术更加坚固有效。现在市面出现的所谓"蹭网器"可以破解 WEP 密码，但是想要破解 WPA 密码很难，所以要设置加密方式最好选用 WPA 密钥。

习 题 七

一、填空题

1. 常用的无线局域网标准有_____、_____、_____和_____ 4 种。

2. 实现扩频通信的基本工作方式有 4 种，分别为_____、_____、_____和_____。

3. BSS 的组成有 3 种方式，分别为_____、_____和_____。

4. 移动站与 AP 建立关联有两种方法，分别为_____和_____。

5. 无线局域网的英文简称为_____。

6. IEEE 802.11a 能够提供_____的带宽。

7. IEEE 802.11g 与_____可以兼容。

8. 无线网络技术是以微波频段为媒介，采用直序扩展频谱（DSSS）或_____发射的传输技术。

二、选择题

1. IEEE802.11a 的最大速率为（　　　）。

　　A. 11Mbit/s　　　　B. 108Mbit/s　　　　C. 54Mbit/s　　　　D. 36Mbit/s

2. IEEE802.11b 的最大速率为（　　　）。

　　A. 11Mbit/s　　　　B. 108Mbit/s　　　　C. 54Mbit/s　　　　D. 36Mbit/s

3. 由一个无线 AP 以及关联的无线客户端被称为一个（　　　）。

　　A. IBSS　　　　　　B. BSS　　　　　　　C. ESS　　　　　　D. FSS

4. IEEE 802.11 规定 MAC 层采用（　　　）协议来实现网络系统的集中控制。

　　A. CSMA/CA　　　B. CSMA/CD　　　　C. PPP　　　　　　D. Frame-Relay

5. 与其他常用无线局域网标准比较而言，IEEE 802.11b 的特点描述错误的是（　　　）。

　　A. 最高数据传输速率较低　　　　　　B. 价格最低

　　C. 信号传播距离最近　　　　　　　　D. 不易受阻碍

6. WLAN 技术使用了（　　　）传输介质。

　　A. 无线电波　　　　B. 双绞线　　　　　C. 光波　　　　　　D. 沙浪

7. 天线主要工作在 OSI 参考模型的（　　　）层。

　　A. 一　　　　　　　B. 二　　　　　　　C. 三　　　　　　　D. 四

8. IEEE 802.11g 能够提供的最大带宽为（　　　）。

　　A. 11Mbit/s　　　　B. 108Mbit/s　　　　C. 54Mbit/s　　　　D. 300Mbit/s

三、简答题

1. 无线局域网由哪几部分组成？无线局域网中的固定基础设施对网络的性能有何影响？接入点是否就是无线局域网中的固定基础设施？

2. Wi-Fi 与无线局域网 WLAN 是否为同义词？请简单说明二者的关系。

3. 列举几种常用的无线局域网标准的主要技术指标。

4. WEP 存在的不足主要有哪些？

5. 无线局域网的 MAC 协议有哪些特点？为什么在无线局域网中不能使用 CSMA/CD 协议，而必须使用 CSMA/CA 协议？

6. 简述 WPA 技术的优点。

7. 简述 IEEE 802.1x 的认证过程。

8. 简述利用无线宽带路由组建一个小型家庭办公网络的步骤。

第8章
网络互连设备配置

8.1 网络互连设备概述

网络互连是指将不同的网络连接起来，以构成更大规模的网络系统，实现网络间的数据通信和资源共享。

由于不同的网络间可能存在各种差异，因此对网络互连有如下要求。

（1）在网络之间提供一条链路，至少需要一条物理和链路控制的链路。

（2）提供不同网络间的路由选择和数据传送。

（3）提供各用户使用网络的记录和保持状态信息。

（4）在网络互连时，应尽量避免由于互连而降低网络的通信性能。

（5）不修改互连在一起的各网络原有的结构和协议。这就要求网络互连设备能进行协议转换，协调各个网络的不同性能，这些性能包括：

- 不同的寻址方式。
- 不同的最大分组长度。
- 不同的传输速率。
- 不同的时限。
- 不同的网络访问机制。
- 差错恢复。
- 状态报告。
- 路由选择技术。
- 用户访问控制。
- 连接和无连接。

当源网络发送分组到目的网络要跨越一个或多个外部网络时，这些性能差异会使数据包在穿过不同网络时会产生很多问题。网络互连的目的就在于提供不依赖于原来各个网络特性的互连网络服务。

计算机网络中，除了服务器、个人计算机、扫描仪和打印机等设备外，常用的网络连接设备主要包括：中继器、集线器（hub）、网桥、交换机（switch）、路由器（router）。

一、物理层的设备

物理层的互接设备主要有中继器和集线器。

中继器（repeater）是网络物理层中的连接设备，适用于完全相同的两类网络的互连，主要功能是通过对数据信号的重新发送或者转发来扩大网络传输的距离。中继器是对信号进行再生和还原的 OSI 参考模型的物理层网络设备。

hub 是一个多端口的转发器，当以 hub 为中心设备时，网络中某条线路产生了故障，并不影响其他线路的工作。因此 hub 在局域网中得到了广泛的应用。大多数的时候它用在星型与树型网络拓扑结构中，以 RJ-45 接口与各主机相连（也有 BNC 接口），hub 的种类很多。hub 按照对输入信号的处理方式上，可以分为无源 hub、有源 hub 和智能 hub。

集线器属于数据通信系统中的基础设备，它和双绞线等传输介质一样，是一种不需任何软件支持或只需很少管理软件管理的硬件设备。它被广泛应用到各种场合。集线器工作在局域网（LAN）环境，应用于 OSI 参考模型的物理层，因此又被称为物理层设备。集线器内部采用了电器互连，当维护 LAN 的环境是逻辑总线或环型结构时，完全可以用集线器建立一个物理上的星型或树型网络结构。在这方面，集线器所起的作用相当于多端口的中继器。其实，集线器实际上就是中继器的一种，其区别仅在于集线器能够提供更多的端口服务，所以集线器又叫多口中继器。

二、数据链路层的设备

数据链路层的代表设备是网桥和传统交换机，它们都具有数据存储和接收、根据物理地址进行过滤和有目的地转发数据帧的能力。

网桥（bridge）像一个聪明的中继器。中继器从一个网络电缆中接收信号，放大它们，将其送入下一个电缆。相比较而言，网桥对从关卡上传下来的信息更敏锐一些。网桥是一种对帧进行转发的技术，根据 MAC 分区块，可隔离碰撞。网桥将网络的多个网段在数据链路层连接起来。

交换机（switch，意为"开关"）是一种用于电信号转发的网络设备。它可以为接入交换机的任意两个网络节点提供独享的电信号通路。最常见的交换机是以太网交换机，其他常见的还有电话语音交换机、光纤交换机等。

交换（switching）是按照通信两端传输信息的需要，用人工或设备自动完成的方法，把要传输的信息送到符合要求的相应路由上的技术的统称。交换机根据工作位置的不同，可以分为广域网交换机和局域网交换机。广域的交换机就是一种在通信系统中完成信息交换功能的设备，它应用在数据链路层。交换机有多个端口，每个端口都具有桥接功能，可以连接一个局域网或一台高性能服务器或工作站。实际上，交换机有时也称为多端口网桥。

三、网络层的设备

网络层的代表设备是路由器，网络层设备具有路径选择、拥塞控制和控制广播信息的能力。

路由器（router）是连接 Internet 中各局域网、广域网的设备，它会根据信道的情况自动选择和设定路由，以最佳路径，按前后顺序发送信号。路由器是互连网络的枢纽。目前路由器已经广泛应用于各行各业，各种不同档次的产品已成为实现各种骨干网内部连接、骨干网间互连和骨干网与互联网互连互通业务的主力军。路由和交换之间的主要区别就是交换发生在 OSI 参考模型的数据链路层，而路由发生在网络层。这一区别决定了路由和交换在移动信息的过程中需使用不同的控制信息，所以两者实现各自功能的方式是不同的。

路由器是互联网的主要节点设备。路由器通过路由决定数据的转发。转发策略称为路由选择（routing），这也是路由器名称的由来（router，转发者）。作为不同网络之间互相连接的枢纽，路由器系统构成了基于 TCP/IP 的国际互联网 Internet 的主体脉络，也可以说，路由器构成了 Internet 的骨架。

8.2　交换机技术

随着网络应用的增多以及交换机价格的降低，交换机的使用已经非常普及。和 hub 相比，交换机大大减少了冲突，也增加了很多其他功能，如 VLAN 和 STP 等。

8.2.1　交换机的管理

交换机设备初次使用时，需要对交换机进行配置，从而实现对网络的管理。交换机的管理方式有通过控制台访问和远程登录访问（Telnet）2 种。

一、通过控制台访问

当一台交换机刚从包装箱中取出时，对其完成配置的第一步是将工作站通过 console 口连接到交换机。交换机文档中详细描述了所使用的线缆和接头，交换机应该附带了用于 console 连接的接头和线缆。

例如，要从一台 PC 通过 console 访问 Catalyst 4000/5000/6000 的监控引擎，需要使用交换机附带的 RJ-45-to-RJ-45 的反转（rollover）线和 DB-9-to-RJ-45 的串口适配器，步骤如下。

（1）将反转线的一端连接到 console 口。

（2）将附带的 DB-9-to-RJ-45 串口适配器（标有 Terminal）连接到 PC 的串口上。

（3）将反转线的另一端连接到串口适配器的 RJ-45 端口上。

二、远程登录访问

访问交换机的另一种方式是 Telnet。在对交换机进行基本的 IP 配置后，都通过 Telnet 访问交换机，除非所使用的安全措施不允许使用 Telnet 访问。

通过远程 Telnet 来访问交换机时，必须通过 Console 给交换机配置一个 IP 地址。

设置 Console 管理的步骤如下。

（1）设置交换机中，默认的 VLAN 接口称为 VLAN1 地址。

（2）在全局配置模式下，设置虚拟终端（virtual terminal）的线路号。

（3）在线路配置模式下，设置通过虚拟终端登录的用户口令。

8.2.2　VLAN 技术

虚拟局域网（virtual local area network，VLAN）是一种将局域网设备从逻辑上划分成一个个网段，从而实现虚拟工作组的新兴数据交换技术。这一新兴技术主要应用于交换机和路由器中，但主流应用还是在交换机中。但又不是所有交换机都具有此功能，只有 VLAN 协议的第二层以上交换机才具有此功能，这一点查看相应交换机的说明书即可得知。

IEEE 于 1999 年颁布了用于标准化 VLAN 实现方案的 802.1Q 协议标准草案。VLAN 技术的出现，使得管理员根据实际应用需求，把同一物理局域网内的不同用户逻辑地划分成不同的广播域，每一个 VLAN 都包含一组有着相同需求的计算机工作站，与物理上形成的 LAN 有着相同的属性。由于它是从逻辑上划分，而不是从物理上划分，所以同一个 VLAN 内的各个工作站没有限制在同一个物理范围中，即这些工作站可以在不同物理 LAN 网段。由 VLAN 的特点可知，一个 VLAN 内部的广播和单播流量都不会转发到其他 VLAN 中，从而有助于控制流量、减少设备投资、简化网络管理、提高网络的安全性。

8.2.3　VLAN—交换机的互连

一、接入链路

接入链路（access link）是用来将非 VLAN 标识的工作站或者非 VLAN 成员资格的 VLAN 设备接入一个 VLAN 交换机端口的一个 LAN 网段。它不能承载标记数据。

二、中继链路

中继链路（trunk link）是指承载标记数据（即具有 VLAN ID 标签的数据包）的干线链路，只能支持那些理解 VLAN 帧格式和 VLAN 成员资格的 VLAN 设备。中继链路最通常的实现就是连接两个 VLAN 交换机的链路。与中继链路紧密相关的技术是链路聚合（trunking）技术，该技术采用 VTP（VLAN trunking protoco1）协议，即在物理上，每台 VLAN 交换机的多个物理端口是独立的，多条链路平行，采用 VTP 技术处理以后，从逻辑上，VLAN 交换机的多个物理端口为一个逻辑端口，多条物理链路为一条逻辑链路。这样，VLAN 交换机上使用生成树协议（spanning tree protocol，STP）就不会中止物理上由多条平行链路构成的环路，而且，带有 VLAN ID 标签的数据流可以在多条链路上同时进行传输共享，实现数据流的高效快速平衡传输。

三、混合链路

混合链路（hybrid link）是接入链路和中继链路混合所组成的链路，即连接 VLAN-aware 设备和 VLAN-unaware 设备的链路。这种链路可以同时承载标记数据和非标记数据。

8.2.4　VLAN 划分

一、按端口划分

将 VLAN 交换机上的物理端口和 VLAN 交换机内部的 PVC（永久虚电路）端口分成若干组，每组构成一个虚拟网，相当于一个独立的 VLAN 交换机，如图 8-1 所示。这种按网络端口来划分 VLAN 网络成员的配置过程简单明了，因此，它是最常用的一种 VLAN 划分方式。其主要缺点在于不允许用户移动，一旦用户移动到一个新的位置，网络管理员就必须配置新的 VLAN，如表 8-1 所示。

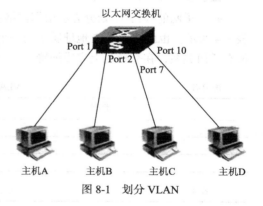

图 8-1　划分 VLAN

表 8-1　　　　　　　　　　　　　　　VLAN 端口划分

端口	VLAN ID
Port1	VLAN2
Port1	VLAN3
…	…
Port7	VLAN2
…	…
Port10	VLAN3

二、MAC 地址划分

VLAN 工作基于工作站的 MAC 地址，VLAN 交换机跟踪属于 VLAN 的 MAC 地址，从某种意义上说，这是一种基于用户的网络划分手段，因为 MAC 地址在工作站的网卡（NIC）上。这种方式的 VLAN 允许网络用户从一个物理位置移动到另一个物理位置时，自动保留其所属 VLAN 的成员身份，但这种方式要求网络管理员将每个用户都一一划分在某个 VLAN 中，在一个大规模的 VLAN 中，这就有些困难；再者，笔记本电脑没有网卡，因而，当笔记本电脑移动到另一个站时，VLAN 需要重新配置，如表 8-2 所示。

表 8-2   VLAN MAC 地址划分

MAC 地址	VLAN ID
MAC A	VLAN2
MAC B	VLAN3
MAC C	VLAN2
MAC D	VLAN3
…	…

三、网络协议划分

按网络层协议来划分，VLAN 可分为 IP、IPX、DECnet、AppleTalk、Banyan 等，如表 8-3 所示。这种按网络层协议来组成的 VLAN，可使广播域跨越多个 VLAN 交换机。这对于希望针对具体应用和服务来组织用户的网络管理员来说是非常具有吸引力的，而且，用户可以在网络内部自由移动，但其 VLAN 成员身份仍然保留不变。这种方式的不足之处在于，可使广播域跨越多个 VLAN 交换机，容易造成某些 VLAN 站点数目较多，产生大量的广播包，使 VLAN 交换机的效率降低。

四、基于 IP 子网划分

基于子网的 VLAN 划分方法根据网络主机使用的 IP 地址所在的网络子网来划分广播域，如表 8-4 所示。也就是说，IP 地址属于同一个子网的主机属于同一个广播域，而与主机的其他因素没有任何关系，在交换机上完成配置。

表 8-3   VLAN 网络协议划分

协议类型	VLAN ID
IP	VLAN2
IPX	VLAN3
…	…

表 8-4   VLAN IP 子网划分

IP 子网	VLAN ID
1.1.1.0/24	VLAN2
1.1.2.0/24	VLAN3
…	…

这种 VLAN 划分方法管理配置灵活，网络用户自由移动位置而不需重新配置主机或交换机，并且可以按照传输协议进行子网划分，从而实现针对具体应用服务来组织网络用户。但是，这种方法也有它不足的一面，因为为了判断用户属性，必须检查每一个数据包的网络层地址，这将耗费交换机不少的资源；并且同一个端口可能存在多个 VLAN 用户，这对广播报文的抑制效率有所下降。

8.2.5　交换机的端口工作模式

交换机的端口有 3 种工作模式，分别是 access 模式、trunk 模式和 hybrid 模式，每一种工作模式有着不同的特点和应用环境。

1. access 模式

access 模式也叫接入模式，是默认的模式，这个模式只允许端口属于一个 VLAN，用于接入层。

2. trunk 模式

trunk 模式也叫干道接口，设置成 trunk 模式后端口属于汇聚链路，不做策略的话，默认是所有 VLAN 都可以通过，trunk 模式负责识别 tag 标签，主要用于交换机级联。

3. hybrid 模式

hybrid 模式也叫混杂模式，hybrid 模式的端口可以属于一个 VLAN，也可以属于多个 VLAN，用于一些特殊的场合，比如需要 VLAN 间进行第二层的通信，hybrid 模式的端口可允许多个 VLAN 不打 tag 标签，而 trunk 模式只允许一个 VLAN 不打 tag 标签。

8.2.6　VLAN 配置

用 VLAN 划分网络（P1、P3 属于 VLAN 2，P2、P4 属于 VLAN 3）并实现 VLAN 间的通信，如图 8-2 所示。

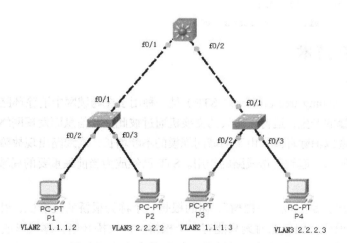

图 8-2　VLAN 配置

```
SS1:
SS1（config）#vlan 2                              /创建 VLAN 2
SS1（config-vlan）#exit
SS1（config）#vlan 3                              /创建 VLAN 3
SS1（config-vlan）#exit
SS1（config）#interface vlan 2
SS1（config-if）#ip address 1.1.1.1 255.0.0.0     /为 VLAN 2 设置 IP
SS1（config）#interface vlan 3
SS1（config-if）#ip address 2.2.2.1 255.0.0.0     /为 VLAN 3 设置 IP
```

```
SS1（config）#interface f0/1
SS1（config-if）#switchport trunk encapsulation dot1q/设置接口 trunck 采用 802.1Q 封装
SS1（config-if）#switchport mode trunk          /将二层口设置为 trunck 口
SS1（config）#interface f0/2
SS1（config-if）#switchport trunk encapsulation dot1q
SS1（config-if）#switchport mode trunk
S1:
S1（config）#vlan 2
S1（config-vlan）#vlan 3
S1（config-vlan）#exit
S1（config）#interface f0/2
S1（config-if）#switchport access vlan 2
S1（config）#interface f0/3
S1（config-if）#switchport access vlan 3
S2:
S2（config）#vlan 2
S2（config-vlan）#vlan 3
S2（config-vlan）#exit
S2（config）#interface f0/2
S2（config-if）#switchport access vlan 2
S2（config）#interface f0/3
S2（config-if）#switchport access vlan 3
```

8.2.7 STP 技术

一、STP 简介

生成树协议（spanning tree protocol，STP）是一种用于在局域网中消除环路的协议。为了防止二层网络的广播风暴的产生，运行该协议的交换机通过彼此交互信息而发现网络中的环路，并适当对某些端口进行阻塞以消除环路。由于局域网规模的不断增长，当线路出现故障时，断开的接口将会被激活，并恢复通信，起到备份线路的作用。STP 已经成为当前最重要的局域网协议之一。

二、技术原理

STP 的基本思想就是生成"一棵树"，树的根是一个称为根桥的交换机，根据设置不同，不同的交换机会被选为根桥，但任意时刻只能有一个根桥。由根桥开始，逐级形成一棵树，根桥定时发送配置报文，非根桥接收配置报文并转发，如果某台交换机能够从两个以上的端口接收到配置报文，则说明从该交换机到根有不止一条路径，构成循环回路，此时交换机根据端口的配置选出一个端口并把其他的端口阻塞，消除循环回路。当某个端口长时间不能接收到配置报文时，交换机认为端口的配置超时，网络拓扑可能已经改变，此时重新计算网络拓扑，重新生成一棵树。

总之，STP 的目的就是在不影响冗余的情况下，避免交换机环路的出现。

具体的选举步骤如下。

（1）One root bridge per network（在网络中选举一个根桥）。

（2）One root port per nonroot bridge（在每一个非根桥中选举一个根端口称为 RP）。

（3）One designated port per segment（在每条链路中选举一个指定端口称为 DP）。

（4）Nondesignated ports are unused（剩下的一个端口为 BLOCK 状态）。

三、选举原则

在所有交换机中 Bridge ID 越低，越优先。Bridge ID 由两部分组成，{Bridge Priority，MAC Adress}。Bridge Priority 为桥优先级，默认为 32768；MAC Adress 就是交换机的 MAC 地址。

　如果想把指定交换机设为根桥，可把该交换机的 Bridge Priority 设为更低，一般设为 0。

1. 选举根端口

选举根端口时，按照以下原则。COST—Port ID,先比较 COST 值，即该端口到根桥的花费。COST 值越低越优先。

```
COST 值
带宽      COST
10Gps     2
1Gps      4
100M      19
10M       100
```

如果 COST 值相同的话，再比较 Port ID,Port ID 值低的优先级高，比如 Port 0 比 Port 1 的优先级高。

2.选举指定端口

选举指定端口，规则为 COST—Bridge ID。先比较 COST 值，当 COST 值相同时，再比较桥 ID，桥 ID 值越小优先级越高。

3. BLOCK 端口

最后剩下的那个唯一的端口即为 BLOCK 状态，即不收发数据，但会接收 BPDU 报文，监听其他正常使用的交换机是否工作正常，如果不正常立即进入下一状态。

在进行了上述选举过程后，交换机就完成了根桥和端口类型的选择过程。

四、STP 的功能

生成树协议最主要的应用是避免局域网中的网络环回，解决成环以太网网络的"广播风暴"问题，从某种意义上说是一种网络保护技术，可以消除由于失误或者意外带来的循环连接。STP 也提供了为网络提供备份连接的可能，可与 SDH 保护配合构成以太环网的双重保护。新型以太单板支持符合 ITU-T 802.1d 标准的 STP 及 802.1w 规定的 RSTP，收敛速度可达到 1s。

但是，由于协议机制本身的局限，STP 保护速度慢（即使是 1s 的收敛速度，也无法满足电信级的要求），如果在城域网内部运用 STP 技术，用户网络的动荡会引起运营商网络的动荡。目前在 MSTP 组成环网中，由于 SDH 保护倒换时间比 STP 收敛时间快得多，系统依然采用 SDH MS-SPRING 或 SNCP，一般倒换时间在 50ms 以内。但测试时，部分以太网业务的倒换时间为 0 或小于几毫秒，原因是内部具有较大缓存。SDH 保护倒换动作对 MAC 层是不可见的。

五、STP 算法

IEEE 802.1D 标准定义了 STP 的生成树算法。该算法依赖于 BID、路径开销和端口 ID 参数来做出决定。

1. BID（网桥 ID）

BID 是生成树算法的第一个参数，BID 决定了桥接网络的中心，称为根网桥或根交换机。

BID 参数是一个 8 字节域。前 2 字节（十进制）称为"网桥优先级"，后 6 字节（十六进制）是交换机的一个 MAC 地址。

网桥优先级用来衡量一个网桥的优先度，范围是 0 ~ 65 535，默认是 32 768。

思科交换机中的 PVST+（每 VLAN 生成树）生成树协议使每个 VLAN 都有一个 STP 实例。

比较两个 BID 的大小的原则：一是网桥优先级小的 BID 优先，二是在网桥优先级相同时，BID 中的后 6 字节的 MAC 小的则 BID 优先。

2. 路径开销

路径开销是生成树算法的第二个参数，决定到根网桥（根交换机）的路径。

路径开销与跳数无关。

路径开销决定到根网桥或根交换机的最佳路径，最小的路径开销是到根交换机的最佳路径。

路径开销的值的规律：带宽越大，STP 开销越小。

3. 端口 ID

端口 ID 是生成树算法的第三个参数，也决定到根交换机的路径。它由 2 字节组成，包括端口优先级和端口号，各占 8 位。

端口优先级的范围为 0 ~ 255，默认为 128；端口号有 256 个。

端口 ID 大小的判定与 BID 大小的判定相同。

六、STP 的过程

1. STP 判决和 BPDU 交换

当创建一个逻辑无环的拓扑时，STP 总是通过发送 BPDU 的第二层帧来传递生成树协议，并执行相同的 4 步判决过程。

（1）确定根交换机。

（2）计算到根交换机的最小路径开销。

（3）确定最小的发送者 BID。

（4）确定最小的端口 ID。

网桥为每个端口存储一个其收到的最佳 BPDU，当有其他的 BPDU 到达交换机的端口时，交换机会使用四步判决过程来判断此 BPDU 是否比该端口原来存储的 BPDU 更好，如果新收到的 BPDU（或者本地生成的 BPDU）更好，则替换原有值。

当一个网桥第一次被激活时，其上所有端口每隔一个 HELLO 时间（默认 2s）发送一次 BPDU；如果一个端口发现从其他网桥收到的 BPDU 比自己发送的好，则本地端口停止发送 BPDU；如果在 MAX AGE（最大生存时间，默认为 20s）内没有从邻居网桥收到更好的 BPDU，则本地端口重新开始发送 BPDU，即最大生存时间是最佳 BPDU 的超时时间。

2. STP 收敛的步骤

生成树算法收敛于一个无环拓扑的初始过程包含 3 个选举步骤。

（1）选举一个根交换机。

（2）选举根端口。

（3）选举指定端口。

在网络第一次"初始"时，所有网桥都洪泛混合的 BPDU 信息，网桥通过执行 STP 四步判决过程，形成整个网络或 VLAN 唯一的生成树。在网络稳定后，BPDU 从根网桥流出，沿着无环支路到达网络中的每一个网段。网络发生变化时，生成树协议按照收敛 3 个步骤做出处理。

（1）选举根交换机。

根交换机是一个具有最小 BID 的网桥，它是唯一的，是通过交换 BPDU 选举得出来的。

BPDU 是网桥之间用来交换生成树信息的特殊帧，它在网桥之间传播，包括交换机和所有配置来进行桥接的路由器，BPDU 不携带终端用户流量。

BPDU 包括根 BID、根路径开销、发送者 BID 和端口 ID 信息。

也就是说，交换机通过传递 BPDU 来发现谁是最小的 BID，从而将具有最小 BID 的网桥作为根交换机。最初时，交换机总将自己认为是根网桥，当它发现有比自己小的 BID 时，就将收到的具有最小 BID 的交换机作为根网桥。

（2）选举根端口。

在根交换机选举完后，就开始选举根端口了。所谓根端口，就是具有最小根路径开销的端口。每一个非根交换机都必须选举一个根端口。

（3）选举指定端口。

通过以上两个步骤后，生成树算法还没有消除任何环路，因为还没有选举指定端口。所谓指定端口，就是连接在某个网段上的一个桥接端口，它通过该网段既向根交换机发送流量，也从根交换机接收流量。桥接网络中的每个网段都必须有一个指定端口。

指定端口也是根据最小根路径开销来决定的，因此根交换机上的每个活动端口都是指定端口，因为它的每个端口都具有最小根路径开销（实际它的根路径开销是 0）。

 　指定端口只在中继端口（Trunk 口）起作用。接入端口在指定端口选举中不起任何作用。接入端口用来连接到主机或者三层端口。

3. STP 状态

在网桥确定根端口、指定端口和非指定端口后，STP 就准备开始创建一个无环拓扑了。

为创建一个无环的拓扑，STP 配置根端口和指定端口转发流量，非指定端口阻塞流量。

实际上，STP 决定端口转发和阻塞看似只有这两个状态，实际上有 5 种状态。

（1）Disabled。为了管理目的或者由于发生故障将端口关闭。

（2）Blocking。在初始启用端口之后的状态。端口不能接收或者传输数据，不能把 MAC 地址加入地址表，只能接收 BPDU（bridge protocol data unit）。如果检测到有一个桥接环、端口失去了它的根端口或者指定端口的状态，就返回到 Blocking 状态。

（3）Listening。如果一个端口可以成为一个根端口或者指定端口，那么它就转入监听状态。此时端口不能接收或者传输数据，也不能把 MAC 地址加入地址表，但可以接收和发送 BPDU。

（4）Learning。在 Forward Delay 计时时间到（默认为 15s）后，端口进入学习状态，此时端口不能传输数据，但可以发送和接收 BPDU，也可以学习 MAC 地址，并加入地址表。

（5）Forwarding。在下一次转发时延计时时间到后，端口进入转发状态，此时端口能够发送和接收数据、学习 MAC 地址、发送和接收 BPDU。

8.2.8　交换机的端口技术

一、端口汇聚

Trunk 是端口汇聚的意思，就是通过配置软件的设置，将 2 个或多个物理端口组合在一起成为一条逻辑的路径，从而增加在交换机和网络节点之间的带宽，将属于这几个端口的带宽合并，给端口提供一个几倍于独立端口的独享的高带宽。Trunk 是一种封装技术，它是一条点到点的链路，链路的两端可以都是交换机，也可以是交换机和路由器，还可以是主机和交换机或路由器。

基于端口汇聚功能，允许交换机与交换机、交换机与路由器、主机与交换机或路由器之间通过两个或多个端口并行连接同时传输，以提供更高带宽、更大吞吐量，大幅度提供整个网络的能力。

Trunk 的主要功能就是将多个物理端口（一般为 2~8 个）绑定为一个逻辑的通道，使其工作起来就像一个通道一样。将多个物理链路捆绑在一起后，不但提升了整个网络的带宽，而且数据还可以同时经由被绑定的多个物理链路传输，具有链路冗余的作用，在网络出现故障或其他原因断开其中一条或多条链路时，剩下的链路还可以工作。但在 VLAN 数据传输中，各个厂家使用不同的技术。例如，思科的产品是使用其 VLAN Trunk 技术，其他厂商的产品大多支持 802.1q 协议打上 TAG 头，这样就生成了小巨人帧，需要相同的端口协议来识别，小巨人帧由于大小超过了标准以太帧 1518 字节的限制，普通网卡无法识别，需要有交换机脱 TAG 标签。

设置 Trunk 需要指定一个端口作为主干的端口，如 2/24。例如，把某个端口设成 Trunk 方式，命令如下。

```
set trunk mod/port [on | off | desirable | auto | nonegotiate] [vlan_range] [isl | dot1q
dot10 | lane | negotiate].
```

该命令可以分成以下 4 个部分。

mod/port：指定用户想要运行 Trunk 的哪个端口。

Trunk 的运行模式分别有 on | off | desirable | auto | nonegotiate 几种。

要想在快速以太网和千兆以太网上自动识别出 Trunk，就必须保证在同一个 VTP 域内。也可以使用 On 或 Nonegotiate 模式来强迫一个端口运行 Trunk，无论其是否在同一个 VTP 域内。

承载的 VLAN 范围。默认为 1~1005，可以修改，但必须有 Trunk 协议。使用 Trunk 时，相邻端口上的协议要一致。

另外在中心交换机上需要把与下面交换机相连的端口设置成 Trunk，这样下面交换机中的多个 VLAN 就能够通过一条链路和中心交换机通信了。

二、端口镜像

1. 什么是端口镜像

端口镜像是把交换机一个或多个端口（VLAN）的数据镜像到一个或多个端口的方法。端口镜像（Port Mirroring）可以让用户将所有流量从一个特定的端口复制到一个镜像端口。如果交换机提供端口镜像功能，则允许管理人员自行设置一个监视管理端口来监视被监视端口的数据。监视到的数据可以通过 PC 上安装的网络分析软件查看，通过对数据的分析就可以实时查看被监视端口的情况。

端口镜像选取设备的原则为网络中连接重要服务器群的交换机或路由器，或是连接到网关的出口路由器。

2. 为什么需要端口镜像

通常部署流量分析、IDS 等产品需要监听网络流量，但是在目前广泛采用的交换网络中监听所有流量相当困难，因此需要通过配置交换机来把一个或多个端口（VLAN）的数据转发到某一个端口来实现对网络的监听。

3. 端口镜像的别名

端口镜像通常有以下几种别名。

（1）Port Mirroring。通常是指允许把一个端口的流量复制到另外一个端口，同时这个端口不能再传输数据。

（2）Monitoring Port。监控端口。

（3）Spanning Port。通常是指允许把所有端口的流量复制到另外一个端口，同时这个端口不能再传输数据。

（4）SPAN Port。在 Cisco 产品中，SPAN 通常指 Switch Port ANalyzer。某些交换机的 SPAN 端口不支持传输数据。

8.3　路由器技术

8.3.1　路由器的管理

一、设置路由器

设置路由器有以下 5 种方式。

（1）Console 口接终端或运行终端仿真软件的微机。

（2）AUX 口接 modem，通过电话线与远方的终端或运行终端仿真软件的微机相连。

（3）通过 Ethernet 上的 TFTP 服务器。

（4）通过 Ethernet 上的 Telnet 程序。

（5）通过 Ethernet 上的 SNMP 网管工作站。

但路由器的第一次设置必须通过第一种方式进行，此时终端的硬件设置如下。

波特率：9600

数据位：8

停止位：1

奇偶校验:无

二、命令状态

1. router>

路由器处于用户命令状态，这时用户可以查看路由器的连接状态，访问其他网络和主机，但不能查看和更改路由器的设置内容。

2. router#

在 router>提示符下键入 enable，路由器进入特权命令状态 router#，这时不但可以执行所有用户命令，还可以看到和更改路由器的设置内容。

3. router（config）#

在 router#提示符下键入 configure terminal，出现提示符 router（config）#，此时路由器处于全局设置状态，这时可以设置路由器的全局参数。

4. router（config–if）#; router（config–line）#; router（config–router）#;…

路由器处于局部设置状态，这时可以设置路由器的某个局部参数。

路由表生成的方法很多，通常可划分为手工静态配置和动态协议生成两类。对应地，路由协议可以划分为静态路由和动态路由协议两类。

8.3.2　静态路由

静态路由（static routing）是一种特殊的路由，由网络管理员采用手工方法在路由器中配置而成，如图 8-3 所示。早期网络的规模不大，路由器的数量很少，路由表也相对较小，通常采用手工方法对每台路由器的路由表进行配置，即静态路由。这种方法适合于规模较小、路由表相对简单的网络使用。它较简单，容易实现，沿用了很长一段时间。

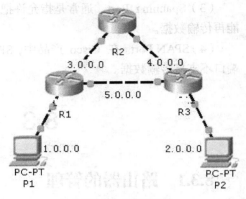

图 8-3　静态路由

但随着网络规模的增长，在大规模的网络中，路由器的数量很多，路由表的表项较多，较为复杂。在这样的网络中对路由表进行手工配置除了配置繁杂外，还有一个更明显的问题就是不能自动适应网络拓扑结构的变化。对于大规模网络而言，如果网络拓扑结构改变或网络链路发生故障，那么路由器上指导数据转发的路由表就应该发生相应变化。如果还是采用静态路由，用手工方法配置及修改路由表，管理员的工作量就会很大。

静态路由配置命令 R1：

```
R1（config）#interface f0/0
R1（config-if）#ip address 3.0.0.1 255.0.0.0
R1（config-if）#no shutdown
R1（config）#interface f0/1
R1（config-if）#ip address 5.0.0.1 255.0.0.0
R1（config-if）#no shutdown
R1（config）#interface f1/0
R1（config-if）#ip address 1.0.0.1 255.0.0.0
R1（config-if）#no shutdown
R1（config）#ip route 4.0.0.0 255.0.0.0 f0/0      /设置静态路由，到目的 4.0.0.0/8，走 f0/0 口
R1（config）#ip route 2.0.0.0 255.0.0.0 f0/0      /设置静态路由，到目的 2.0.0.0/8，走 f0/0 口
R2：
R2（config）#interface f0/0
R2（config-if）#ip address 3.0.0.2 255.0.0.0
R2（config-if）#no shutdown
R2（config）#interface f0/1
R2（config-if）#ip address 4.0.0.1 255.0.0.0
R2（config-if）#no shutdown
R2（config）#ip route 1.0.0.0 255.0.0.0 f0/0      /设置静态路由，到目的 1.0.0.0/8，走 f0/0 口
R2（config）#ip route 2.0.0.0 255.0.0.0 f0/1      /设置静态路由，到目的 2.0.0.0/8，走 f1/0 口
R3：
R3（config）#interface F0/0
R3（config-if）#ip address 5.0.0.2 255.0.0.0
R3（config-if）#no shutdown
R3（config）#interface f0/1
R3（config-if）#ip address 4.0.0.2 255.0.0.0
R3（config-if）#no shutdown
R3（config）#interface f1/0
```

```
R3(config-if)#ip address 2.0.0.1 255.0.0.0
R3(config-if)#no shutdown
R3(config)#ip route 3.0.0.0 255.0.0.0 f0/1    /设置静态路由，到目的 3.0.0.0/8，走 f0/1 口
R3(config)#ip route 1.0.0.0 255.0.0.0 f0/1    /设置静态路由，到目的 1.0.0.0/8，走 f0/1 口
```

8.3.3　动态路由

动态路由协议又包括 TCP/IP 协议栈的路由信息协议（routing information protocol，RTP）、开放式最短路径优先（open shortest path first，OSPF）协议；OSI 参考模型的 IS-IS（intermediate system to intermediate system）协议等。

8.3.4　RIP 协议

路由信息协议（routing information protocol，RIP）是一种内部网关协议（IGP），是一种动态路由选择，用于一个自治系统（AS）内的路由信息传递，如图 8-4 所示。RIP 基于距离矢量算法（distance vector algorithms），它使用"跳数"，即 metric 来衡量到达目标地址的路由距离。支持这种协议的路由器只关心自己周围的世界，只与自己相邻的路由器交换信息，范围限制在 15 跳（15 度）之内。RIP 应用于 OSI 参考模型的网络层。管理距离（AD）为 120。

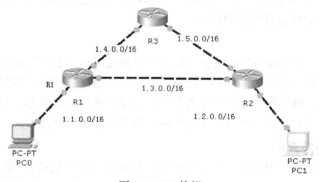

图 8-4　RIP 协议

RIP 只根据经过路由器的跳数（HOP）计算路由的花费，而不考虑链路的带宽、时延等复杂的因素，所以不能适应复杂拓扑结构的网络。由于采用 DV 算法，所以会有路由环路等问题存在。有很多主流的 PC 操作系统也支持 RIP，如 UNIX、Novell 公司的 Netware 3.11 以上的版本、Microsoft 公司的 Windows NT 4.0 以上的版本等。

分别为路由器 R1、R2、R3 配置相应网段的 IP 地址。

```
R1:
R1(config)#router rip
R1(config-router)#version 2            /设置 RIP 版本为 2：2 版本的 RIP 支持无分类编址
R1(config-router)#network 1.1.0.0      /发布直连网段 1.1.0.0
R1(config-router)#network 1.3.0.0      /发布直连网段 1.3.0.0
R1(config-router)#network 1.4.0.0      /发布直连网段 1.4.0.0
R2:
R2(config)#router rip
R2(config-router)#version 2
```

```
R2(config-router)#network 1.2.0.0
R2(config-router)#network 1.3.0.0
R2(config-router)#network 1.5.0.0
R3:
R3(config)#router rip
R3(config-router)#version 2
R3(config-router)#network 1.5.0.0
R3(config-router)#network 1.4.0.0
```

8.3.5 OSPF 协议

OSPF 作为一种内部网关协议（interior gateway protocol，IGP），用于在同一个自治域（AS）中的路由器之间发布路由信息。区别于距离矢量协议（RIP），OSPF 具有支持大型网络、路由收敛快、占用网络资源少等优点，在目前应用的路由协议中占有相当重要的地位。

一、链路状态

OSPF 路由器收集其所在网络区域上各路由器的连接状态信息，即链路状态信息（link state），生成链路状态数据库（link state database）。路由器掌握了该区域上所有路由器的链路状态信息，也就等于了解了整个网络的拓扑状况。OSPF 路由器利用最短路径优先算法（shortest path first，SPF），独立计算出到达任意目的地的路由。

二、区域

OSPF 协议引入"分层路由"的概念，将网络分割成一个"主干"连接的一组相互独立的部分，这些相互独立的部分被称为"区域"（area），"主干"的部分称为"主干区域"。每个区域就如同一个独立的网络，该区域的 OSPF 路由器只保存该区域的链路状态。每个路由器的链路状态数据库都可以保持合理的大小，路由计算的时间、报文数量都不会过大。

三、OSPF 的网络类型

根据路由器所连接的物理网络不同，OSPF 将网络划分为 4 种类型：广播多路访问型（broadcast multi access）、非广播多路访问型（none broadcast multi access，NBMA）、点到点型（point to point）、点到多点型（point to multi point），如表 8-5 所示。

表 8-5 OSPF 的网络类型

网络类型	确定性特性	选举 DR	Hello 间隔/s	Dead 间隔/s
广播多路访问型（broadcast multi access）	Ethernet	是	10	40
非广播多路访问型（none broadcast multi access，NBMA）	Frame Relay X.25	是	30	120
点到点型（Point-to-Point）	PPP、HDLC	否	10	40
点到多点型（Point-to-MultiPoint）	管理员配置	否	30	120

广播多路访问型网络，如 Ethernet、Token Ring、FDDI。NBMA 型网络如 Frame Relay、X.25、SMDS。点到点型网络如 PPP、HDLC。

四、指派路由器和备份指派路由器

在多路访问网络上可能存在多个路由器，为了避免路由器之间建立完全相邻关系而引起的大量开销，OSPF 要求在区域中选举一个指派路由器（DR）。每个路由器都与之建立完全相邻关系。DR 负责收集所有的链路状态信息，并发布给其他路由器。选举 DR 的同时也选举出一个备份指派路由器（BDR），在 DR 失效时，BDR 担负起 DR 的职责。

点对点型网络不需要 DR，因为只存在两个节点，彼此间完全相邻。由 Hello 协议、交换协议、扩散协议组成。

当路由器开启一个端口的 OSPF 路由时，会从这个端口发出一个 Hello 报文，以后它也以一定的间隔周期性地发送 Hello 报文。OSPF 路由器用 Hello 报文来初始化新的相邻关系，以及确认相邻的路由器邻居之间的通信状态。

对于广播型网络和非广播型多路访问网络，路由器使用 Hello 协议选举出一个 DR。在广播型网络中，Hello 报文使用多播地址 224.0.0.5 周期性广播，并通过这个过程自动发现路由器邻居。在 NBMA 网络中，DR 负责向其他路由器逐一发送 Hello 报文。

五、OSPF 链路状态公告类型

OSPF 路由器之间交换链路状态公告（LSA）信息。OSPF 的 LSA 中包含连接的接口、使用的 Metric 及其他变量信息。OSPF 路由器收集链接状态信息并使用 SPF 算法计算到各节点的最短路径。

1. LSA 的几种不同功能的报文

- LSA TYPE 1：由每台路由器为所属的区域产生的 LSA，描述本区域路由器链路到该区域的状态和代价。一个边界路由器可能产生多个 LSA TYPE 1。
- LSA TYPE 2：由 DR 产生，含有连接某个区域路由器的所有链路状态和代价信息。只有 DR 可以监测该信息。
- LSA TYPE 3：由 ABR 产生，含有 ABR 与本地内部路由器连接信息，可以描述本区域到主干区域的链路信息。它通常汇总默认路由而不是传送汇总的 OSPF 信息给其他网络。
- LSA TYPE 4：由 ABR 产生，由主干区域发送到其他 ABR，含有 ASBR 的链路信息，与 LSA TYPE 3 的区别在于 TYPE 4 描述到 OSPF 网络的外部路由，TYPE 3 则描述区域内路由。
- LSA TYPE 5：由 ASBR 产生，含有关于自治域外的链路信息。除了存根区域和完全存根区域外，LSA TYPE 5 在整个网络中发送。
- LSA TYPE 6：多播 OSPF（MOSF），MOSF 可以让路由器利用链路状态数据库的信息构造用于多播报文的多播发布树。
- LSA TYPE 7：由 ASBR 产生的关于 NSSA 的信息。LSA TYPE 7 可以转换为 LSA TYPE 5。

2. 协议操作

（1）建立路由器的邻接关系。

所谓邻接关系（adjacency），是指 OSPF 路由器以交换路由信息为目的，在所选择的相邻路由器之间建立的一种关系。

路由器首先发送拥有自身 ID 信息（Loopback 端口或最大的 IP 地址）的 Hello 报文。与之相邻的路由器如果收到这个 Hello 报文，就将这个报文内的 ID 信息加入自己的 Hello 报文内。

如果路由器的某端口收到从其他路由器发送的含有自身 ID 信息的 Hello 报文，则它根据该端口所在网络类型确定是否可以建立邻接关系。

在点对点网络中，路由器直接和对端路由器建立起邻接关系，并且该路由器将直接进入步骤（3）操作：发现其他路由器。若为 MultiAccess 网络，则该路由器进入选举步骤。

（2）选举 DR/BDR。

不同类型网络选举 DR 和 BDR 的方式不同。

multiaccess 网络支持多个路由器，在这种状况下，OSPF 需要建立起作为链路状态和 LSA 更新的中心节点。选举利用 Hello 报文内的 ID 和优先权（Priority）字段值来确定。优先权字段值的范围为 0～255，优先权值最高的路由器成为 DR。如果优先权值相同，则 ID 值最高的路由器选举为 DR，优先权值次高的路由器选举为 BDR。优先权值和 ID 值都可以直接设置。

（3）发现路由器。

在这个步骤中，路由器与路由器之间首先利用 Hello 报文的 ID 信息确认主从关系，然后主从路由器相互交换部分链路状态信息。每个路由器对信息进行分析比较，如果收到的信息有新的内容，则路由器要求对方发送完整的链路状态信息。这个状态完成后，路由器之间建立完全相邻（fulladj acency）关系，同时邻接路由器拥有自己独立的、完整的链路状态数据库。in multiaccess 网络内，DR 与 BDR 互换信息，并同时与本子网内其他路由器交换链路状态信息。在 point to point 或 point to multiPoint 网络中，相邻路由器之间互换链路状态信息。

（4）选择适当的路由器。

当一个路由器拥有完整独立的链路状态数据库后，它将采用 SPF 算法计算并创建路由表。OSPF 路由器依据链路状态数据库的内容，独立使用 SPF 算法计算出到每一个目的网络的路径，并将路径存入路由表中。

OSPF 利用量度（Cost）计算目的路径，Cost 最小者即为最短路径。在配置 OSPF 路由器时可根据实际情况，如链路带宽、时延或经济上的费用设置链路 Cost。Cost 越小，该链路被选为路由的可能性越大。

（5）维护路由信息。

当链路状态发生变化时，OSPF 通过 Flooding 过程通告网络上的其他路由器。OSPF 路由器接收到包含新信息的链路状态更新报文，将更新自己的链路状态数据库，然后用 SPF 算法重新计算路由表。在重新计算过程中，路由器继续使用旧路由表，直到 SPF 完成新的路由表计算。新的链路状态信息将发送给其他路由器。值得注意的是，即使链路状态没有发生变化，OSPF 路由信息也会自动更新，默认时间为 30 分钟。OSPF 路由器之间使用链路态通告（LSA）来交换各自的链路状态信息，并把获得的信息存储在链路状态数据库中。各 OSPF 路由器独立使用 SPF 算法计算到各个目的地址的路由。

六、OSPF 分层路由的思想

OSPF 把一个大型网络分割成多个小型网络的能力称为分层路由，这些被分割出来的小型网络就称为"区域"。由于区域内部路由器仅与同区域的路由器交换 LSA 信息，这样 LSA 报文数量及链路状态信息库表项都会极大减少，SPF 计算速度因此得到提高。多区域的 OSPF 必须存在一个主干区域，主干区域负责收集非主干区域发出的汇总路由信息，并将这些信息返回各区域。

OSPF 区域不能随意划分，应该合理地选择区域边界，使不同区域之间的通信量最小。但在实际应用中，区域的划分往往并不是根据通信模式，而是根据地理或政治因素来完成的。

图 8-5 所示为 OSPF 单区域。

OSPF 单区域配置：

```
R1：
R1（config）#router ospf 1
R1（config-router）#network 1.3.0.0 0.0.255.255 area 0   /发布直连网络，区域为 0
```

```
R1（config-router）#network 1.2.0.0 0.0.255.255 area 0    /发布直连网络，区域为 0
R2：
R2（config）#router ospf 1
R2（config-router）#network 1.3.0.0 0.0.255.255 area 0    /发布直连网络，区域为 0
R2（config-router）#network 1.4.0.0 0.0.255.255 area 0    /发布直连网络，区域为 0
R3：
R3（config）#router ospf 1
R3（config-router）#network 1.2.0.0 0.0.255.255 area 0
R3（config-router）#network 1.1.0.0 0.0.255.255 area 0
R4：
R4（config）#router ospf 1
R4（config-router）#network 1.5.0.0 0.0.255.255 area 0
R4（config-router）#network 1.4.0.0 0.0.255.255 area 0
```

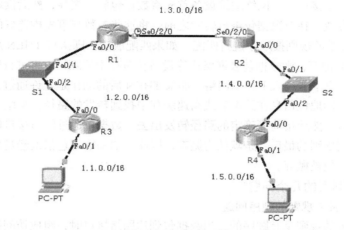

图 8-5　OSPF 单区域

验证：

```
R1#show ip route
Codes: C - connected, S - static, I - IGRP, R - RIP, M - mobile, B - BGP
       D - EIGRP, EX - EIGRP external, O - OSPF, IA - OSPF inter area
       N1 - OSPF NSSA external type 1, N2 - OSPF NSSA external type 2
       E1 - OSPF external type 1, E2 - OSPF external type 2, E - EGP
       i - IS-IS, L1 - IS-IS level-1, L2 - IS-IS level-2, ia - IS-IS inter area
       * - candidate default, U - per-user static route, o - ODR
       P - periodic downloaded static route
Gateway of last resort is not set
    1.0.0.0/16 is subnetted, 5 subnets
O       1.1.0.0 [110/2] via 1.2.0.1, 00:07:34, FastEthernet0/0
C       1.2.0.0 is directly connected, FastEthernet0/0
C       1.3.0.0 is directly connected, Serial0/2/0
O       1.4.0.0 [110/65] via 1.3.0.2, 00:08:54, Serial0/2/0
O       1.5.0.0 [110/66] via 1.3.0.2, 00:06:24, Serial0/2/0
```

注：O 代表通过 OSPF 学习到的路由信息。

8.3.6　路由器高级技术

一、访问控制列表

访问控制列表（access control list，ACL）是路由器和交换机接口的指令列表，用来控制端口进出的数据包。ACL 适用于所有的被路由协议，如 IP、IPX、AppleTalk 等。这张表中包含了匹配关系、条件和查询语句，表只是一个框架结构，其目的是对某种访问进行控制。

二、访问控制列表的工作原理

访问控制列表是根据协议、地址、端口号、连接状态以及其他参数对数据流进行过滤的一种方法，是应用到网络边缘设备网络接口的一组有序的规则集合。在被应用到网络接口之前，它对网络边缘设备没有影响。访问控制列表通过构造一系列的 IF <条件> THEN <动作> 关系的规则和预定的动作来实现其对数据包过滤的功能，访问控制列表利用预先定义的规则和与规则绑定在一起的动作在网络层和传输层对通过网络接口的数据包进行过滤。

当数据包经过网络接口时，网络边缘设备首先将数据包放入缓存，然后读取数据包的包头，分析包头中的控制参数，在对数据包进行转发之前，将这些参数与事先构造好的一系列的 IF <条件> THEN <动作>关系的规则按顺序进行匹配。如果匹配成功，则执行 THEN 后规定的动作，如果 THEN 后的动作为抛弃，则数据包被网络边缘设备从缓存中清除，不再进行转发，因此数据包不能通过网络接口，也不能进入下一个网络。如果 THEN 后的动作是允许通过，则网络边缘设备根据数据包包头的目标地址信息在路由表或高速缓存中找到转发的路径，从缓存中读取数据包的数据，重新进行打包，然后按前面确定的路径转发出去，数据包通过网络接口向下传递，进入下一个网络。由于匹配规则的最后一条默认为抛弃，因此，如果数据包依次经过所有规则的检验还没有匹配，则该数据包被抛弃。

三、访问控制列表的几个问题

1.　访问控制列表中规则的顺序问题

访问控制列表内的规则是有顺序的，当数据包到达网络接口时，组成访问控制列表的规则被从头到尾进行匹配。如果数据包的特征满足某个规则，则匹配过程结束，剩下的规则被忽略。

2.　数据包的方向

在网络边缘设备的网络接口上数据包流向分为两个方向，一个是进入网络边缘设备的数据包，另一个是离开网络边缘设备的数据包。值得注意的是，这里考察数据包的传输方向是以网络边缘设备为参照物的，进入网络边缘设备的数据包传输方向称为"进入（in）"，离开网络边缘设备的数据包传输方向称为"离开（out）"。

3.　访问控制列表中的通配符掩码

类似于子网掩码，在访问控制列表中使用通配符掩码可以表示一组具有共同特征的 IP 地址，通过这种表示方式可以减少在配置访问控制列表时的任务，也使访问控制列表的可读性更好。

4.　访问控制列表的使用步骤

一般来讲，在网络边缘设备上应用访问控制列表的过程分为两个步骤，一是在网络边缘设备上定义访问控制列表。根据具体应用的要求，在网络边缘设备中定义访问控制列表，即一系列有顺序的 TF <条件> THEN <动作> <方向>规则；二是将定义好的访问控制列表应用到网络边缘设备的网络端口上。只有这样，访问控制列表才能按预期的目标进行工作。

5.　正确放置访问控制列表

在将访问控制列表应用到网络端口时，要注意网络端口的位置和访问控制列表要过滤的数据包的流向，应尽可能地把访问控制列表放置在要被拒绝的通信流量的来源最近的地方。

8.3.7 访问控制列表的分类

根据访问控制列表功能的强弱和灵活性，访问控制列表分为传统访问控制列表和现代访问控制列表，如图 8-6 所示。传统访问控制列表又分为标准访问控制列表和扩展访问控制列表，也是经常使用的技术。现代访问控制列表分为动态访问控制列表、基于时间的访问控制列表、命名的访问控制列表和自反的访问控制列表。

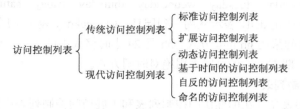

图 8-6　访问控制列表的分类

一、传统访问控制列表

1. 标准访问控制列表

标准访问控制列表是访问控制列表中最简单、最基本的一种，标准访问控制列表只对数据包中的源地址进行匹配，然后根据匹配的结果选择事先定义在访问控制列表中的动作处理数据包。标准访问控制列表的定义格式如下（以 Cisco 路由器命令为例）。

Access-list <标号> <动作> <IP 地址> <通配符掩码> [log]

<标号>：每一个访问控制列表都拥有的、独一无二的、用来向网络边缘设备表明访问控制列表类型的一个号码，对于标准访问控制列表而言，取值范围为 1～99。

ip access-group 为关键字，而标号是在标准访问控制列表定义时确定的标号，In|Out 是标志标准访问控制列表将对哪个方向的数据包进行过滤。In 表示对进入网络接口的数据包进行过滤，Out 表示对离开网络接口的数据包进行过滤。

2. 扩展访问控制列表

由于标准访问控制列表只针对数据包的源地址进行过滤，因此其功能比较单一，效用也有限。为实现对数据包多层面、多角度、高效用的过滤，必须针对数据包的网络层地址、传输层地址、协议以及状态进行数据包过滤，幸运的是，扩展访问控制列表提供了上述功能。扩展访问控制列表的定义格式如下。

Access-list <标号> <动作> <协议> <源 IP 地址> <通配符掩玛> <目标 IP 地址> <通配符掩玛> <端口> [established] [log]

<标号>：每一个访问控制列表都拥有的、独一无二的、用来向网络边缘设备表明访问控制列表类型的一个号码，对于扩展访问控制列表而言，取值范围为 100～199。

<端口>：在端口这个域中，可以指定对哪些端口进行过滤，使用的操作符有 gt（大于）、lt（小于）和 eq（等于），可以使用具体的数字，也可使用对应的协议名。

二、现代访问控制列表

1. 动态访问控制列表

动态访问控制列表用于建立控制表项，完成动态构造访问控制列表，实现对数据包的动态过滤。用户通过 Telnet 开启一个与目标路由器的会话，目标路由器利用 Radius 数据库对用户进行认证，也可以由路由器的管理员指定一个通用的口令来进行认证。一旦用户被认证，目标路由器就关闭 Telnet 会话，同时在访问控制列表中建立一个新的规则，该规则允许与目标路由器建立 Telnet 会话的工作站的数据包通过访问控制列表的过滤。

2. 基于时间的访问控制列表

利用基于时间的访问控制列表，可以限定数据包在什么时候可以通过，什么时候不可以通过，使网络管理员能基于时间策略来过滤数据包。与扩展访问控制列表相比，基于时间的访问控制列表中只有两个步骤是新增的，一是定义时间范围，二是在访问控制列表中引用时间范围。在定义时间段时，可以使用 monday、tuesday、wednesday、thursday、friday、saturday、sunday 来表示一周内的每一天，也可以使用 daily 表示从周一到周日，而 weekday 表示从周一到周五，weekend 表示周六和周日。至于时间采用 hh:mm 方式，hh 是 24 小时格式中的小时，mm 是某小时中的分钟。时间的定义可以采用周期方式，也可以采用绝对时间方式。

3. 命名的访问控制列表

命名的访问控制列表允许在标准访问控制列表和扩展访问控制列表中使用一个字母数字组合的字符串来代替标号，这样做是为了更方便地建立和修改访问控制列表，另外当针对某一个给定的协议，在同一个网络边缘设备上的访问控制列表超过 99 条时，可使用命名的访问控制列表继续定义。

命名的访问控制列表的定义如下。

```
ip access-list <standard|extended> <name>
<permit|deny> <协议> <源地址> <目标地址> <端口>
```

4. 自反的访问控制列表

很多情形，需要由局域网内部主动发起连接与局域网外部进行信息交换，而对于由局域网外部主动发起的，与局域网内部的连接通常认为是危险的。因此，在网络边缘设备上应有这样的功能，只允许由局域网内部主动发起连接与局域网外部进行信息交换的数据通过，而其他的数据要过滤掉。针对这样的情况引入了自反的访问控制列表。

自反的访问控制列表与其他的访问控制列表一样，在网络的边缘设备中定义，应用在网络边缘设备的网络接口上。但它只允许由局域网内部主动发起的连接数据和回应这个连接的数据通过网络边缘设备，是访问控制列表家族一个功能强大的技术。

习 题 八

一、填空题

1. STP 收敛的 3 个步骤分别是_____、_____、_____。
2. VLAN 按_____、_____、_____、_____ 4 种类型划分。
3. VLAN 间的通信要借助第_____层的设备。
4. STP 中，交换机的端口有_____、_____、_____和_____ 状态。
5. 域（自治系统）内的域内协议（又称为内部网关协议或 IGP）包括_____、_____和_____。

二、选择题

1. RIP 采用距离向量算法，最大的问题是路由的范围有限，只能支持在直径为（　　）个路由器的网络内进行路由。

　　　A. 16　　　　　　　B. 15　　　　　　　C. 14　　　　　　　D. 18

　2. OSPF 广播多路访问型的 Hello 间隔/s 是（　　　　）。

　　　A. 10　　　　　　　B. 40　　　　　　　C. 20　　　　　　　D. 30

　3. 下列设备中，（　　　）工作在网络层。

　　　A. 集线器　　　　　B. 路由器　　　　　C. 交换机　　　　　D. 中继器

　4. 扩展访问控制列表的编号范围为（　　　）。

　　　A. 1～100　　　　　B. 201～300　　　　C. 1～99　　　　　D. 100～199

　5. 100Mbit/s 链路的新 STP Cost 为（　　　）。

　　　A. 19　　　　　　　B. 38　　　　　　　C. 20　　　　　　　D. 120

　6. 一般连接路由器与主机的双绞线叫作（　　　）。

　　　A. 交叉线　　　　　B. 直连线　　　　　C. 反转线　　　　　D. 六类线

三、简答题

1. 列举访问控制列表的类型。

2. 交换机的端口工作模式有哪几种？

3. 根据 OSPF（开放式最短路径优先协议）连接的物理网络不同，将网络划分为哪 4 种类型？

4. OSPF 协议与 RIP 有什么不同之处？

5. VLAN（虚拟局域网）按哪 4 种类型划分？

6. 简述 OSPF（开放式最短路径优先）协议路由器的类型以及主要用途。

7. 简述 STP（生成树协议）端口的 5 种工作状态。

四、实操题

实验目的：

如下图所示，设置交换机 S1 与三层交换机 SS1 相连的接口为百兆、全双工；其余各接口只与主机相连，对其进行端口优化。三层交换机启动三层路由功能。

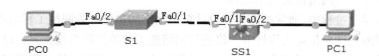

第9章
网络工程与综合布线

9.1 网络工程技术

9.1.1 网络工程概述

一、网络工程简介

当今社会已经进入知识经济和网络经济迅速发展的信息时代，全球信息化、数字化和网络化是必然的发展趋势。计算机网络技术的应用已经渗透到政治、经济、文化的各个领域，各企事业单位乃至家庭都已经或正在建立自己的计算机网络。建立一个计算机网络是一个涉及面广，技术复杂，专业性较强的系统工程，不同的需求对计算机网络的建设目标也不一样。这就需要根据用户的需求，进行科学的设计，采用工程化的理念，实施有序的建设。

1. 网络工程的概念

为了规范网络建设的过程，国际以及我国都定制了相关的标准。所谓网络工程就是按照国家和国际标准进行计算机网络建设的全过程。

在网络工程建设过程中，通常把需要建设计算机网络的单位称为网络工程的用户方或建设方，将进行网络工程的设计单位称为设计方，将进行网络施工的单位称为施工方。设计方和施工方也可以在同一个单位。有时还需要有第三方，通常称为监理方。所谓网络工程监理，是指在网络工程建设中，给建设方提供前期咨询、网络论方案论证、系统集成商的确定、网络工程质量控制等一系列的服务，以帮助建设一个性价比最优的网络系统。

网络工程建设不是一件简单的事情，要根据用户的需求，将各种网络设备、网络操作系统和应用系统集成组合成一体，它包括网络工程的设计和网络工程的实施两个方面。在网络工程设计的时候常采用系统集成的方法，而网络工程的实施则是运用系统集成技术，在项目管理方法和理论的指导下，对网络工程涉及的全部工作进行有效地实施的过程。网络工程的建设常由系统集成公司来完成。

2. 网络工程的建设目标

通常计算机网络工程建设的目标表现为以下几个方面。

- 建成实用、先进、安全的计算机网络平台。
- 提高资源管理水平，提升生产效率。
- 促进信息共享，宣传企业形象。
- 提供电子商务、电子政务等功能。

● 提供多种网络服务。

网络工程的建设目标也确定了需要选用什么样的网络技术、网络设备、拓扑结构以及安装何种网络应用系统。因此，在网络工程设计时，首先要明确网络工程建设的目标。

3. 网络工程建设的相关要求

网络工程建设不是随随便便就能进行的，一个网络工程在建设前，要按照国家的有关规定进行招标、投标。

建设方在网络工程招标时，应慎重选择经验丰富、售后服务良好的系统集成商。优秀的系统集成商能准确处理系统全方位的规划和集成。现在各种各样的公司很多，在选择系统集成商时主要看以下几个方面。

● 系统集成商的技术力量及技术支持水平。
● 已完成的工程及其效果，必要时可以进行实地考察。
● 服务质量，包括维护服务。
● 价格，主要是性能价格比。
● 系统集成商在理论研究方面取得的成果和在应用方面具有的特色。
● 公司的资质，即具有的国家信息产业部认定的系统集成资格水平。

系统集成不是硬件和软件的堆积，而是在系统整合、优化的过程中为满足客户需求的增值服务，是一个价值再创造的过程。计算机网络工程的系统集成商，必须具有与所承揽的计算机网络工程相符合的系统集成资质。

要参与网络工程投标的系统集成商应根据建设方的实际情况、网络工程招标项目的目标与特点以及实现的功能和技术要求，对项目方案的设计、设备的选型、采用的技术以及工程的实施过程进行详细的设计，并写出书面的投标书。

网络工程建设应依照中标设计方的网络工程设计进行施工，并按照设计要求进行测试和验收。

网络工程的建设过程中，工程的建设方和施工方要遵守相关法律、法规，遵循相关的国家标准和国际标准，完成计算机网络工程的设计、施工、验收等工作。

4. 网络工程的建设过程

计算机网络工程的建设过程可按执行顺序分为六个阶段。每一个阶段都有明确的目标和任务，只有完成了本阶段的任务才能进入下一个阶段。对于每一个阶段都要进行严格的控制，才能确保实现网络工程的建设目标。图 9-1 为网络功能工程建设过程模型。

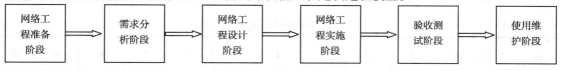

图 9-1　网络功能工程建设过程模型

各阶段的目标和任务具体说明如下。

（1）工程准备阶段，进行工程立项等工作。

（2）需求分析阶段，进行需求调查、需求分析，编写需求分析报告。

（3）工程设计阶段，根据需求分析报告进行网络的设计。

（4）工程实施阶段，依据工程设计方案进行工程实施。

（5）验收测试阶段，进行系统测试和验收。测试和验收完毕后，网络工程才可以交付使用。

（6）使用维护阶段，进行网络工程的管理和维护。

二、网络工程实施

1. 网络工程实施要求

网络工程项目的建设要在科学方法的指导下，根据用户的需求，采用适合的网络技术以及性能价格比高的产品，整合用户原有网络的功能和要求，提出科学、合理、实用的网络工程方案。然后，按照方案将网络硬件设备、综合布线系统、网络系统软件和应用软件等组织成一体化的网络环境平台和资源应用平台，并按照网络工程项目管理的要求，对项目进行监控、测试和验收，使工程能满足网络设计的目标，满足用户的需求。

计算机网络工程必须按照国家的相关规范和国际标准进行实施。网络工程的施工方必须组成专门的项目团队，对网络工程实施的进度和工程质量进行严格的控制和管理。

2. 项目团队

网络工程的施工方为了确保工程项目顺利实施，应设立一个项目经理，由项目经理负责整个项目的总体组织和协调工作，其下可设项目经理、设备材料管理小组、施工管理小组、安装测试小组和培训小组等工作小组，分别负责相关的工作。各小组可设立组长一名。

（1）项目经理

项目经理负责网络工程项目计划的拟定及实施、施工过程的控制及管理。项目经理必须落实施工方案，对工程进度、质量、安全和成本负责，管理整个施工团队，协调用户关系，解决施工现场出现的各种技术问题。

（2）设备材料管理小组

设备材料管理小组负责设备和材料的订购、运输和到货签收、验收等工作。

（3）施工管理小组

施工管理小组负责编制分项工程的详细实施计划，负责网络综合布线系统的实施，负责各项工程的施工质量和进度控制，负责布线系统的测试，提交施工阶段总结报告等工作。

（4）培训小组

培训小组负责编制详细的培训计划，培训教材的编写以及培训计划的实施，负责培训效果反馈意见的收集、分析整理、问题解决，并提交培训总结报告等。

3. 施工进度

对网络工程项目要科学地进行计划、安排、管理和控制，确保项目按时完工。为了对施工进度进行控制和协调，可以用甘特图或波特图画出施工进度表。表 9-1 为综合布线系统的施工进度计划表。

表 9-1　　　　　　　　　　　综合布线系统的施工进度计划表

项　目＼时　间	1	2	3	4	5	6	7	8	9	10
材料采购										
线管预埋										
底盒预埋										
线缆布线										
模块配线架端接										
系统测试										
系统验收										
培训										

在制定施工进度表时要留有适当的余地，施工过程中意想不到的事情随时可能发生，需要立即协调。

4．质量管理

计算机网络工程施工主要包括布线施工、设备安装调试、Internet 接入、建立网络服务等内容。它要求有高素质的施工管理人员，施工计划、施工和装修的安排协调，施工中的规范要求和施工测试验收规范要求等。施工现场指挥人员必须要有较高的素质，对临场决断能力往往取决于其对设计的理解和对布线技术规范的把控。

质量管理是关键，必须严格按照国家和国际相关标准进行施工。计算机网络工程施工的过程应按照 ISO 9001 或者软件过程能力成熟度模型 CMM 等标准、规范建立完备的质量保障体系，并能有效地实施。可以根据需要，请网络工程监管方负责网络工程质量控制。

9.1.2　网络工程设计

一、网络工程设计步骤

计算机网络工程设计的目的是确保工程的顺利进行，也是计算机网络工程成功的第一步。网络工程设计的步骤如图 9-2 所示。

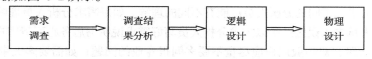

图 9-2　网络工程设计的步骤

在网络工程设计开始进行的时候，首先要进行需求分析。主要包括需求调查和调查结果分系两部分。需求调查是通过调查的方式，了解用户的实际需求；调查结果分析是对需求调查所取得的数据进行分析，以估算用户所需要的流量和设备等参数。在确定用户的需求之后，就可以开始网络工程的逻辑设计了。网络工程的逻辑设计即根据用户需求进行逻辑上的网络设计，接下来将网络的逻辑设计应用到实际的物理空间，这就是网络的物理设计。

二、需求分析

1．需求分析的作用

需求分析是从软件工程和管理信息系统引入的概念，是工程实施的第一个环节，也是关系一个网络工程成功与否最重要的环节。如果网络工程需求分析做的透彻，网络工程方案的设计就会赢得用户的青睐。如果网络体系结构架构的好，网络工程的实施以及网络应用的实施就相对容易得多。反之，如果网络工程设计方没有对用户方的需求进行充分的调研，不能和用户方达成共识，那么不合理的需求就会贯穿网络工程的始终，破坏网络工程项目的计划和预算。因此，在网络工程建设之初进行需求分析是十分必要的。需求分析的意义如下。

- 通过需求分析，可以了解用户现有网络的状况，更好地评价现有网络。
- 需求分析可以帮助网络设计方在设计时更客观的做出决策。
- 设计方和用户方在论证工程方案时，工程的性价比是一个很重要的指标。把握用户的需求，提供合适的资源，可以获得更高的性价比。
- 需求分析是网络设计的基础。
- 网络建设的目标就是为了满足用户的需求。

2. 需求分析面临的困难

需求分析并不是一件简单的事情，在进行需求分析的过程中，常常面临以下困难。

（1）需求是模糊的

一般用户不清楚需求，或者是有些用户虽然心里非常清楚想要什么，但却表述不清楚。

如果用户本身能把需求说的清清楚楚，这样需求分析就会十分容易。如果用户完全不懂，但信任网络工程设计方，需求分析人员可以引导用户，先阐述常规的需求，再由用户确定真正的需求。不过有些用户"不懂装懂"或者"半懂充内行"，会提出不切实际的需求，需求分析人员就要加强沟通和协商的技巧，争取最终与用户达成一致的认识。

（2）需求是变化的

需求自身常常会变动，这是很正常的事情。需求分析人员要先接受"需求是变化的"这个事实，才不会在需求变动时手忙脚乱。因此，在进行需求分析时应注意以下问题。

- 尽可能地分析清楚哪些是稳定的需求，哪些是易变的需求。以便在进行网络工程设计时将设计的基础建立在稳定的需求上。
- 在合同中一定要说明"做什么"和"不做什么"，以免日后发生纠纷。

（3）分析人员对用户的需求理解有偏差

用户表达的需求，不同的分析人员可能有不同的理解。如果需求分析人员理解有误，可能会导致网络工程设计人员走入误区。所以需求分析人员写好需求说明书后务必要请用户方的代表验证。

在需求分析阶段，对一般用户应尽量不要多问很专业的问题，如需要多大带宽，两个节点之间的数据流量会多大等。当然，如果用户也是技术人员，还是可以多做一些技术上沟通。

3. 如何进行需求分析

需求分析分两个步骤：需求调查和调查结果分析，其关键是需求调查。需求调查主要是围绕两个核心问题来进行，即应该了解什么方面的内容和通过什么方式去了解。

（1）网络工程需求调查的内容

① 业务和组织机构调查

业务和组织机构调查是与用户方的相关主管人员、相关应用部门进行交流。通过交流需要获得以下信息。

- 主要相关人员信息。例如：决策者的信息、信息提供者的信息。
- 网络工程的关键点信息。例如：要求开工和完工的时间、主要相关人员的安排（假期和出差）。
- 投资规模信息。例如：预算限制、费用控制。
- 性能需求。例如：不同网段的性能要求。
- 预测增长率情况。例如：用户数量增长预测情况。
- 业务活动。例如：主要进行什么业务活动，有什么新产品、新业务、新服务，网络活动的近期或中期计划。
- 业务活动的可靠性和有效性。例如：什么活动（业务）是最需要的，什么时间对业务活动是最需要的。
- 安全性要求。例如：必须保护哪些信息或系统，它们需要什么程度的保护，病毒防护、网络管理有什么需求。
- 电子商务的需求情况。
- 与 Internet 的连接方式。

● 远程访问信息。例如：需要什么级别的远程访问，有多少人需要远程访问。

业务需求收集完毕以后，应列出业务需求清单。

② 用户调查

用户的感觉经常是主观的，不准确的，却是需要精确了解的重要信息。用户的关注点常常是信息能否及时传输，信息的传输是否有效、可靠，网络系统的适应性如何，网络的可扩展性好不好，网络的安全性怎么样以及网络建设的成本是多少等问题。

因此，收集用户需求时，要鼓励用户量化需求。例如：网络故障是否可以接受，如果可以接受，可以接受到何种程度，何时可以接受等。对用户的需求调查结束，应列出用户需求表。

③ 应用调查

不同的行业有不同的应用要求，不能够张冠李戴。应用调查就是要了解用户方建设网络的真正目的。

一般的网络应用，从事企事业单位的办公自动化系统、人事档案、工资管理到企事业单位的 MIS（管理信息系统）、ERP（企业资源规划）、URP（大学资源规划）等，从文件信息资源共享到 Internet 信息服务，从数据流到多媒体的音频（例如 IP 电话）、视频（例如 VOD 视频点播）等，只有了解用户方的应用类型、数据量大小、数据源的重要程度、网络应用的安全性及可靠性、实时性等要求，才能设计出适合用户实际需要的网络工程方案。

应用调查通常是以会议或走访的形式，邀请用户方的代表发表建议，并填写网络应用调查表。

④ 计算平台调查

一般来说，计算平台分为 4 类：个人计算机、工作站、中型机、大型机。

计算平台需求设计范围有：可靠性、有效性、安全性、响应速度、CPU 内存、存储容量、操作系统等。

一般可以通过问卷调查的方式获取计算平台信息。应将计算平台的调查结果填入计算平台调查表。

⑤ 综合布线系统调查

综合布线系统调查主要是了解用户方建筑楼群的地理环境与几何中心、建筑群楼内的布线环境与几何中心，由此来确定网络的物理拓扑结构、综合布线系统预算。综合布线系统调查主要包括以下信息。

● 用户方信息点的数量和位置。

● 布线要求。例如：布线走向要求、布线环境等。

（2）需求的调查方式

了解需求的调查方式一般有以下几种。

● 直接与用户交谈。直接与用户交谈是了解需求最简单、最直接的方式。

● 问卷调查。通过请用户填写问卷调查获取有关需求信息也是一种很好的选择，但是最终还是要建立在沟通和交流的基础上。

● 专家咨询。有些需求用户讲不清楚，分析人员又猜不透，这时就要请教专家。

● 吸取经验教训。有很多需求可能用户与分析人员都没有想过，或者想的太简单、片面。

因此，要经常分析优秀网络工程方案和比较同类方案，看到优点就尽量吸取，看到缺点就引以为戒。

（3）调查结果分析

通过需求调查，主要可以获得以下 3 个方面的数据。

- 网络需求：包括网络位置、性能需求、主要功能、扩展性要求。
- 网络管理需求：包括网段的位置、性能要求、主要功能、扩展性要求。
- 网络安全需求：包括安全类型、认证服务、访问控制、物理安全。

通过对以上数据的综合分析，写出需求说明书，作为网络工程的设计依据。

三、网络工程设计的原则

建设网络工程必须要满足设计目标中的要求，遵循一定的总体原则，并以总体原则为指导，设计经济合理、技术先进和资源优化的网络系统方案。网络工程设计的原则通常包括以下几个方面。

（1）实用性原则

实用性就是网络信息系统能够最大限度满足实际工作需要的系统性能。该性能是网络工程师对用户的最基本的承诺，从实用的角度，这是最为重要的。

（2）先进性原则

采用国际、国内先进和成熟的信息技术，使系统能够在一定的时期内保持系统的能效，适应今后技术发展变化和业务发展变化的需要。

（3）可扩充、可维护性原则

一般而言，系统维护在整个系统的生命周期中所占比重是最大的。因此，提高系统的可扩充性和可维护性是提高网络信息系统性能的必备手段。

（4）可靠性原则

可靠性是指当系统的某部分发生故障时，系统仍能以一定的服务水平提供服务的能力。应根据系统业务特点来确定其可靠性指标。

（5）安全性原则

系统安全性是指系统数据的安全性问题。数据安全主要有来自以下 4 个方面的威胁：一是非授权人员非法获取保密性数据；二是网络上的入侵者的恶意攻击；三是计算机病毒；四是操作人员的误操作。

（6）经济性原则

在满足系统性能需求的前提下，应尽可能地选用价格便宜的设备，节省投资。

9.1.3　网络性能参数

一、影响网络工程设计的主要因素

1. 距离

一般而言，通信双方间的距离越大，它们间的通信费用就越高，通信速率就越慢。随着距离的增加，时延也会随着互连设备（如路由器等）数量的增加而增大。

2. 时段

网络通信与交通状况有许多相似之处。一天中的不同时间段，一个星期中的不同日子、一年中的不同月份或假期，都会使通信流量有高低的不同分布。这是因为人类生活和生产的日出而作、日落而息的方式直接影响着网络的通信流量。

3. 拥塞

拥塞能够造成网络性能严重下降，如果不加抑制，拥塞会使网络中的通信全部中断。因此，需要网络具有能有效发现拥塞的形成和发展，并使端客户迅速降低通信量的机制。

4．服务类型

有些类型的服务对网络的时延要求较高，如视频会议；有些类型的服务对差错率的要求很高，如银行账目数据；而另一些服务可能对带宽要求较高，如按需视频点播（VOD）。因此，不同的数据类型对网络要求的差异较大。

5．可靠性

现代生活因为需求的增加而变得越来越复杂，事物的可预见性就越来越重要。网络能够满足不断增长的需求是建立在网络可靠性的基础上的。

6．信息冗余

在网络中传输着大量相同的数据是司空见惯的事情。例如，网络上随时都有大量的人在不断接收股票交易的数据。这些股票信息是相同的。这种大量冗余数据充斥 Internet 的现象，消耗了大量的带宽。

二、影响网络性能的主要参数

1．时延（delay 或 latency）

时延可以定义为从网络的一端发送一比特到网络的另一端接收到该比特所经历的时间。根据产生时延的原因，可以将时延分为以下几类。

（1）传播时延：这是电磁波在信道中传播所需要的时间。这取决于电磁波在信道上的传播速率以及所传播的距离。

（2）发送时延：是指发送数据所需要的时间。

（3）重传时延：实际的信道总是存在一定的误码率。

（4）分组交换时延：是指当网桥、交换机、路由器等设备转发数据时产生的等待时间。

（5）排队时延：在存储转发的分组交换网络节点中，每当有多个分组同时到达同一端口进行转发时，除一个分组被立即转发外，其余分组需要排队等待。这个排队的时间就称为排队时延。排队时延往往是分组在分组交换网络中的主要时延。其中：

时延 = 传播时延+传输时延+排队时延

传播时延 = 距离/光在媒体中的速度

传输时延 = 信息量/带宽

2．吞吐量（throughput）

吞吐量是指在单位时间内传输无差错数据的能力。

影响应用层吞吐量的主要因素如下。

（1）协议机制，如握手、窗口、确认等。

（2）协议参数，如帧长度、重传定时器等。

（3）网络互连设备的 PPS 或 CPS。

（4）网络互连设备的分组丢失率。

（5）端到端的差错率。

（6）服务器/主机性能。

（7）CPU 类型。

（8）磁盘访问速度。

（9）高速缓存大小。

（10）计算机总线性能（容量和仲裁方法）。

（11）存储器性能（实存和虚存的访问时间）。

（12）操作系统的效率。

（13）应用程序的效率和正确性。

（14）网络接口卡的类型。

（15）局域网共享站点数量。

3. 丢包率（packet loss rate）

网络"丢包率"是指在一定的时段内，在两点间传输中丢失分组与总的分组发送量的比率。无拥塞时，路径丢包率为 0%，轻度拥塞时，丢包率为 1% ~ 4%，严重拥塞时，丢包率为 5% ~ 15%。高丢包率的网络通常使应用不能正常工作。

4. 时延抖动（jitter）

时延抖动是指从源到目的地的连续分组到达时间的波动。

5. 路由（route）

在 Internet 中，通信网是通过 IP 路由器互连的。路由器负责接收来自各个网络入口的分组，并把分组从相应的出口转发出去。这涉及两个方面的问题：首先找到分组相应的出口，通过查找路由表即可；其次将分组从入口送到出口，这取决于路由器的体系结构。路由器使用各种路由协议，提供网间数据的路由选择，并对网络的资源进行动态控制，因此具有更强的网络互连能力。

6. 带宽（bandwidth）

对比而言，一条路径的可用带宽是一台主机沿着该路径在给定点当时能够传输的最大带宽。

7. 响应时间（respond time）

响应时间是指从服务请求发出到接收到相应响应所花费的时间，它经常用来指客户机向主机交互地发出请求并得到响应信息所需要的时间。

8. 利用率（utilization）

利用率反映出指定设备在使用时所能发挥的最大能力。

9. 效率（efficiency）

网络效率表明了为产生所需的输出要求的系统开销。

10. 可用性（availability）

可用性是指网络或网络设备可用于执行预期任务的时间总量（百分比）。

11. 可扩缩性（scalability）

可扩缩性是指网络技术或设备随着客户需求的增长而扩充的能力。

9.1.4 网络工程文档

一、文档的作用和分类

文档是指某种数据管理概要和其中所记录的数据。它具有永久性，并可以由人或机器阅读，通常仅用于描述人工可读的东西。在网络信息系统工程中，文档常常用来表示对活动、需求、过程或结果进行描述、定义、规定、报告或鉴别的任何书面或图示的信息。它们描述网络信息系统设计和实现的细节，说明使用系统的操作命令。文档也是网络信息系统的一部分。没有文档的系统不能称为真正的系统。系统文档的编制在网络工程工作中占有突出的地位和相当大的工作量。高质量、高效率地开发、分发、管理和维护文档对于转让、变更、修正、扩充和使用文档，以及充分发挥系统效率有重要的意义。

1. 文档的作用

在网络信息系统的设计过程中，伴随着大量的信息需要记录和使用。因此，系统文档在系统设计过程中起着重要的作用。其重要性包括以下几个方面。

（1）提高系统设计过程中的能见度。把设计过程中发生的事件以某种可阅读的形式记录在文档中。管理人员可把这些记载下来的材料作为检查系统设计进度和设计质量的依据，实现对系统设计工作的管理。

（2）提高设计效率。系统文档的编制，使得开发人员对各个阶段的工作都进行周密思考、全盘权衡，从而减少返工，并且可在开发早期发现错误和不一致性，便于及时加工纠正。

（3）作为设计人员在一定阶段的工作成果和结束标志。

（4）记录设计过程中的有关信息，便于协调以后的系统设计、使用和维护。

（5）提供对系统的运行、维护和培训的有关信息，便于管理人员、开发人员、操作人员、用户之间的协作、交流和了解，使系统设计活动更科学和有成效。

（6）便于潜在用户了解系统的功能、性能等各项指标，为他们选购或定制符合自己需要的系统提供依据。

从某种意义上讲，文档是网络工程设计规范的体现和指南。按规范要求生成一整套文档的过程，就是按照网络工程设计规范完成网络工程设计的过程。因此，在使用工程化的原理和方法进行网络工程设计和维护时，应当充分注意系统文档的编制和管理。

2. 文档的分类

从形式来看，文档大致可以分为两类：一类是网络工程设计过程中填写的各种图表，可称之为工作表格；另一类是应编制的技术资料或技术管理资料，可称之为文档或文件。

文档的编制可以用自然语言、特别设计的形式语言、介于两者之间的半形式语言（结构化语言）和各类图形和表格来表示。文档可以书写，可以在计算机支持系统中产生，但它必须是可阅读的。

按照文档产生和使用的范围，系统文档大致可分为以下 3 类。

（1）开发文档：这类文档是在网络工程设计过程中，作为网络工程设计人员前一阶段工作成果的体现和后一阶段工作依据的文档，包括需要说明书、数据要求说明书、概要设计书、详细设计说明书、可行性研究说明书和项目开发计划。

（2）管理文档：这类文档是在网络设计过程中，由网络设计人员制定的一些工作计划或工作报告，使管理人员能够通过这些文档了解网络设计项目安排、进度、资源使用和成果，包括网络设计计划、测试计划、网络设计进度月报及项目总结。

（3）用户文档：这类文档是网络设计人员为用户准备的有关该系统使用、操作、维护的资料。包括用户手册、操作手册、维护修改手册、需求说明书。

二、网络工程文档

基于系统生存期方法，将系统从形成概念开始，经过开发、使用和不断增补修订，直到最后被淘汰的整个过程应提交的文档可归于以下 13 种。这与国家标准局 1988 年 1 月发布的《计算机软件开发规范》和《软件产品开发文件编制指南》是一致的。

1. 可行性研究报告

可行性研究报告是说明该项目的实现在技术上、经济上和社会因素上的可行性，评述为合理地达到开发目标可供选择的各种可能的实现方案，说明并论证所选定实施方案的理由。

2. 项目开发计划

项目开发计划是为项目实施方案制定出具体计划。它应包括各部分工作的负责人员、开发的进度、开发经费的概算、所需的资源等。项目开发计划应提供给管理部门，并作为开发阶段评审的基础。

3. 系统需求说明书

系统需求说明书也称系统规格说明书。其中对所设计系统的功能、性能、用户界面及其运行环境等做出详细说明。它是用户与开发人员双方对系统需求取得共同理解基础上达成的协议，也是实施开发工作的基础。

4. 数据要求说明书

数据要求说明书应当给出数据逻辑和数据采集的各项要求，为生成和维护系统的数据文件做好准备。

5. 概要设计说明书

概要设计说明书是概要设计工作阶段的成果。它应当说明系统的功能分配、模块划分、程序的总体结构、输入输出及接口设计、运行设计、数据结构设计和出错处理设计等，为详细设计奠定基础。

6. 详细设计说明书

详细设计说明书着重描述每个模块是如何实现的，包括实现算法、逻辑流程等。

7. 用户手册

用户手册详细描述系统的功能、性能和用户界面，使用户了解如何使用该系统功能。

8. 操作手册

操作手册为操作人员提供该系统各种运行情况的知识，特别是操作方法细节。

9. 测试计划

测试计划针对组装测试和确认测试，需要为组织测试制定计划。计划应包括测试的内容、进度、条件、人员、测试用例的选取原则、测试结果允许的偏差范围等。

10. 测试分析报告

测试工作完成后，应当提交测试计划执行情况的说明，对测试结果加以分析，并提出测试的结论性意见。

11. 设计进度月报

设计进度月报是网络设计人员按月向管理部门提交的项目进展情况的报告。报告应包括进度计划与实际执行情况的比较、阶段成果、遇到的问题、解决的办法以及下个月的计划等。

12. 项目设计总结报告

系统各项目设计完成之后，应当与项目实施计划对照，总结实际执行的情况，如进度、成果、资源利用、成本和投入的人力。此外，还需对设计工作作出评价，总结经验和教训。

13. 维护修改建议

系统投入运行后，可能有修改、更改等问题，应当对存在的问题、修改的考虑以及修改影响的估计等进行详细描述，写成维护修改建议，提交审批。

以上这些文档是在系统生存期中，随着各个阶段工作的开展适时编制的。其中，有些文档仅反映某一个阶段的工作，有的则需跨越多个阶段。系统生存期内各个阶段编写的文档如图 9-3 所示。

阶段＼文档	可行性研究与计划	需求分析	系统设计	软件开发	硬件安装测试	系统集成与测试	运行维护
可行性研究报告	───→						
项目开发计划	──────	──→					
系统需求说明书		───→					
数据要求说明书		───→					
测试计划		──────────	──────	──→			
概要设计说明书			──────	──→			
详细设计说明书			──────	──→			
用户手册		──────────────	──────	──────	──→		
操作手册		──────────────	──────	──────	──→		
测试分析报告						──────	──→
开发进度月报	──────────────────────						──→
项目开发总结						──────	──→
程序维护手册（维护修改建议）							──→

图 9-3　系统生存期各个阶段与文档的关系

上述 13 个文档最终要向系统开发管理部门，或向用户回答下列问题：要满足哪些需求，即回答"做什么（What）？"；所开发的系统在什么环境下实现，所需信息从哪里来，即回答"从何处（Where）？"；开发工作时间如何安排，即回答"何时做（When）？"；开发或维护工作打算"由谁来做（Who）？"；需求应如何实现，即回答"怎样干（How）？"；"为什么要进行这些系统开发或维护修改工作（Why）？"。具体在哪个文档要回答哪些问题，以及哪些人与哪些文档的编制有关，参见图 9-4。

阶段＼文档	什么 What	何处 Where	何时 When	谁 Who	如何 How	为何 Why
可行性研究报告	√					√
项目开发计划	√		√	√		
系统需求说明书	√	√				
数据要求说明书	√	√				
测试计划			√	√	√	
概要设计说明书					√	
详细设计说明书					√	
用户手册					√	
操作手册					√	
测试分析报告	√					
开发进度月报	√		√			
项目开发总结	√					
程序维护手册（维护修改建议）	√			√	√	

图 9-4　文档所回答的问题

三、文档的质量要求

文档的编制必须保证一定的质量，以发挥文档的桥梁作用：有助于系统集成人员集成系统，有助于程序员编制程序，有助于管理人员监督和管理系统开发，有助于用户了解系统开发的工作和应做的操作，有助于维护人员进行有效的修改和扩充。

质量差的文档不仅难以理解，给使用者造成许多不便，而且还会削弱对系统的管理，如难以确认和评价开发工作的进展情况；增加系统开发成本，如一些工作可能被迫返工；甚至造成更加严重的后果，如误操作等。

1. 高质量的文档的特性

（1）针对性

文档编制以前应分清读者对象，按不同类型、不同层次的读者，决定怎样适应他们的需要。

（2）精确性

文档的行文应当十分确切，不能出现多义性的表述。同一课题几个文档的内容应当协调一致，没有矛盾。

（3）清晰性

文档编写应力求简明，如有可能，配以适当的图表，以增强其清晰性。

（4）完整性

任何一个文档都应当是完整的、独立的，应自成体系。例如，应做一般性介绍，正文给出中心内容，必要时还有附录并列出参考资料等。

（5）灵活性

文档的编排应该具有比较高的灵活性，需要能够适应实际的工作环境，提高一线工程技术人员配置效率，并留有一定的操作空间。

2. 各种不同的系统，其规模和复杂程度有许多实际差别，需具体分析需要安排的内容。应注意以下问题。

（1）应根据具体的系统开发项目，决定编制的文档类型。

（2）当开发的系统非常大时，一种文档可以分为若干分册来写。

（3）应根据任务的规模、复杂性、项目负责人对系统开发过程及运行环境所需详细程度的判断，确定文档的详细程度。

（4）可对各条款进行进一步细分，反之，也可根据情况压缩合并。

（5）文档的表现形式没有规定或限制，可以使用自然语言，也可以使用形式化语言。

（6）当通用文档类型不能满足系统开发特殊要求时，可以建立一些特殊的文档类型。

9.1.5 招标与投标

一、网络工程项目招标方式

网络工程项目的招标方式主要有公开招标、邀请招标、竞争性谈判、询价采购和单一来源采购等。

1. 公开招标

公开招标是指招标单位通过国家指定的报刊、信息网站或其他媒介发布招标公告方式邀请不特定的法人或其他组织投标的招标。这种招标方式为所有系统集成商提供一个平等竞争的平台，有利于选择优良的施工单位和控制工程的造价和施工质量。由于投标单位较多，因此会增加资格预审和评标的工作量。对于工程造价较高的工程项目，政府采购法规定必须采取公开招标的方式。

2. 邀请招标

邀请招标属于有限竞争选择招标，是由招标单位向有承担能力、资信良好的设计单位直接发出的投标邀请书的招标。根据工程的大小，一般邀请 5~10 家单位参加投标，但不能少于 3 家单位来投标，有条件的项目，应邀请不同地区、不同部门的设计单位参加。这种招标方式可能存在一定的局限性，但会显著降低工程评标的工作量，因此网络工程项目的招标经常采用邀请招标方式。

3. 竞争性谈判

竞争性谈判是指招标方或代理机构通过与多家系统集成商（不少于 3 家）进行谈判，最后从中确定最优系统集成商的一种招标方式。这种招标方式要求招标方可就有关工程项目事项，如价格、技术规格、设计方案、服务要求等在不少于 3 家系统集成商中进行谈判，最后按照预先规定的成交标准，确定成交系统集成商。对于比较复杂的工程项目，采用竞争性谈判方式有利于招标单位选择价格、技术方案、服务等方面最优的集成商。

4. 询价采购

询价采购是指对几个系统集成商（通常至少 3 家）的报价进行比较，以确保价格具有竞争性的一种招标方式。询价采购的特点如下。

（1）邀请报价的数量至少为 3 个。

（2）只允许系统集成商或承包商提供一个报价，而且不许改变其报价。不得与某一系统集成商或承包商就其报价进行谈判。报价的提交形式，可以采用电传或传真形式。

（3）报价的评审应按照招标方公共或私营部门的良好惯例进行。合同一般授予符合招标方实际需求的最低报价的系统集成商或承包商。询价采购方式一般适用于金额较小、集成难度较低的工程项目。参与询价采购的集成商原则上也是通过政府采购管理部门通过合法程序认定的供应商。

5. 单一来源采购

单一来源采购是没有竞争的谈判采购方式，是指达到竞争性招标采购的金额标准，但在适当条件下，招标方向单一的系统集成商或承包商征求建议或报价来采购货物、工程或服务。通常是所购产品的来源渠道单一或属专利、秘密咨询、属原形态或首次制造、合同追加、后续扩充等特殊的采购。除发生了不可预见的紧急情况外，招标方应当尽量避免采用单一来源采购方式。

二、工程项目招标程序

在网络工程项目的各类招标方式中，公开招标程序是最复杂、最完备的，下面介绍公开招标程序的 16 个环节。

1. 建设工程项目报建

建设工程项目报建内容主要包括：工程名称、建设地点、投资规模、资金来源、当年投资额、工程规模、结构类型、发包方式、计划竣工日期、工程筹建情况等。

2. 审查建设单位资质

建设单位在招投标活动中必须采用有相应资质的企业，同时注意审查有资质企业的资质原件、资质有效期和资质业务范围。

建设单位资质审查的主要内容如下。

（1）有关负责人的资历是否符合相应等级要求。

（2）工程技术、经济管理人员是否符合相应的要求。

（3）安全生产管理人员是否符合相应的要求。

（4）注册资本是否符合相应要求。

（5）业绩是否符合相应要求。

3. 招标申请

招标单位填写"建设工程施工招标申请表"，凡招标单位有上级主管部门的，需经该主管部门批准同意后，连同"工程建设项目报建登记表"报招标管理机构审批。招标申请表的主要内容包括：工程名称、建设地点、招标建设规模、结构类型、招标范围、招标方式、要求施工企业等级、施工前期准备情况、招标机构组织情况等。

4. 资格预审文件、招标文件编制与送审

公开招标采用资格预审时，只有资格预审合格的施工单位才可以参加投标；不采用资格预审的公开招标应进行资格后审，即在开标后进行资格审查。

5. 工程标底价格的编制

招标文件中的商务条款一经确定，即可进入标底价格编制阶段。标底价格由招标单位自行编制或委托具备编制标底价格资格和能力的中介机构代理编制。招标人设有标底的，标底在评标时作为评标的参考。

6. 发布招标通告

由委托的招标代理机构在报刊、电视、网络等媒介发布该项目的招标通告。

7. 单位资格审查

由招标管理机构对申请投标的单位进行资格审查，审查通过后以书面形式通知申请单位，在规定时间内领取招标文件。

8. 招标文件发放

由招标管理机构将招标文件发放给预审获得投标资格的单位。招标单位如果需要对招标文件进行修改，应先通过招标管理机构的审查，然后以补充文件形式发放。投标单位对招标文件中有不清楚的问题，应在收到招标文件7日内以书面形式向招标单位提出，由招标单位以书面形式解答。

9. 勘察现场

综合布线系统的设计较为复杂，投标单位必须到施工现场进行勘察，以确定具体的布线方案。勘察现场的时间已在招标文件中指定，由招标单位在指定时间内统一组织。

10. 投标预备会

投标预备会一般安排在发出招标文件7日后28日内举行，由各投标单位参与。召开投标预备会的目的在于澄清招标文件中的疑问，解答勘察现场中提出的问题。

11. 投标文件管理

在投标截止时间前，投标单位必须按时将投标文件递交到招标单位（或招标代理机构）。招标单位要注意检查所接收的投标文件是否按照招投标的规定进行密封。在开标之前，必须妥善保管好投标文件资料。

12. 工程标底价格的报审

开标前，招标单位必须按照招投标有关管理规定，将工程标底价格以书面形式上报招标管理机构。

13. 开标

在招标单位或招标代理机构的组织下，所有投标单位代表在指定时间内到达开标现场。招标单位或招标代理机构以公开方式拆除各单位投标文件密封标志，然后逐一报出每个单位的竞标价格。

14. 评标

由招标单位或招标代理机构组织的评标专家对各单位的投标文件进行评审。评审的主要内容如下。

（1）投标单位是否符合招标文件规定的资质。

（2）投标文件是否符合招标文件的技术要求。

（3）专家根据评分原则给各投标单位评分。

（4）根据评分分值大小推荐中标单位顺序。

15. 中标

由招标单位召开会议，对专家推荐的评标结果进行审议，最后确认中标单位。招标单位（或招标代理机构）应及时以书面形式通知中标单位，并要求中标单位在指定时间内签订合同。

16. 合同签订

网络工程项目合同由招标单位与中标单位的代表共同签订。合同应包含以下重要条款。

（1）工程造价。

（2）施工日期。

（3）验收条件。

（4）付款时期。

（5）售后服务承诺。

邀请招标和竞争性谈判招标方式可以在公开招标方式的流程基础上进行简化，但必须包括：招标申请、招标文件编制、发布招标通告、招标文件发放、招标文件管理、开标、评标、中标、合同签订等环节。

询价采购方式的流程比较简单，主要包括：采购申请、成立采购小组、制定询价文件、确定询价集成商、集成商一次性报价、评价并确定集成商、合同签订等环节。

单一来源采购方式的流程主要包括：采购方式申请报批、成立谈判小组、组织谈判并确定成交供应商、合同签订等环节。

三、招投标文件的主要内容

1. 招标公告

招标公告包括以下主要内容。

（1）招标项目的名称、数量。

（2）供应人的资格。

（3）招标文件发放的办法和时间。

（4）投标时间和地点。

2. 招标文件

招标文件应当包括下列内容。

（1）供应人须知。

（2）招标项目的性质、数量、质量和技术规格。

（3）投标价格的要求及其计算方式。

（4）交货、竣工或者提供服务的时间。

（5）供应人提供的有关资格和资信证明文件。

（6）投标保证金的数额。

（7）投标文件的编制要求。

（8）提交投标文件的方式、地点和截止时间。

（9）开标、评标的时间及评标的标准和方法。

（10）合同格式及其条款。

3. 投标文件

投标文件由商务部分和技术部分两部分组成。

投标文件商务部分的内容如下。

（1）法定代表人的身份证明。

（2）法人授权委托书（正本为原件）。

（3）投标函。

（4）投标函附录。

（5）投标保证金交存凭证复印件。

（6）对招标文件及合同条款的承诺及补充意见。

（7）工程量清单计价表。

（8）投标报价说明。

（9）报价表。

（10）投标文件电子版（U盘或光盘）。

应在投标文件的商务部分所述内容后附以下文件及资料（未注明的为复印件）：企业营业执照、企业资质等级证书、当地施工安全管理部门出具的安全生产证明材料及安全资格证。

投标文件技术部分的主要内容如下。

（1）施工部署。

（2）施工现场平面布置图。

（3）施工方案。

（4）施工技术措施。

（5）施工组织及施工进度计划（包括施工段的划分、主要工序、劳动力安排以及施工管理机构或项目经理部组成）。

（6）施工机械设备配备情况。

（7）质量保证措施。

（8）工期保证措施。

（9）安全施工措施。

（10）文明施工措施。

9.2 综合布线技术

9.2.1 综合布线概述

一、智能大厦

1. 智能大厦的发展过程

据有关资料记载，第一个智能大厦于1984年建设于美国的哈特福德市（Hartford），当时人们将一座旧的金融大楼（都市大厦）进行翻修改造，在楼内铺设大量通信电缆，增加了程控交换机和计算机等办公自动化设备，在楼宇内的配电、供水、空调和防火等系统均由计算机控制和管理，用户享有电子邮件、文字处理、话音传输、科学计算、信息检索和市场行情资料查询等全方位的服务。虽然租金提高了约 20%，但客户反而增加，给房地产商们带来了新的希望。

智能大厦的出现，引起了人们的关注，世界各国的建筑行业纷纷仿效，尤其在发达国家发展最快。据有关资料报道，如果把一座新的建筑物建成智能大厦只需要在原有基础上增加 5% 的投资，那么可以增加约 20% 的回报率，这是相当吸引人的。智能大厦中智能系统的投资一般占大厦全部预算的 5%～10%，这一部分资金收回期大约要 3 年，从而智能大厦引起房地产商的热情。近几年来，我国的智能大厦发展很快，特别是沿海地区有许多幢智能大厦相继建成，也相继建立起研究开发队伍，为我国智能大厦的发展奠定了基础。

2. 智能大厦的组成

智能大厦或智能建筑物（intelligent building）的组成通常有三大基本要素：即楼宇自动化系统（building automation system，BAS）、通信自动化系统（communication automation system，CAS）和办公自动化系统（office automation system，OAS）。通常人们把它们称为 3A。这三者是有机结合的，其中建筑环境是智能大厦基本组成要素的支持平台。

（1）对于智能大厦也有人从 4C 的角度讨论，4C 是指：

- 现代计算机技术（computer）。
- 现代控制技术（control）。
- 现代通信技术（communication）。
- 现代图形显示技术（CRT）。

许多学者认为 4C 是实现智能大厦的技术手段，而且是具有主流方向。

我国的部分房地产开发商将 BAS 中的防火监控系统（fire automation system，FAS）、保安监控系统（safety automation system，SAS）独立出来，变为 5A。但从事智能大厦的学者们认为，还是称 3A 与国际上看法一致。

（2）在国际上，智能大厦的综合管理系统通常又被分解为若干子系统，这些子系统分别如下。

- 中央计算机管理系统（central computer management system，CCMS）。
- 办公自动化系统（office automation system，OAS）。
- 楼宇设备自控系统（building automation system，BAS）。
- 保安管理系统（security management system，SMS）。
- 智能卡系统（smart card system，SCS）。
- 火灾报警系统（fire alarm system，FAS）。
- 卫星及其共用电视系统（central antenna television，CATV）。
- 车库管理系统（carparking management system，CPS）。
- 综合布线系统（premises distribution system，PDS）。
- 局域网系统（local area network system，LANS）。

二、综合布线系统概述

在信息社会中，一个现代化的大楼内，除了具有电话、传真、空调、消防、动力电线、照明电线外，计算机网络线路也是不可或缺的。布线系统的对象是建筑物或楼宇内的传输网络，以使话音和数据通信设备、交换设备和其他信息管理系统彼此相连，并使这些设备与外部通信网络连接。它包含建筑物内部和外部线路（网络线路、电话局线路）间的民用电缆及相关设备的连接措施。布线系统是由许多部件组成的，主要有传输介质、线路管理硬件、连接器、插座、插头、适配器、传输电子线路、电气保护设施等，并由这些部件来构造各种子系统。

综合布线系统（premises distribution system）又称为建筑物与建筑群综合布线系统，或建筑物结构化综合布线系统，是一种标准通用的信息传输系统，通常对建筑物内各种系统（网络系统、电话系统、报警系统、电源系统、照明系统、监控系统等）所需的传输线路统一进行编制、布置和连接，形成完整、统一、高效、兼容的建筑物布线系统。

随着 Internet 和信息高速公路的发展，各国的政府机关、大的集团公司也都在针对自己楼宇的特点，进行综合布线，以适应新的需要。智能化大厦、智能化小区已成为新世纪的开发热点。理想的布线系统表现为：支持语音应用、数据传输、影像影视，而且最终能支持综合型的应用。

1. 综合布线系统的特点

综合布线和传统的布线相比较，有许多优越性，是传统布线无法企及的，在设计、施工和维护等方面也带来了许多方便。

（1）兼容性

综合布线的首要特点是它的兼容性，可以适用于多种应用系统。

（2）开放性

对于传统的布线方式，只要用户选定了某种设备，也就选定了与之相适应的布线方式和传输介质。

（3）灵活性

传统的布线方式是封闭的，其体系结构是固定的，移动或增加设备是相当麻烦的。

（4）可靠性

在传统布线方式中，由于各个应用系统互不兼容，因而在一个建筑物中往往要有多种布线方案。

（5）先进性

综合布线采用光纤与双绞线混合布线方式，极为合理地构成了一套完整的布线。

（6）经济性

综合布线在经济性方面比传统的布线系统有优越性。

2. 综合布线系统的优点

（1）结构清晰，便于管理维护

传统的布线方法是各种不同设施的布线分别进行设计和施工，如电话系统、消防系统、安全报警系统、能源管理系统等都是独立进行的。一个自动化程度较高的大楼内，各种线路如麻，拉线时又免不了在墙上打洞，在室外挖沟，造成一种"填填挖挖挖挖填填，修修补补补补修"的难堪局面，而且还难以管理，布线成本高、功能不足和不适应形势发展的需要。综合布线就是针对这些缺点而采取的标准化的统一材料、统一设计、统一布线、统一安装施工，做到结构清晰，便于集中管理和维护。

（2）材料统一先进，适应今后的发展需要

综合布线系统采用了先进的材料，如 5 类非屏蔽双绞线，传输速率为 100Mbit/s 以上，完全能够满足未来 5～10 年的发展需要。综合布线系统使用起来非常灵活。一个标准的插座，既可接入电话，又可以用来连接计算机终端，实现语音/数据点互换，也适应各种不同拓扑结构的局域网。

（3）便于扩充，节约费用，而且提高了系统的可靠性

综合布线系统采用的冗余布线和星型结构的布线方式，既提高了设备的工作能力，又便于用户扩充。虽然传统布线所用线材比综合布线的线材要便宜，但在统一布线的情况下，统一安排线路走向，统一施工，这样可减少用料和施工费用，也减少使用大楼的空间，而且使用的线材质量较高。

三、智能建筑与综合布线系统的关系

由于智能建筑是集建筑、通信、计算机网络和自动控制等多种高科技之大成，所以智能建筑工程项目的内容极为广泛，综合布线系统作为智能建筑的神经系统，是智能建筑的关键部分和基础设施之一，因此，不应将智能建筑和综合布线系统相互等同，否则容易理解错误。

（1）综合布线系统是衡量智能建筑智能化的重要标志。

（2）综合布线系统使智能建筑充分发挥智能化效能，它是智能建筑中必备的基础设施。

（3）综合布线系统能适应今后智能建筑和各种科学技术的发展需要。

9.2.2　综合布线系统的组成

综合布线系统采用模块化的结构，按每个模块的作用，可分成 6 个部分。这 6 个部分可以概括为"一间、二区、三个子系统"，即设备间，管理区、工作区，干线子系统（又称为垂直子系统）、水平子系统和建筑群干线子系统。

这 6 个部分中的每部分都相互独立，可以单独设计，单独施工。更改其中任何一个子系统，都不会影响其他子系统。

大楼的综合布线系统是将各种不同组成部分构成一个有机的整体，而不是像传统的布线那样自成体系，互不相干。综合布线系统的组成如图 9-5 所示。

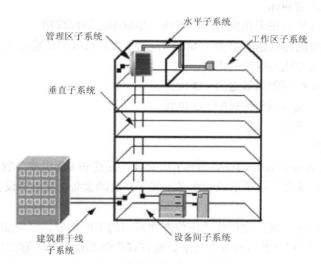

图 9-5　综合布线系统的组成

1．工作区子系统

工作区子系统（work area subsystem）又称为服务区子系统（coreragearea），它由 RJ-45 跳线信息插座与所连接的设备（终端或工作站）组成。信息插座有墙上型、地面型、桌上型等多种。

在进行终端设备和 I/O 连接时，可能需要某种传输电子装置，但这种装置并不是工作区子系统的一部分。例如，调制解调器能为终端与其他设备之间的兼容性传输距离的延长提供所需的转换信号，但不能说是工作区子系统的一部分。

工作区子系统中使用的连接器必须具备有国际 ISDN 标准的 8 位接口，这种接口能接受楼宇自动化系统所有低压信号以及高速数据网络信息和数码声频信号。工作区子系统设计时要注意如下要点。

（1）从 RJ-45 插座到设备间的连线用双绞线，一般不要超过 5m。

（2）RJ-45 插座须安装在墙壁上或不易碰到的地方，插座距离地面 30cm 以上。

（3）插座和插头（与双绞线）不要接错线头。

2. 水平干线子系统

水平干线子系统又称为水平子系统（horizontal subsystem）。水平干线子系统是整个布线系统的一部分，它是从工作区的信息插座开始到管理间子系统的配线架。结构一般为星型结构，它与垂直干线子系统的区别在于：水平干线子系统总是在一个楼层上，仅与信息插座管理间连接。在综合布线系统中，水平干线子系统由 4 对 UTP（非屏蔽双绞线）组成，能支持大多数现代化通信设备。有磁场干扰或信息保留时，可用屏蔽双绞线。需要高宽带应用时，可以采用光缆。

从用户工作区的信息插座开始，水平布线子系统在交叉处连接，或在小型通信系统中的以下任何一处进行互连：远程（卫星）通信接线间、干线接线间或设备间。在设备间中，当终端设备位于同一楼层时，水平干线子系统将在干线接线间或远程通信（卫星）接线间的交叉连接处连接。对于水平干线子系统的设计，综合布线的设计人员必须具有全面介质设施方面的知识，能够向用户或用户的决策者提供完善而又经济的设计。

设计时要注意如下要点。

（1）水平干线子系统用线一般为双绞线。

（2）长度一般不超过 90m。

（3）用线必须走线槽或在天花板吊顶内布线，尽量不走地面线槽。

（4）用 3 类双绞线的传输速率可为 16Mbit/s，用 5 类双绞线的传输速率为 100Mbit/s。

（5）确定介质布线方法和线缆的走向。

（6）确定距服务接线间距离最近的 I/O 位置。

（7）确定距服务接线间距离最远的 I/O 位置。

（8）计算水平区所需线缆长度。

3. 管理间子系统

管理间子系统（administration subsystem）由交连、互连和 I/O 组成。管理间为连接其他子系统提供手段，它是连接垂直干线子系统和水平干线子系统的设备，其主要设备是配线架、HUB 和机柜、电源。

交连和互连允许将通信线路定位或重定位在建筑物的不同部分，以便能更容易地管理通信线路。I/O 位于用户工作区和其他房间或办公室，使在移动终端设备时能够方便地进行插拔。

在使用跨接线或插入线时，交叉连接允许将端接在单元一端电缆上的通信线路连接到端接在单元另一端电缆上的线路。跨接线是一条很短的单根导线，可将交叉连接处的二条导线端点连接起来；插入线包含几条导线，而且每条导线末端均有一个连接器。插入线为重新安排线路提供了一种简易的方法。

互连与交叉连接的目的相同，但不使用跨接线或插入线，只使用带插头的导线、插座、适配器。互连和交叉连接也适用于光纤。

在远程通信（卫星）接线区，如安装在墙上的布线区，交叉连接可以不要插入线，因为线路经常是通过跨接线连接到 I/O 上的。

设计时需要注意以下要点。

（1）配线架的配线对数可由管理的信息点数决定。

（2）利用配线架的跳线功能，可使布线系统具有灵活、多功能的能力。

（3）配线架一般由光配线盒和铜配线架组成。

（4）管理间子系统应有足够的空间放置配线架和网络设备（HUB、交换器等）。

（5）有 HUB 交换器的地方要配有专用稳压电源。

（6）保持一定的温度和湿度，保养好设备。

4．垂直干线子系统

垂直干线子系统（riser backbone subsystem）也称为骨干（riser backbone）子系统，它是整个建筑物综合布线系统的一部分。它提供建筑物的干线电缆，负责连接管理间子系统到设备间子系统的子系统，一般使用光缆或选用大对数的非屏蔽双绞线。

垂直干线子系统提供了建筑物垂直干线电缆的路由。垂直干线子系统通常是在 2 个单元之间，特别是在位于中央节点的公共系统设备处提供多个线路设施。该子系统由所有布线电缆组成，或由导线和光缆以及将此光缆连到其他地方的相关支撑硬件组合而成。传输介质可能包括一幢多层建筑物的楼层之间垂直布线的内部电缆或从主要单元，如从计算机房、设备间和其他干线接线间来的电缆。

为了与建筑群的其他建筑物进行通信，干线子系统将中继线交叉连接点和网络接口（由电话局提供的网络设施的一部分）连接起来。网络接口通常放在设备相邻的房间。

垂直干线子系统还包括以下部分。

（1）垂直干线或远程通信（卫星）接线间、设备间之间的竖向或横向的电缆走向用的通道。

（2）设备间和网络接口之间的连接电缆或设备与建筑群子系统各设施间的电缆。

（3）垂直干线接线间与各远程通信（卫星）接线间之间的连接电缆。

（4）主设备间和计算机主机房之间的干线电缆。

垂直干线子系统设计时要注意以下几点。

（1）垂直干线子系统一般选用光缆，以提高传输速率。

（2）光缆可选用多模的（室外远距离的），也可以是单模的（室内）。

（3）垂直干线电缆的拐弯处，不要直角拐弯，应有相当的弧度，以防光缆受损。

（4）垂直干线电缆要防遭破坏（如埋在路面下，挖路、修路对电缆造成危害），架空电缆要防止雷击。

（5）确定每层楼的干线要求和防雷电的设施。

（6）满足整幢大楼干线要求和防雷击的设施。

5．建筑群干线子系统

建筑群干线子系统也称为校园（campus backbone sub system）子系统，它是将一个建筑物中的电缆延伸到另一个建筑物的通信设备和装置，通常由光缆和相应设备组成，建筑群干线子系统是综合布线系统的一部分，它支持楼宇之间通信所需的硬件，其中包括导线电缆、光缆以及防止电缆上的脉冲电压进入建筑物的电气保护装置。

在建筑群干线子系统中，会遇到室外敷设电缆问题，一般有 3 种情况：架空电缆、直埋电缆、地下管道电缆，或者是这 3 种的任何组合，具体情况应根据现场的环境来决定。设计时的要点与垂直干线子系统相同。

6．设备间子系统

设备间子系统也称为设备（equipment subsystem）子系统。设备间子系统由电缆、连接器和相关支撑硬件组成。它把各种公共系统设备的多种不同设备互连起来，其中包括邮电部门的光缆、同轴电缆、程控交换机等。

设计设备间子系统时要注意以下几点。

（1）设备间要有足够的空间保障设备的存放。

（2）设备间要有良好的工作环境（温度湿度）。

（3）设备间的建设标准应按机房建设标准设计。

9.2.3 综合布线标准

一、综合布线系统主要国际标准

目前常用的综合布线国际标准如下。

（1）国际布线标准《ISO/IEC 11801：1995（E）信息技术——用户建筑物综合布线》。

国际标准 ISO/IEC 11801 是由联合技术委员会 ISO/IEC JTC1 的 SC 25/WG 3 工作组在 1995 年制定发布的，这个标准把有关元器件和测试方法归入国际标准。

目前该标准有以下 3 个版本。

- ISO/IEC 11801：1995。
- ISO/IEC 11801：2000。
- ISO/IEC 11801：2000+。

（2）欧洲标准《EN 50173 建筑物布线标准》。

（3）美国国家标准协会《TIA/EIA 568A 商业建筑物电信布线标准》。

（4）美国国家标准协会《TIA/EIA 569A 商业建筑物电信布线路径及空间距标准》。

（5）美国国家标准协会《TIA/EIA TSB—67 非屏蔽双绞线布线系统传输性能现场测试规范》。

（6）美国国家标准协会《TIA/EIA TSB—72 集中式光缆布线准则》。

（7）美国国家标准协会《TIA/EIA TSB—75 大开间办公环境的附加水平布线惯例》。

二、综合布线系统主要的国内标准

综合布线系统在我国的整个发展过程，大致经过以下 4 个阶段。

（1）第一个阶段为引入、消化吸收。

1992～1995 年由国际著名通信公司、计算机网络公司推出了结构化综合布线系统，并将结构化综合布线系统的理念、技术、产品带入中国。这段时间内，国内有关电缆生产厂家也处在产品的研发阶段，同时也是布线系统性能等级和标准的初级阶段。布线系统性能等级以三类（16MHz）产品为主。

（2）第二个阶段为推广应用。

1995～1997 年开始广泛地推广应用和关注工程质量。网络技术更多的采用 10/100Mbit/s 以太网和 100Mbit/s FDDI 光纤网，基本上淘汰了总线型和环型网络。

中国工程建设标准化协会通信工程委员会起草了《建筑与建筑群综合布线系统工程设计规范》CECS72：97 （修订本）和《建筑与建筑群综合布线系统工程施工验收规范》CECS89：97。这两个标准为我国布线工程的应用配套标准，为规范布线市场起到了积极的作用，许多行业标准和地方标准也相继出台和颁布。

此时，国外标准不断推陈出新，标准以 TIA/EIA 568A、ISO/IEC 11801、EN 50173 等欧美及国际新标准为主。

（3）第三个阶段为快速发展期。

1997～2000 年，网络技术在 10/100Mbit/s 以太网的基础上， 提出 1000Mbit/s 以太网的概念和标准。

我国的国家标准和行业标准也正式出台，《建筑与建筑群综合布线系统工程设计规范》GB/T50311、《建筑与建筑群综合布线系统工程验收规范》GB/T50312 和我国通信行业标准YD/T926《大楼通信综合布线系统》正式发布和施行。

TIA/EIA 568A、ISO/IEC11801 和 EN 50173 等欧美国际标准已开始包含 6 类（200MHz）布线标准的草案。

（4）第四个阶段为高端综合布线系统应用和发展。

从 2000 年至今。计算机网络技术的发展和千兆以太网标准的出台，超 5 类、6 类布线产品普遍应用，光纤产品开始广泛应用。

我国国家及行业综合布线标准的制定，使我国综合布线走上标准化轨道，促进了综合布线在我国的应用和发展。

9.2.4　综合布线系统测试

一、综合布线系统测试概述

当网络工程施工接近尾声时，最主要的工作就是对布线系统进行严格的测试。对于综合布线的施工方来说，测试主要有两个目的：一是提高施工的质量和速度；二是向用户证明他们的投资得到了应用的质量保证。对于采用了 5 类、超 5 类、6 类电缆及相关连接硬件的综合布线系统来说，如果不用高精度的仪器进行系统测试，很可能会在传输高速信息时出现问题。对于应用光纤的综合布线系统，为了保证传输的距离和性能要求，也必须进行相应的测试。

网络工程中综合布线测试可分为 3 类：验证测试、鉴定测试和认证测试。验证测试一般是在施工的过程中由施工人员边施工边测试，以保证完成的每个连接的正确性。鉴定测试是在验证测试的基础上再加上对布线链路上一些网络应用情况的基本检测，带有一定的网络管理功能。认证测试是指对布线系统依照标准例行逐项检测，以确定布线是否达到设计要求，包括连接性能测试和电气性能测试。

1. 验证测试

验证测试又叫随工测试，是边施工边测试，主要检测线缆的质量和安装工艺，及时发现并纠正问题，避免返工。

验证测试不需要使用复杂的测试仪，只需要能测试接线通断和线缆长度的测试仪。竣工检查中，短路、反接、线对交叉、链路超长等问题几乎占整个工程质量问题的 80%，这些问题在施工初期通过重新端接，调换线缆，修正布线路由等措施比较容易解决。

2. 认证测试

认证测试又叫验收测试，是所有测试工作中最重要的环节。认证测试是检验工程设计水平和工程质量的总体水平行之有效的手段。

认证测试通常分为以下两种类型。

（1）自我认证测试。

自我认证测试由施工方自行组织，按照设计施工方案对所有链路进行测试，确保每条链路符合标准要求。需要编制确切的测试技术档案，写出测试报告，交建设方存档。测试记录应准确、完整、规范、便于查阅。认证测试可邀请设计、施工监理多方参与，建设单位也参加测试工作，了解测试过程，方便日后管理与维护。认证测试是设计、施工方对所承担的工程所进行的总结性质量检验，施工单位承担认证测试工作的人员应当经过测试仪表供应商的技术培训并获得认证资格。

（2）第三方认证测试。

随着支持千兆以太网的超 5 类及 6 类综合布线系统的推广应用和光纤在综合布线系统中的大量应用，施工工艺要求越来越高。

对于工程要求高，使用器材类别高，投资较大的工程，建设方除要求施工方做自我认证测试外，还应邀请第三方对工程做全面验收测试。

建设方在施工方做自我认证测试的同时，请第三方对综合布线系统链路做抽样测试。按工程规模确定抽样样本数量，一般 1 000 信息点以上抽样 30%，1 000 信息点以下的抽样 50%。

衡量、评价综合布线工程的质量优劣，唯一科学、有效的途径就是进行全面现场测试。

二、主要的测试指标

综合布线工程中的测试内容主要包括 3 个方面：工作区到设备间的连通状况测试、主干连通状况测试、跳线测试。每项测试内容主要测试的参数包括速率、衰减、距离、接线图、近端串扰、远端串扰、回波损耗、传输延迟等，下面逐一介绍。

1. 接线图（wire map）

接线图是验证线对连接正确与否的一项基本检查。可采用 T568A 和 T568B 两种端接方式，二者的线序固定，不能混用和错接，正确的线对连接为：1 对 1、2 对 2、3 对 3、4 对 4、5 对 5、6 对 6、7 对 7、8 对 8，当接线正确时，测试仪显示接线图测试"通过"。

在实际工程中，接线图的错误类型可能主要有以下几种。

（1）开路、短路、反接。

同一线对在两端针位接反，如一端的 4 接在另一端的 5 位，一端的 5 接在另一端的 4 位。

（2）跨接。

将一对线对接到另一端的另一线对上，常见的跨接错误是 12 线对与 36 线对的跨接，这种错误往往是由于两端的接线标准不统一造成的，一端用 T568A，而另一端用 T568B。

（3）线芯交叉。

反接是同一线对在两端针位接反，而线芯交叉是指不同线对的线芯发生交叉连接，形成一个不可识别的回路，如 12 线对与 36 线对的 2 和 3 线芯两端交叉。

（4）串绕线对。

是指将原来的两对线对分别拆开后又重新组成新的线对。这是产生极大串扰的错误连接，这种错误对端对端的连通性不产生影响，普通万用表不能检查故障原因，只有专用的电缆测试仪才能检测出来。

2. 测量长度

根据所选择的测试模型不同，极限长度分别为：基本链路为 94m，永久链路为 90m，通道为 100m，加上 10% 余量后，长度测试通过/失败的参数为：

基本链路为 94m+94m×10%=103.4m，永久链路为 90m+90m×10%=99m，通道为 100m+100m×10%=110m。

3. 衰减（attenuation）

当信号在电缆中传输时，由于其所遇到的电阻而导致传输信号的减小，信号沿电缆传输损失的能量称为衰减。衰减是一种插入损耗，考虑一条通信链路的总插入损耗时，布线链路中的所有布线部件都对链路的总衰减值有影响。

衰减以 db 来度量，是指单位长度的电缆（通常为 100m）的衰减量，衰减的 db 值越大，衰减越大，接收的信号越弱，信号衰减到一定程度，会引起链路传输的信息不可靠。

4. 近端串扰损耗（NEXT）

当信号在通道中的某线对传输时，由于平衡电缆互感和电容的存在，同时会在相邻线对中感应一部分信号，这种现象称为串扰。串扰分为近端串扰（NEXT）和远端串扰（FEXT）两种。

近端串扰是指处于线缆一侧的某发送线对的信号对同侧的其他相邻（接收）线对通过电磁感应所造成的信号耦合。

5. 综合近端串扰（power sun NEXT，PSNEXT）

近端串扰是一对发送信号的线对对被测线对在近端的串扰，实际上，在 4 对型双绞线电缆中，其他 3 对线对都发送信号时，会对被测线对产生串扰。因此在 4 对型电缆中，3 个发送信号的线对向另一相邻接收线对产生的总串扰就称为综合近端串扰。

综合近端串扰值是双绞线布线系统中的一个新的测试指标，只有超 5 类和 6 类电缆才要求测试 PSNEXT。

6. 衰减与串扰比（attenuation-to-crosstalk ratio，ACR）

通信链路在信号传输时，衰减和串扰都会存在，串扰反映电缆系统内的噪音，衰减反映线对本身的传输质量，这两种性能参数的混合效应（信噪比）可以反映出电缆链路的实际传输质量。

用衰减与串扰比来表示这种混合效应，衰减与串扰比的定义为：被测线对受相邻发送线对串扰的近端串扰损耗值与本线对传输信号衰减值的差值（单位为 dB），即

$$ACR（dB）=NEXT（dB）-Attenuation（dB）$$

近端串扰损耗越高而衰减越小，则衰减与串扰比越高，一个高的衰减与串扰比意味着干扰噪音强度与信号强度相比微不足道。因此衰减与串扰比越大越好。

衰减、近端串扰和衰减与串扰比都是频率的函数，应在同一频率下计算，超 5 类通道和永久链路必须在 1～100MHz 频率范围内测试。6 类通道和永久链路在 1～250MHz 频率范围内测试，最小值必须大于 0dB，当 ACR 接近 0dB 时，链路不能正常工作。

衰减与串扰比反映了在电缆线对上传送信号时，在接收端收到的衰减过的信号中有多少来自串扰的噪音影响，直接影响误码率，从而决定信号是否需要重发。

综合衰减与串扰比（PSACR）是综合近端串扰与以 dB 表示的衰减的差值，它不是一个独立的测量值，而是在同一频率下衰减与综合近端串扰的计算结果。

7. 远端串扰（FEXT）与等效远端串扰（equal level FEXT, ELFEXT）

远端串扰是信号从近端发出，而在链路的另一侧（远端），发送信号的线对向其同侧其他相邻（接收）线对通过电磁感应耦合而造成的串扰。

FEXT 与 NEXT 一样定义为串扰损耗。因为信号的强度与它所产生的串扰及信号的衰减有关，所以电缆长度对测量到的 FEXT 值影响很大，FEXT 并不是一种很有效的测试指标，在测量中是用 ELFEXT 值的测量代替 FEXT 值的测量。

等效远端串扰（ELFEXT）是指某线对上远端串扰损耗与该线路传输信号的衰减差，也称为远端 ACR。

减去衰减后的 FEXT 也称作同电位远端串扰，比较真实地反映在远端的串扰值。

定义：ELFEXT（dB）=FEXT（dB）-A（dB）（A 为受串扰接收线对的传输衰减）

8. 传输延迟（propagation delay）和延迟偏离（delay skew）

传输延迟是信号在电缆线对中传输时所需要的时间。传输延迟随着电缆长度的增加而增加，测量标准是指信号在 100m 电缆上的传输时间，单位是纳秒（ns），它是衡量信号在电缆中传输快慢的物理量。

超 5 类通道最大传输延迟在 10MHz 时不超过 555ns，基本链路的最大传输延迟在 10MHz 时不超过 518ns。

6 类通道最大传输延迟在 10MHz 时不超过 555ns，所有永久链路的最大传输延迟在 100MHz 时不超过 538ns，在 250MHz 时不超过 498ns。

延迟偏离是指同一 UTP 电缆中传输速度最快的线对和传输速度最慢线对的传输延迟差值，它以同一缆线中信号传播延迟最小的线对的时延作为参考，其余线对与参考线对都有时延差值。最大的时延差值即电缆的延迟偏离。

9. 回波损耗（RL）

回波损耗是线缆与由接插件构成的布线链路阻抗不匹配导致的一部分能量反射。

当端接阻抗（部件阻抗）与电缆的特性阻抗不一致，偏离标准值时，在通信链路上就会导致阻抗不匹配。阻抗的不连续性引起链路偏移，电信号到达链路偏移区时，必须消耗掉一部分来克服链路偏移，这样会导致两个后果，一个是信号损耗，另一个是少部分能量会被反射回发送端。被反射到发送端的能量会形成噪音，导致信号失真，降低了通信链路的传输性能。

回波损耗的计算公式如下。

回波损耗＝发送信号/反射信号

习 题 九

一、填空题

1. 与网络工程有关的工作可以分为 3 个阶段：_____、_____和_____。

2. 根据产生时延的原因，可以将时延分为_____、_____、_____、_____和_____ 5 类。

3. 按照文档产生和使用的范围，系统文档大致可分为_____、_____和_____ 3 类。

4. 网络工程项目的招标方式主要有公开招标、_____、_____、询价采购和单一来源采购等。

5. 网络工程中综合布线测试可以分为 3 类：_____、_____和_____。

6. 计算机网络系统集成有 3 个主要层面，即_____、_____和_____。

7. 目前比较流行的数据库有_____、_____和_____等服务器产品。

8. 衰减与串扰比的定义为：被测线对受相邻发送线对串扰的近端串扰损耗值与本线对传输信号衰减值的差值（单位为 dB），即 ACR（dB）＝_____。

二、选择题

1. 智能建筑的"3A"不包括（   ）。

    A. BAS   B. CAS   C. OAS   D. FAS

2. RJ-45 插座须安装在墙壁上或不易碰到的地方，插座距离地面（   ）以上。

    A. 10cm   B. 30cm   C. 50cm   D. 1m

3. 远端串绕的英文缩写是（   ）。

    A. FEXR   B. NEXT   C. FEXT   D. NEXR

4. 在综合布线实际施工中，单段双绞线长度不超过（　　　）m。

    A. 90　　　　　　　　B. 100　　　　　　　　C. 110　　　　　　　　D. 120

5. 在工作区布线，从终端到信息插座使用的双绞线跳线，一般不超过（　　　）。

    A. 6 m　　　　　　　B. 4 m　　　　　　　C. 8 m　　　　　　　D. 5 m

6. 在目前的综合布线工程中，常用的测试标准为 ANSI/EIA/TIA 制定的（　　　）标准。

    A. TSB-67　　　　　　　　　　　　　　B. GB/T 50312-2000

    C. GB/T 50311-2000　　　　　　　　　D. TIA/EIA 568 B

7. 下列有关电缆认证测试的描述，不正确的是（　　　）。

    A. 认证测试主要是确定电缆及相关连接硬件和安装工艺是否达到规范和设计要求

    B. 认证测试是对通道性能进行确认

    C. 认证测试需要使用能满足特定要求的测试仪器并按照一定的测试方法进行测试

    D. 认证测试不能检测电缆链路或通道中连接的连通性

8. 将同一线对的两端针位接反的故障，属于（　　　）故障。

    A. 交叉　　　　　　　B. 反接　　　　　　　C. 错对　　　　　　　D. 串扰

三、简答题

1. 简述网络通信与服务硬件支持平台。

2. 简述主要的网络应用平台和适用环境。

3. 简述选择平台与系统集成应考虑的因素。

4. 简述网络系统集成的原则和方法。

5. 简述影响应用层吞吐量的主要因素。

6. 简述招标文件包括的内容，以及每一部分的注意事项。

7. 简述综合布线的 6 个组成部分。

8. 简述双绞线的主要性能指标。

第 **10** 章
物联网和云计算

10.1 物 联 网

10.1.1 物联网的起源与发展现状

一、物联网的由来

物联网概念最早出现于比尔·盖茨 1995 年的《未来之路》一书，在《未来之路》中，比尔·盖茨已经提及物联网的概念，只是当时受限于无线网络、硬件及传感设备的发展，并未引起世人的重视。1998 年，美国麻省理工学院（MIT）创造性地提出了当时被称作 EPC 系统的 "物联网" 的构想。1999 年，美国 Auto-ID 首先提出 "物联网" 的概念，主要是建立在物品编码、RFID 技术和互联网的基础上。过去在中国，物联网被称之为传感网。中科院早在 1999 年就启动了传感网的研究，并已取得了一些科研成果，建立了一些适用的传感网。同年，在美国召开的移动计算和网络国际会议提出了，"传感网是下一个世纪人类面临的又一个发展机遇"。2003 年，美国《技术评论》提出传感网络技术将是未来改变人们生活的十大技术之首。

2005 年 11 月 17 日，在突尼斯举行的信息社会世界峰会（WSIS）上，国际电信联盟（ITU）发布了《ITU 互联网报告 2005：物联网》，正式提出了 "物联网" 的概念。报告指出，无所不在的 "物联网" 通信时代即将来临，世界上所有的物体从轮胎到牙刷、从房屋到纸巾都可以通过 Internet 主动进行交换。射频识别技术（RFID）、传感器技术、纳米技术、智能嵌入技术将得到更加广泛的应用。根据 ITU 的描述，在物联网时代，通过在各种各样的日常用品上嵌入一种短距离的移动收发器，人类在信息与通信世界里将获得一个新的沟通维度，从任何时间、任何地点的人与人之间的沟通连接扩展到人与物和物与物之间的沟通连接。

二、国内外物联网发展的现状

1. 物联网发展战略规划现状

当前，国际国内社会普遍面临经济、社会、安全、环境等问题带来的挑战，低碳经济、节能减排、气候、能源等问题日益受到关注。美国、欧盟、日本、韩国等国家和组织纷纷制定了各自的信息技术战略发展规划，物联网在这些战略规划中具有举足轻重的地位。在中国，物联网已被确定为五大新兴国家战略产业之一。

（1）美国 "智慧地球" 战略。

美国在世界上率先开展传感器网络、RFID、纳米技术等物联网相关技术的研究。2008 年，美国国家情报委员会发布报告，将物联网列为 6 项"2025 年前潜在影响美国国家利益"的颠覆性民用技术之一。

"智慧地球"概念最初由美国 IBM 公司提出，2009 年被上台伊始的美国总统奥巴马积极回应，物联网被提升为一种战略性新技术，全面纳入智能电网、智能交通、建筑节能和医疗保健制度改革等经济刺激计划中。IBM 公司的"智慧地球"市场策略在美国获得成功，随后迅速在世界范围内被推广。

IBM 将"智慧地球"的构建归纳为 3 个步骤：完成部署、实现互连和使其智能。"智慧地球"的特征在中国推广时被进一步归纳为"更透彻的感知"、"更全面的互连互通"和"更深入的智能化"。

IBM 公司围绕"智慧地球"的策略推出了涵盖智慧医疗、智慧城市、智慧电力、智慧铁路、智慧银行等一揽子解决方案，包括基于系统的观念构建智慧地球的方案，力求在物联网这一新兴战略性领域和市场占据有利地位。

（2）欧盟物联网发展计划。

2009 年 6 月，欧盟委员会发布物联网发展规划，给出了未来 5～15 年欧盟物联网发展的基础性方针和实施策略。该规划中对物联网的基本概念和内涵进行了阐述，指出物联网不能被看作是当今互联网的简单扩展，而是包括许多独立的、具有自身基础设施的新系统（也可以部分借助于已有的基础设施）。同时，物联网应该与新的服务共同实现。规划中指出，物联网应当包括多种不同的通信连接方式，如物到物、物到人、机器到机器等，这些连接方式可以建立在网络受限或局部区域，也叫以面向公众可接入的方式建立。物联网需要面临规模（scale）、移动性（mobility）、异构性（heterogeneity）和复杂性（complexity）所带来的技术挑战。这份规划还对物联网发展过程中涉及的主要问题，如个人数据隐私和保护、可信和安全、标准化等进行了对策分析。

与物联网发展规划相呼应，欧盟在其第七科技框架计划下的信息通信技术、健康、交通等多个主题中实施物联网相关研究计划，目的是在物联网相关科技创新领域保持欧盟的领先地位。

（3）日本"I-Japan"及韩国"U-Korea"战略规划。

作为亚洲乃至世界信息技术发展强国，日本和韩国均制定了各自的信息技术国家战略规划。

2009 年 7 月，在之前"E-Japan"、"U-Japan"战略规划的基础上，日本发布了面向 2015 年的"I-Japan"信息技术战略规划，其目标之一就是建立数字社会，实现泛在、公平、安全、便捷的信息获取和以人为本的信息服务，其内涵和实现物理空间与信息空间互连融合的物联网相一致。以医疗和健康领域为例，"I-Japan"计划通过信息技术手段实现高质量的医疗服务和电子医疗信息系统，并建立基于医疗健康信息实现全国范围流行病研究和监测的系统。

早在 2006 年，韩国就制定了"U-Korea"规划，其目标是通过 IPv6、USN（ubiquitous sensor network）、RFID 等信息网络基础设施的建设建立泛在的信息社会。为实现这一目标，韩国启动了名为"IT839"的战略规划。

"U-Korea"分为发展期和成熟期两个执行阶段。发展期（2006～2010 年）以基础环境建设、技术应用以及 U 社会制度建立为主要任务，成熟期（2011～2015 年）以推广 U 化服务为主。目前，韩国的 RFID 发展已经从先导应用开始转向全面推广，而 USN 也进入实验性应用阶段。

（4）中国"感知中国"计划。

我国现代意义的传感器网络及其应用研究几乎与发达国家同步启动，首次正式在 1999 年中国科学院《知识创新工程试点领域方向研究》的信息与自动化领域研究报告中提出，并作为该领域的重大项目之一。中国科学院和国家科学技术部在传感器网络方向上，陆续部署了若干重大研究项目和方向性项目。

2. 物联网产业总体现状

从总体上看，物联网作为新兴产业，目前正处于产业化初期，大规模产业化与商业化时代即将到来。欧洲智能系统集成技术平台（EPOSS）在《Internrt of Thingsin2020》报告中分析预测，未来物联网的发展将经历 4 个阶段，2010 年之前，RFID 被广泛应用于物流、零售和制药领域，2010～2015 年，物体互连，2015～2020 年，物体进入半智能化，2020 年之后，物体进入全智能化。

我国在这一新兴领域自 20 世纪末与国际同时起步，具有同等水平，部分达到领先，如何将技术优势快速转化为国际产业优势，是我国面临的严峻挑战。

在物联网产业化进程方面，由于物联网应用众多、环境差异大、物物互连系统异构性、用户需求和市场培育速度等诸多因素，当前物联网在成果转化和技术熟化方面存在的主要问题表现在以下方面。

（1）在物联网产品开发环境方面，缺乏物联网产品开发和工程化平台，如物联网设计与仿真平台、样本数据库平台、专用测试平台等缺乏，限制了物联网各研发机构对核心技术的成果转化，降低了科研成果转化率。

（2）在物联网产品测试方面，缺乏规范的测试平台，难以批量化生产，生产类测试、工艺类测试、功能类测试、性能类测试等规范化物联网测试环境缺乏，使得绝大多数的物联网相关设备没有达到批量化生产的要求，从而严重制约了产业化的发展进程。

（3）在物联网应用示范方面，缺乏物联网多行业应用的集成示范平台，物联网应用场景多种多样，并且行业要求各异，在各应用领域内建立完整系统的解决方案有待进一步推进。

（4）在物联网标准化方面，缺乏统一的标准体系，难以形成明确的市场分工。

（5）在物联网产品认证方面，缺乏具有行业公信力的认证机构；物联网系列标准认证是促进物联网大规模应用推广和建立完整、规范的产业链的重要基础。物联网国际、国内标准仍在进一步制定中。因此，物联网行业内的各类机构仍处于粗放式的发展过程中。缺乏具有行业公信力的认证机构的认证，使得产品难以被社会接受，更加难以规模化推广。

（6）在物联网系统集成和商业模式方面，缺乏较成熟和规模化的发展模式。由于物联网具有多样的应用场景，因此在规模化发展模式设计时，应当基于共性的应用需求，在此基础上再通过成熟的商业模式真正实现物联网的规模化应用和发展。

10.1.2 物联网的相关概念

随着信息领域及相关学科的发展，相关领域的科研工作者分别从不同的方面对物联网进行了较为深入的研究，物联网的概念也随之有了深刻的改变，但是至今仍没有提出一个权威完整和精确的物联网定义。

一、物联网的基本定义、特征与功能

1. 物联网的概念

目前，不同领域的研究者对物联网思考所基于的起点各异，对物联网的描述侧重于不同的方面，短期内还没有达成共识。下面给出几个具有代表性的物联网定义。

概念 1（MIT 麻省理工学院．1999）：物联网把所有物品通过射频识别技术和条码等信息传感设备与互联网连接起来，实现智能化识别和管理功能的网络。

概念 2（ITU 国际电信联盟. 2005）：将各种信息传感设备，如射频识别装置、各种传感器节点等，以及各种无线通信设备与互联网结合起来形成的一个庞大、智能网络。

概念 3（2010）物联网是指通过射频识别（RFID）、红外感应器、全球定位系统、激光扫描器等信息传感设备，按照约定的协议，把任何物品与互联网连接起来，进行信息交换和通信，以实现智能化识别、定位、跟踪、监控和管理的一种网络。它是在互联网基础上延伸和扩展的网络。

从上面的定义可以看出物联网就是物物相连的互联网。这有两层意思：第一，物联网的核心和基础仍然是互联网，是在互联网基础上延伸和扩展的网络；第二，其用户端延伸和扩展到了任何物品与物品之间，进行信息交换和通信。

概念 1、概念 2、概念 3 的描述基本差不多，都是通过感知和识别设备把物品（包括动物和人）通过网络连接起来，形成的一个智能的网络。当然概念 3 要比概念 1 和概念 2 描述得更加清晰和全面一些，所以是当前比较公认的定义。

除了以上给出的定义外，还有其他的一些定义，本书比较认可的定义有如下两个，一个是 2011 年 4 月，在北京召开的第二界物联网大会上，北京邮电大学计算机学院的马华东教授提出了一个物联网的定义，描述如下："物联网是一个基于互联网、传统电信网等信息承载体，让所有能够被独立寻址的普通物理对象实现互连互通，从而提供智能服务的网络。"另一个是网络技术研究中心徐勇军提出的"物联网是把传感器与传感器网络技术、通信网与互联网技术、智能运算等技术融为一体，实现以全面感知、可靠传送、智能处理为特征的、连接物理世界的网络。"

2. 物联网的三大特征

尽管关于物联网的定义众说纷纭，但人们对物联网应该具备的三大特征都达成了共识，即全面感知、可靠传送、智能处理。

（1）全面感知。

利用射频识别、二维码、传感器等感知、捕获、测量技术随时随地对物体进行信息采集和获取。

（2）可靠传送。

通过将物体接入信息网络，依托各种通信网络，随时随地进行可靠的信息交互和共享。

（3）智能处理。

利用各种智能计算技术，对海量的感知数据和信息进行分析并处理，实现智能化的决策和控制。

3. 物联网信息功能模型

从产业角度看，物联网产业链可以细分为信息获取、信息传输、信息处理和信息施效 4 个环节，为了更清晰地描述物联网的关键环节，我们围绕信息的流动过程，可以抽象出物联网的信息功能模型，如图 10-1 所示。

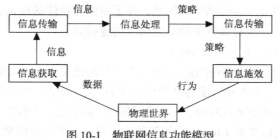

图 10-1　物联网信息功能模型

（1）信息获取功能。包括信息的感知和信息的识别，信息感知是指对事物状态及其变化方式的敏感和知觉；信息识别是指能把所感受到的事物运动状态及其变化方式表示出来.

（2）信息传输功能。包括信息发送、传输和接收等环节，最终完成把事物状态及其变化方式从空间（或时间）上的一点传送到另一点的任务，这就是一般意义上的通信过程。

（3）信息处理功能。是指对信息的加工过程，其目的是获取知识，实现对事物的认知以及利用已有的信息产生新的信息，即制定决策的过程。

（4）信息施效功能。是指信息最终发挥效用的过程，具有很多不同的表现形式，其中最重要的就是通过调节对象事物的状态及其变换方式，使对象处于预期的运动状态。

二、物联网与其他网络的关系

1. 物联网与互联网、移动互联网的关系

不同的专家对物联网与互联网的关系分别给出了不同的理解，也就是说专家们还存在着不同的观点。但从当前物联网的现状和今后一定时期的发展来看，本书认为物联网应是互联网的一部分，同时又是对互联网的补充。

说它是一部分是因为物联网并不是一张全新的网，实际上早就存在了，它是互联网发展的自然延伸和扩张。互联网是可包容一切的网络，将会有更多的物品加入这张网中。也就是说，物联网包含于互联网之内。说它是对互联网的补充，是因为我们通常所说的互联网是指人与人之间通过计算机结成的全球性的网络，服务于人与人之间的信息交换。而物联网的主体则是各种各样的物品，通过物品间传递信息从而达到最终服务于人的目的，两张网的主体不同。所以物联网是互联网的扩展和补充，物联网与互联网是相对平等的两张网。如果把互联网比作是人类信息交换的动脉，那么物联网就是毛细血管，两者相互连通，是互联网的有益补充。

随着业务的发展和技术的发展，物联网与互联网走向移动是必然的发展趋势，同时物联网的移动也给移动互联网提出了新的要求，如庞大数量的终端、稀疏传输、地址与标识、安全与计费等。这些都是移动互联网要解决的问题。

2. 物联网与传感器网络、泛在网络的关系

（1）传感器网络。

ITU-TY.2221 建议中定义传感器网是包含互连的传感器节点的网络，这些节点通过有线或无线通信交换传感数据。传感器节点是由传感器和可选的能检测处理数据及联网的执行元件组成的设备；而传感器是感知物理条件或化学成分并且传递与被观察的特性成比例的电信号的电子设备。传感器网络与其他传统网络相比具有显著特点，即资源受限、自组织结构、动态性强、应用相关、以数据为中心等。以无线传感器网络为例，一般由多个具有无线通信与计算能力的低功耗、小体积的传感器节点构成；传感器节点具有数据采集、处理、无线通信和自组织的能力，协作完成大规模复杂的监测任务；网络中通常只有少量的汇聚（sink）节点负责发布命令和收集数据，实现与互联网的通信；传感器节点仅仅感知到信号，并不强调对物体的标识；仅提供局域或小范围内的信号采集和数据传递，并没有被赋予物品到物品的连接能力。

（2）泛在网络（ubiquitous networking）

ITU-TY.2002 建议中将泛在网络描述为，在服务预订的情况下，个人和/或设备无论何时、何地、何种方式都能以最少的技术限制接入服务和通信的能力。简单地说，泛在网络是指无所不在的网络，可实现随时随地与任何人或物之间的通信，涵盖了各种应用；是一个容纳了智能感知/控制、广泛的网络连接及深度的信息通信技术（ICT）应用等技术，超越了原有电信范畴的更大的网络体系。泛在网络可以支持人到人、人到对象（如设备和/或机器）和对象到对象的通信。图 10-2 描述了泛在网络下不同的通信类型，从图可见，人与物、物与物之间的通信是泛在网络的突出特点。

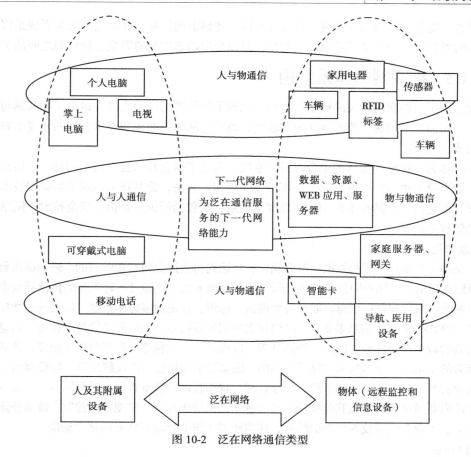

图 10-2 泛在网络通信类型

（3）三者之间的区别与联系。

基于上述对物联网、传感器网络以及泛在网络的定义及各自特征的分析，物联网与传感器网络、泛在网络的关系可以概括为，泛在网络包含物联网，物联网包含传感器网，如图 10-3 所示。从通信对象及技术的覆盖范围看：传感器网是物联网实现数据信息采集的一种末端网络。除了各类传感器外，物联网的感知单元还包括如 RFID、二维码、内置移动通信模块的各种终端等。物联网是迈向泛在网络的第 1 步，泛在网络在通信对象上不仅包括物与物、物与人的通信，还包括人与人的通信，而且泛在网络涉及多个异构网的互连。

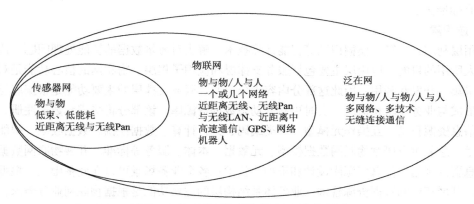

图 10-3 传感网、物联网和泛在网络的关系

当然也不能把物联网与互联网、移动互联网、传感器网络和泛在网络的关系看成是固定的，随着网络的发展，这种关系可能会发生变化，所以要用动态发展的眼光看待它们之间的关系。

10.1.3　物联网的体系结构

前面介绍了与物联网相关的概念，分析、比较了物联网的典型定义，讨论了物联网与其他网络的关系。然而，要彻底、清晰地认识物联网，离不开从体系架构和技术发展的角度了解物联网的系统组成。

物联网作为一种形式多样的聚合性复杂系统，涉及了信息技术自上而下的每一个层面，其体系架构一般可分为感知层、网络层、应用层3个层面。其中，公共技术不属于物联网技术的某个特定层面，而是与物联网技术架构的3层都有关系，它包括标识与解析、安全技术、网络管理和服务质量管理等内容。

1．感知层

感知层解决对物理世界的数据获取问题，从而达到对数据全面感知的目的。感知层由数据采集子层、短距离通信技术和协同信息处理子层组成。数据采集子层通过各种类型的传感器获取物理世界中发生的物理事件和数据信息，如各种物理量、标识、音视频多媒体数据。物联网的数据采集涉及传感器、RFID、多媒体信息采集、二维码和实时定位等技术。短距离通信技术和协同信息处理子层将采集到的数据在局部范围内进行协同处理，以提高信息的精度，降低信息冗余度，并通过具有自组织能力的短距离传感网接入广域承载网络。感知层中间件技术旨在解决感知层数据与多种应用平台间的兼容性问题，包括代码管理、服务管理、状态管理、设备管理、时间同步、定位等。在有些应用中还需要通过执行器或其他智能终端对感知结果做出反应，实现智能控制。该部分除RFID、短距离通信、工业总线等技术较为成熟外，尚需研制大量的物联网特有的技术标准。

2．网络层

网络层主要通过网络对数据进行传输。网络层将来自感知层的各类信息通过基础承载网络传输到应用层，包括移动通信网、互联网、卫星网、广电网、行业专网，以及形成的融合网络等。根据应用需求，可作为透传的网络层，也可升级以满足未来不同内容传输的要求。经过十余年的快速发展，移动通信、互联网等技术已比较成熟，在物联网的早期阶段基本能够满足物联网中数据传输的需要。网络层主要关注来自于感知层的、经过初步处理的数据经由各类网络的传输问题。这涉及智能路由器，不同网络传输协议的互通、自组织通信等多种网络技术。其中，全局范围内的标识解析将在该层完成。该部分除全局标识解析外，其他技术较为成熟，以采用现有标准为主。

3．应用层

应用层利用云计算、模糊识别等智能计算技术，解决对海量数据的智能处理问题，达到信息最终为人所用的目的。应用层主要包括服务支撑层和应用子集层。物联网的核心功能是对信息资源进行采集、开发和利用，因此这部分内容十分重要。服务支撑层的主要功能是根据底层采集的数据，形成与业务需求相适应、实时更新的动态数据资源库。该部分将采用元数据注册、发现元数据、信息资源目录、互操作元模型、分类编码、并行计算、数据挖掘、数据收割、智能搜索等各项技术，急需重点研制物联网数据模型、元数据、本体、服务等标准，开展物联网数据体系结构、信息资源规划、信息资源库设计和维护等技术；各个业务场景可以在此基础上，根据业务需求特点，开展相应的数据资源管理。业务体系结构层的主要功能是根据物联网业务需求，采用建模、企业体系结构、SOA等设计方法，开展物联网业务体系结构、应用体系结构、IT体系结构、数据体系结构、技术参考模型、业务操作视图设计。物联网涉及面广，包含多种业务需求、运营模式、应用系统、技术体制、信息需求、产品形态均不同的应用系统，因此只有统一、系统的业务体系结构，才能够满足物联网全面实时感知、多目标业务、异构技术体制融合等需求。

各业务应用领域可以对业务类型进行细分，包括绿色农业、工业监控、公共安全、城市管理、远程医疗、智能家居、智能交通和环境监测等各类不同的业务服务，根据业务需求不同，对业务、服务、数据资源、共性支撑、网络和感知层的各项技术进行裁剪，形成不同的解决方案，该部分可以承担一部分呈现和人机交互功能。应用层将为各类业务提供统一的信息资源支撑，通过建立、实时更新可重复使用的信息资源库和应用服务资源库，使得各类业务服务根据用户的需求随需组合，使得物联网的应用系统对于业务的适应能力明显提高。该层能够提升对应用系统资源的重用度，为快速构建新的物联网应用奠定基础，满足在物联网环境中复杂多变的网络资源应用需求和服务。该部分内容涉及数据资源、体系结构、业务流程类领域，是物联网能否发挥作用的关键，可采用的通用信息技术标准不多，因此尚需研制大量的标准。

除此之外，物联网还需要信息安全、物联网管理、服务质量管理等公共技术支撑，以采用现有标准为主。在各层之间，信息不是单向传递的，是有交互、控制的，所传递的信息多种多样，其中最为关键的是围绕物品信息，完成海量数据采集、标识解析、传输、智能处理等各个环节，与各业务领域应用融合，完成各业务功能。因此，物联网的系统架构和标准体系是一个紧密关联的整体，引领了物联网研究的方向和领域。

10.1.4　物联网的关键技术简介

在物联网的概念没有提出之前，一些技术已经出现和使用，这些技术的不断进步、演变催生了物联网的出现。物联网不是一门技术或一项发明，而是过去、现在和将来多项技术的高度集成和创新。前面介绍物联网分为 3 层：感知层、网络传输层、应用层，下面简单介绍每一层使用的主要技术。

1. RFID（射频识别）

RFID 俗称电子标签，可以快速读写、长期跟踪管理，被认为是 21 世纪最有发展前途的信息技术之一。作为一种自动识别技术，RFID 通过无线射频方式进行非接触双向数据通信对目标加以识别，与传统的识别方式相比，RFID 技术无须直接接触、无须光学可视、无须人工干预，即可完成信息输入和处理，而且操作方便快捷。它能够广泛应用于生产、物流、交通、运输、医疗、防伪、跟踪、设备和资产管理等需要收集和处理数据的应用领域，并被认为是条形码标签的未来替代品。

2. EPC（electronic product code）

EPC 即产品电子代码，1999 年它由美国麻省理工学院教授提出。EPC 的载体是 RFID 电子标签，并借助互联网来实现信息的传递。EPC 旨在为每一件单品建立全球的、开放的标识标准，实现全球范围内对单件产品的跟踪与追溯，从而有效提高供应链管理水平，降低物流成本，是一个完整、复杂、综合的系统。

3. ZigBee

ZigBee 是一种近距离、低复杂度、低功耗、低速率、低成本的双向无线通信技术。它主要用于短距离、低功耗且传输速率不高的各种电子设备之间传输数据以及典型的有周期性数据、间歇性数据和低反应时间数据传输的应用。与蓝牙技术类似，它是一种新兴的短距离无线技术，用于传感控制应用，是一种高可靠的无线数据传输网络，类似于 CDMA 和 GSM 网络，并且数据传输模块类似于移动网络基站。其通信距离从标准的 75m 到几百米、几千米不等，并且支持无限扩展。

4. 无线传感器网络技术

无线传感器网络技术广泛应用于军事、国家安全、环境科学、交通管理、灾害预测、医疗卫生、制造业、城市信息化建设等领域，是典型的具有交叉学科性质的军民两用战略技术。它由众多功能相同或不同的无线传感器节点组成，每一个传感器节点由数据采集模块、数据处理和控制模块、通信模块和供电模块等组成。近年来微电子机械加工（MEMS）技术的发展为传感器的微型化提供了可能，微处理技术的发展促进了传感器的智能化，MEMS 技术和射频（RF）通信技术的融合促进了无线传感器及其网络的发展。传统的传感器正逐步实现微型化、智能化、信息化、网络化。

5. M2M（machine to machine）

M2M 是指通过在机器内部嵌入无线通信模块（M2M 模组），以无线通信等为主要接入手段，实现机器之间智能化、交互式的通信，为客户提供综合的信息化解决方案，以满足对监控、数据采集和测量、调度和控制等方面的信息化需求。

M2M 系统在逻辑上可以分为 3 个域，即终端域、网络域和应用域，其中终端域包括 M2M 终端、M2M 终端网络和 M2M 网关等，经有线、无线或蜂窝等不同形式的接入网络连接至核心网络，M2M 平台可为应用域用户提供终端及网关管理、消息传递、安全机制、事务管理、日志及数据回溯等服务。

移动互联网就是将移动通信和互联网两者结合起来，成为一体，同时移动互联网又是一个全国性的、以宽带 IP 为技术核心的，可同时提供话音、传真、数据、图像、多媒体等高品质电信服务的新一代开放的电信基础网络，是国家信息化建设的重要组成部分。在最近几年里，移动通信和互联网成为当今世界发展最快、市场潜力最大、前景最诱人的两大业务，它们的增长速度都是任何预测家未曾预料到的。

6. NGI

NGI 也就是于下一代互联网，目前还没有统一的严格定义，已经取得共识的 NGI 主要特征如下。

（1）更大、更快、更安全可信、更及时、更方便、更可管理以及更有效益等。

（2）一般认为 IPv6 协议是 NGI 的特征之一，除此之外，还需要扩展一批协议。

（3）NGI 将从现有 Internet 通过协议的扩展和容量的增加而演变得到。

NGI 采用 Ipv6 协议，Ipv6 的最大特点之一就是地址数量足够多，这对无处不在的海量物联网终端来说是非常适合的，它能完全能够满足为每个物联网终端分配一个全球唯一的地址。

7. 智能处理技术

智能处理技术作为物联网的基础，感知层和网络层分别实现对物体信息的"感知"（采集）和传输，此外还需要具备对数据、信息进行智能化分析与处理的平台应用层，才能实现对物体的智能化管理，真正达到"物物相联"。在物联网概念下，"物物相联"会产生海量的数据信息，只有对其进行智能的处理、分析和应用，物联网的现实价值才能得以实现。这方面的技术主要有云计算技术、人工智能、数据挖掘技术等。

（1）云计算的定义有多种版本，按照维基百科的定义，云计算是将动态、易扩展且被虚拟化的计算资源通过互联网提供出来的一种服务。虚拟化、弹性规模扩展、分布式存储、分布式计算和多租户是云计算的关键技术。云计算的基本原理是把计算分布在大量的分布式计算机上，而非本地计算机或远程服务器中，企业数据中心的运行将更类似于互联网。由此企业可以将资源切换到需要的应用上，按照需求访问计算机和存储系统

（2）人工智能（artificial intelligence，AI）研究计算和知识之间的关系。用机器去模拟人的智

能，使机器具有类似于人的智能，其实质是研究如何构造智能机器或智能系统，以模拟、延伸、扩展人类的智能。人工智能是在计算机科学、控制论、信息论、神经心理学、哲学、语言学等多种学科研究的基础上发展起来的。在物联网中，人工智能技术主要负责分析物品"说话"的内容从而实现计算机自动处理。

（3）数据挖掘（data mining，DM）是指从大量的数据或信息中挖掘或抽取出知识的过程。这里包含数据的挖掘和智能信息的抽取过程，前者要从大量纷繁复杂的现实世界数据中挖掘出未知的、有价值的模式或规律，后者是对知识进行比较、选择，总结出原理和法则，形成所谓的智能。数据挖掘体现了人工智能技术的进展。

在分析物联网技术的基础上，展望其未来变化发展方向，发现物联网是在信息与通信技术集成环境下产生的，通过实现物物之间的互连互通，加速高科技技术在生活中落地，而高科技技术的发展又是推动国家信息化建设与经济发展的重要步骤。

10.1.5　物联网的标准体系

根据物联网技术与应用密切相关的特点，按照技术基础标准和应用子集标准两个层次，应采取引用现有标准、裁剪现有标准或制定新规范等策略，形成包括总体技术标准、感知层技术标准、网络层技术标准、服务支撑技术标准和应用子集类标准的标准体系框，如图 10-4 所示，以求通过标准体系指导成体系、系统的物联网标准制定工作，同时为今后的物联网产品研发和应用开发中对标准的采用提供重要的支持。

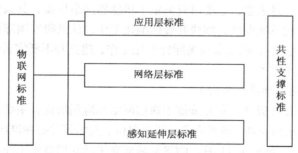

图 10-4　物联网标准体系框架

目前，感知层和网络层标准已经比较成熟，服务支撑子层和业务中间件子层在国际上尚处于标准化研究阶段，物联网应用服务层标准涉及的领域广阔，门类众多，并且应用子集涉及行业复杂，正处于开始研究阶段，还未制定出具体完善的技术标准。物联网标准体系建设是一项复杂的系统工程，尤其是在产业发展的起始阶段，既要加强统筹规划，建设完善各种机制，保护好各方面的积极性，又要整合资源，合理分工，防止重复研制等各种混乱和无序状态。同时，要以国际视野和开放兼容的心态，积极参与国际标准的制定，掌握发展的主动权。所以图 10-4 所示的只是为物联网的标准划分做一个总体的参考，并不是一成不变的，还可以在此基础上进行完善和修改。

2. 主要的物联网国际标准化组织

目前介入物联网领域的主要国际标准组织有 IEEE、ISO、ETSI、ITU-T、3CPP 等，具体研究方向和进展如下。

（1）TU-T（国际电信联盟）。

TU-T 2005 年开始进行泛在网的研究，研究内容主要集中在泛在网总体框架、标识及应用 3 个方面，对于泛在网的研究已经从需求阶段逐渐进入框架研究阶段，但研究的框架模型还处在高层层面；在标识研究方面和 ISO（国际标准化组织）合作，主推基于对象标识的解析体系；在泛在网应用方面已经逐步展开了对健康和车载方面的研究。

（2）ETSI（欧洲电信标准化协会）。

ETSI 采用 M2M 的概念进行总体架构方面的研究，相关工作的进展非常迅速，是在物联网总体架构方面研究得比较深入和系统的标准组织，也是目前在总体架构方面最有影响力的标准组织；主要研究目标是从端到端的全景角度研究机器对机器通信，并与 ETSI 内 NCN 的研究及 3CPP 已有的研究展开协同工作。

（3）3CPP 和 3CPN（第三代合作伙伴计划）。

3CPP 和 3CPN 采用 M2M 的概念进行研究，作为移动网络技术的主要标准组织，3CPP 和 3CPN 关注的重点在于物联网网络能力增强方面，是在网络层方面开展研究的主要标准组织，研究主要从移动网络出发，研究 M2M 应用对网络的影响，包括网络优化技术等；3GPP 对 M2M 的研究在 2009 年开始加速，目前基本完成了需求分析，已转入网络架构和技术框架的研究。

（4）IEEE（美国电气及电子工程师学会）。

IEEE 主要研究在物联网的感知层领域，目前无线传感网领域用得比较多的 ZigBee 技术就基于 IEEE 802.15.4 标准，在 IEEE 802.15 工作组内有 5 个任务组，分别制订适合不同应用的标准，这些标准在传输速率、功耗和支持的服务等方面存在差异，其中中国参与了 IEEE 802.15.4 系列标准的制订工作，并且 IEEE 802.15.4c 和 IEEE 802.15.4e 主要由中国起草。

（5）WGSN（传感器网络标准工作组）。

WGSN 于 2009 年 9 月成立，主要研究偏重于传感器网络层面，其宗旨是促进中国传感器网络的技术研究和产业化的迅速发展，加快开展标准化工作，认真研究国际标准和国际上的先进标准（传感器网络标准工作组），积极参与国际标准化工作，建立和不断完善传感网标准化体系，进一步提高中国传感网技术水平。

（6）CCSA（中国通信标准化协会）。

CCSA 于 2002 年 12 月成立，研究偏重于通信网络和应用层面，主要任务是更好地开展通信标准研究工作，把通信运营企业、制造企业、研究单位、大学等关心标准的企事业单位组织起来，进行标准的协调、把关，2009 年 11 月，CCSA 新成立了泛在网技术工作委员会，专门从事物联网相关的研究工作。

3. 我国物联网的标准化工作

我国物联网发展处于初始阶段。无论是国标的自主制定，还是核心技术产品的研发、产业化以及规模化应用示范都处于起步阶段。标准的缺失与核心技术产品的产业化配套能力相对薄弱制约了我国物联网的大规模应用，因此要想大力发展物联网，就必须加快物联网标准的制定。

2010 年由工业和信息化部电子标签（RFID）标准工作组、全国信息技术标准化技术委员会传感器网络标准工作组、工业和信息化部信息资源共享协同服务（闪联）标准工作组、全国工业过程测量和控制标准化技术委员会等 19 个不同行业的标准组织共同发起成立物联网标准联合工作组，如图 10-5 所示。物联网标准联合工作组将紧紧围绕产业发展需求，协调一致，整合资源，共同开展物联网技术的研究，积极推进物联网标准化工作，加快制定符合我国发展需求的物联网技术标准，建立健全标准体系，并积极参与国际标准化组织的活动，以联合工作组为平台，加强与欧、美、日、韩等国家和地区的交流和合作，力争成为制定物联网国际标准的主导力量之一。

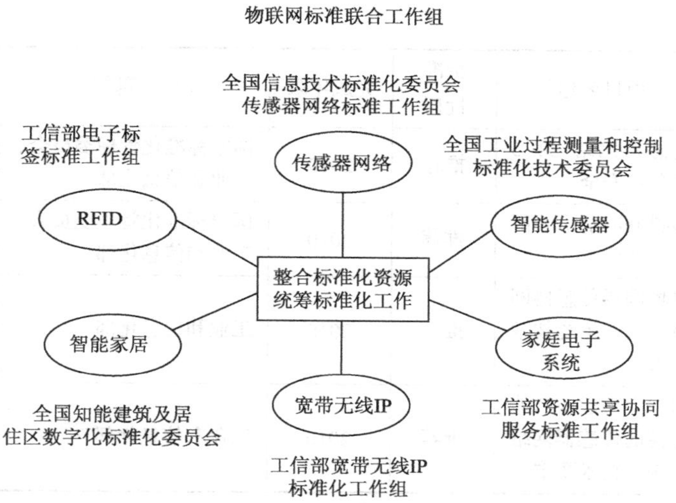

图 10-5　物联网标准联合工作组

目前，我国物联网技术的研发水平已位于世界前列，在一些关键技术上处于国际领先（如表 10-1、表 10-2 所示），与德国、美国、日本等国一起，成为国际标准制定的主要国家，逐步成为全球物联网产业链中的重要一环。

表 10-1　　　　　　　　　　　　　　　已立项的国家和国际标准

项目名称	标准性质	制定/修订	完成年限	主管部门	技术归属单位
传感器网络网关技术要求	推荐	制定	2010	国家标准化管理委员会、工业和信息化部	全国信息技术标准化技术委员会
传感器网络协同信息处理支撑服务及接口	推荐	制定	2010	国家标准化管理委员会、工业和信息化部	全国信息技术标准化技术委员会
传感器网络节点中间件数据交互规范	推荐	制定	2010	国家标准化管理委员会、工业和信息化部	全国信息技术标准化技术委员会
传感器网络数据描述规范	推荐	制定	2010	国家标准化管理委员会、工业和信息化部	全国信息技术标准化技术委员会

表 10-2　　　　　　　　　　　　　　　已立项的国家和行业标准

计划编号	项目名称	标准性质	完成年限	主管部门	技术归属单位
20091414-T-469	传感器网络　第 1 部分：总则	推荐	2010	国家标准化管理委员会、工业和信息化部	全国信息技术标准化技术委员会
20091414-T-469	传感器网络　第 2 部分：术语	推荐	2010	国家标准化管理委员会、工业和信息化部	全国信息技术标准化技术委员会
20091414-T-469	传感器网络　第 3 部分：通信与信息交互	推荐	2010	国家标准化管理委员会、工业和信息化部	全国信息技术标准化技术委员会
20091414-T-469	传感器网络　第 4 部分：接口	推荐	2010	国家标准化管理委员会、工业和信息化部	全国信息技术标准化技术委员会

续表

计划编号	项目名称	标准性质	完成年限	主管部门	技术归属单位
20091414-T-469	传感器网络 第5部分：安全	推荐	2010	国家标准化管理委员会、工业和信息化部	全国信息技术标准化技术委员会
20091414-T-469	传感器网络第6部分：标识	推荐	2010	国家标准化管理委员会、工业和信息化部	全国信息技术标准化技术委员会
20091414-T-sj	机场围界传感器网络防入侵系统技术要求	推荐	2010	工业和信息化部	全国信息技术标准化技术委员会
20091414-T-sj	面向大型建筑节能监控的传感器网络系统的技术要求	推荐	2010	工业和信息化部	全国信息技术标准化技术委员会

特别是 2011 年以来，我国对物联网标准的建设更是加快了步伐。由工业和信息化部电信研究院在 2011 年 5 月发起立项，并作为该标准的编辑人单位，组织国内相关单位编写了"物联网概述"标准草案。

2012 年 3 月 27 日，国际电信联盟第 13 研究组会议审议通过了"物联网概述"标准草案，标准编号为 Y.2060。这是全球第一个物联网总体性标准，物联网概述标准涵盖了物联网的概念、术语、技术视图、特征、需求、参考模型、商业模式等基本内容，反映了我国利益诉求，转化国内已经形成的研究成果，对于指导和促进全球物联网技术、产业、应用、标准的发展具有重要意义。此次物联网概述标准被采纳，标志着我国在物联网国际标准制订中拥有了重要主导权，为物联网走向规模产业化提供了重要支撑。

10.1.6 物联网的应用领域

物联网最为显著的特征是物物相连，而无须人为干预，从而极大地提升了效率，降低了人工带来的不稳定性。因此，物联网在行业应用中将发挥无穷的潜力。国家"十二五"规划明确提出，物联网将会在智能电网、智能交通、智能物流、金融与服务业、国防军事等十大领域重点部署。预计到 2015 年，中国物联网整体市场规模将达到 7500 亿元，年复合增长率超过 30%，市场前景将远远超过计算机、互联网、移动通信等市场。下面简要介绍物联网在各个领域中的应用。

1. 物联网在工业领域中的应用

工业是物联网应用的重要领域。具有环境感知能力的各类终端、基于泛在技术的计算模式、移动通信等不断融入工业生产的各个环节，可大幅提高制造效率，改善产品质量，降低产品成本和资源消耗，将传统工业提升到智能工业的新阶段。

从当前技术发展和应用前景来看，物联网在工业领域的应用主要集中在以下几个方面。

（1）制造业供应链管理。

物联网应用于企业原材料采购、库存、销售等领域，通过完善和优化供应链管理体系，提高了供应链效率，降低了成本。空中客车通过在供应链体系中应用传感网络技术，构建了全球制造业中规模最大、效率最高的供应链体系。

（2）生产过程工艺优化。

物联网技术的应用提高了生产线过程检测、实时参数采集、生产设备监控、材料消耗监测的能力和水平。生产过程的智能监控、智能控制、智能诊断、智能决策、智能维护水平不断提高。钢铁企业应用各种传感器和通信网络，在生产过程中实现对加工产品的宽度、厚度、温度的实时监控，从而提高了产品质量，优化了生产流程。

（3）产品设备监控管理。

各种传感技术与制造技术融合，实现了对产品设备操作使用记录、设备故障诊断的远程监控。GE Oil&Gas 集团在全球建立了 13 个面向不同产品的 i-Center，通过传感器和网络对设备进行在线监测和实时监控，并提供设备维护和故障诊断的解决方案。

（4）环保监测及能源管理。

物联网与环保设备的融合实现了对工业生产过程中产生的各种污染源及污染治理各环节关键指标的实时监控。在重点排污企业的排污口安装无线传感设备，不仅可以实时监测企业排污数据，而且可以远程关闭排污口，防止突发性环境污染事故的发生。电信运营商已开始推广基于物联网的污染治理实时监测解决方案。

（5）工业安全生产管理。

把感应器嵌入和装备到矿山设备、油气管道、矿工设备中，可以感知危险环境中工作人员、设备机器、周边环境等方面的安全状态信息，将现有分散、独立、单一的网络监管平台提升为系统、开放、多元的综合网络监管平台，实现实时感知、准确辨识、快捷响应、有效控制。

2. 物联网在农业领域的应用

把物联网应用到农业生产，可以根据用户需求，随时进行处理，为设施农业综合生态信息自动监测、对环境进行自动控制和智能化管理提供科学依据。例如，可以实时采集温室内温度、湿度信号以及光照、土壤温度、二氧化碳浓度、叶面湿度、露点温度等环境参数，经由无线信号收发模块传输数据，实现对大棚温湿度的远程控制，自动开启或者关闭指定设备。在粮库内安装各种温度、湿度传感器，通过联网将粮库内的环境变化参数实时传到计算机或手机进行实时观察，记录现场情况，以保证粮库内的温湿度平衡。在牛、羊等畜牧体内植入传感芯片，放牧时可以对其进行跟踪，实现无人化放牧。

物联网在农业领域具有远大的应用前景，主要表现在以下 3 个方面。

（1）无线传感器网络应用于温室环境信息采集和控制。

（2）无线传感器网络应用于节水灌溉。

（3）无线传感器网络应用于环境信息和动植物信息监测。

3. 物联网在智能电网领域的应用

智能电网与物联网作为具有重要战略意义的高新技术和新兴产业，已引起世界各国的高度重视，我国政府不仅将物联网、智能电网上升为国家战略，而且在产业政策、重大科技项目支持、示范工程建设等方面进行了全面部署。应用物联网技术，智能电网将会形成一个以电网为依托，覆盖城乡各用户及用电设备的庞大的物联网络，成为"感知中国"的最重要基础设施之一。智能电网与物联网的相互渗透、深度融合和广泛应用，能有效整合通信基础设施资源和电力系统基础设施资源，进一步实现节能减排，提升电网信息化、自动化、互动化水平，提高电网运行能力和服务质量。智能电网和物联网的发展，不仅能促进电力工业的结构转型和产业升级，更能够创造一大批原创的具有国际领先水平的科研成果，打造千亿元的产业规模。

采用物联网技术可以全面有效地对电力传输的整个系统，从电厂、大坝、变电站、高压输电线路直至用户终端进行智能化处理，包括对电力系统运行状态的实时监控和自动故障处理，确定电网整体的健康水平，触发可能导致电网故障发展的早期预警，确定是否需要立即进行检查或采取相应的措施，分析电网系统的故障、电压降低、电能质量差、过载和其他不希望的系统状态，并基于这些分析，采取适当的控制行动。目前智能电网的主要应用项目有电力设备远程监控、电力设备运营状态检测和电力调度应用等。

4. 物联网在智能家居领域的应用

智能家居指以住宅为平台安装有智能家居系统的居住环境，实施智能家居系统的过程就称为智能家居集成。将各种家庭设备（如音视频设备、照明系统、窗帘控制、空调控制、安防系统、数字影院系统、网络家电等）通过程序设置，使设备具有自动功能，通过中国电信的宽带、固话和 3G 无线网络，可以实现对家庭设备的远程操控。由此也就衍生出了智能建筑、智能社区、智能城市、感知中国、智慧地球等新生名词，它们将真正地影响和改变我们的生活。

5. 物联网在医疗领域的应用

智能医疗系统借助简易实用的家庭医疗传感设备，对家中病人或老人的生理指标进行自测，并将生成的生理指标数据通过中国电信的固定网络或3G无线网络传送到护理人或有关医疗单位。乡村卫生所、乡镇医院和社区医院可以无缝地连接到中心医院，从而实时地获取专家建议、安排转诊和接受培训。通过联网整合并共享各个医疗单位的医疗信息记录，从而构建一个综合的专业医疗网络。根据用户需求，中国电信还提供相关增值业务，如紧急呼叫救助服务、专家咨询服务、终生健康档案管理服务等。智能医疗系统真正解决了现代社会子女们因工作忙碌而无暇照顾家中老人的无奈，可以随时表达孝子情怀。

6. 物联网在城市安保领域的应用

智能城市产品包括对城市的数字化管理和城市安全的统一监控。前者利用"数字城市"理论，基于 3S（地理信息系统 GIS、全球定位系统 GPS、遥感系统 RS）等关键技术，深入开发和应用空间信息资源，建设服务于城市规划、城市建设和管理，服务于政府、企业、公众，服务于人口、资源环境、经济社会的可持续发展的信息基础设施和信息系统。后者基于宽带互联网的实时远程监控、传输、存储、管理的业务，利用中国电信无处不达的宽带和 3G 网络，将分散、独立的图像采集点进行联网，实现对城市安全的统一监控、统一存储和统一管理、为城市管理和建设者提供一种全新、直观、视听觉范围延伸的管理工具。

7. 物联网在环境监测领域的应用

物联网在环境监测领域的应用非常广泛，包括生态环境检测、生物种群检测、气象和地理研究、洪水、火灾检测、水质监测、排污水监控、大气监测、电磁辐射监测、噪音监测、森林植被防护、土壤监测、地址灾害监测等。通过对以上各方面实施的自动监测和检测，可以实现实时连续的远程监控，及时掌握各个方面变化情况，预防各种污染、事故和灾害等的发生。例如，太湖环境监控项目，通过安装在环太湖地区的各个监控的环保和监控传感器，将太湖的水文、水质等环境状态提供给环保部门，实时监控太湖流域水质等情况，并通过互联网将监测点的数据报送至相关管理部门。

8. 物联网在智能交通领域的应用

将物联网应用于交通领域，可以使交通智能化。例如，司机可以通过车载信息智能终端享受全方位的综合服务，包括动态导航服务、位置服务、车辆保障服务、安全驾驶服务、娱乐服务、资讯服务等。通过交通信息采集、车辆环境监控、汽车驾驶导航、不停车收费等，有利于提高道路利用率，改善不良驾驶习惯，减少车辆拥堵，实现节能减排，同时也有利于提高出行效率，促进和谐交通的发展。

继互联网、物联网之后，"车联网"又成为未来智能城市的另一个标志。车联网是指装载在车辆上的电子标签通过无线射频等识别技术，实现在信息网络平台上对所有车辆的属性信息和静、动态信息进行提取和有效利用，并根据不同的功能需求对所有车辆的运行状态进行有效地监管和提供综合服务。目前智能交通每年以超过 1 000 亿元的市场规模在增长，预计到 2015 年，交通运输管理将达 400 亿元。

9. 物联网在物流领域的应用

智能物流打造了集信息展现、电子商务、物流配载、仓储管理、金融质押、园区安保、海关保税等功能为一体的物流园区综合信息服务平台。信息服务平台以功能集成、效能综合为主要开发理念，以电子商务、网上交易为主要交易形式，建设了高标准、高品位的综合信息服务平台，并为金融质押、园区安保、海关保税等功能预留了接口，可以为园区客户及管理人员提供一站式综合信息服务。

10. 物联网在智能校园领域的应用

中国电信的校园手机一卡通和金色校园业务，促进了校园的信息化和智能化。校园手机一卡通主要实现的功能包括电子钱包、身份识别和银行圈存。

（1）电子钱包即通过手机刷卡实现主要的校内消费。

（2）身份识别包括门禁、考勤、图书借阅、会议签到等。

（3）银行圈存即实现银行卡到手机的转账充值、余额查询。

目前校园手机一卡通的建设，除了满足普通一卡通的功能外，还实现了借助手机终端实现空中圈存、短信互动等应用。中国电信实施的"金色校园"方案，帮助中小学行业用户实现学生管理电子化，老师排课办公无纸化和学校管理的系统化，使学生、家长、学校三方可以时刻保持沟通，方便家长及时了解学生学习和生活情况，通过一张薄薄的"学籍卡"，真正达到了对未成年人日常行为的精细管理，最终达到学生开心，家长放心，学校省心的效果。

11. 物联网在金融与服务业领域的应用

物联网的诞生，把商务延伸和扩展到了任何物品上，真正实现了突破空间和时间束缚的信息采集、交换和通信，使商务活动的参与主体可以在任何时间、任何地点实时获取和采集商业信息，摆脱固定的设备和网络环境的束缚。这使得"移动支付"、"移动购物"、"手机钱包"、"手机银行"、"电子机票"等概念层出不穷。另外，通过将国家、省、市、县、乡镇的金融机构联网，建立一个各金融部门信息共享平台，有效遏制传统金融市场因缺乏有效监管而带来的风险蔓延，维护国家经济安全和金融稳定。

12. 物联网在国防军事领域的应用

物联网被许多军事专家称为"一个未探明储量的金矿"，正在孕育军事变革深入发展的新契机。物联网概念的问世，对现有军事系统格局产生了巨大冲击。它的影响绝不亚于互联网在军事领域里的广泛应用，将触发军事变革的一次重新启动，使军队建设和作战方式发生新的重大变化。可以设想，在国防科研、军工企业及武器平台等各个环节与要素设置标签读取装置，通过无线和有线网络将其连接起来，那么每个国防要素及作战单元，甚至整个国家的军事力量都将处于全信息和全数字化状态。大到卫星、导弹、飞机、舰船、坦克、火炮等装备系统，小到单兵作战装备，从通信技侦系统到后勤保障系统，从军事科学试验到军事装备工程，其应用遍及战争准备、战争实施的每一个环节。可以说，物联网扩大了未来作战的时域、空域和频域，对国防建设各个领域产生了深远影响，将引发一场划时代的军事技术革命和作战方式的变革。

物联网在其它很多方面都有广泛的应用，如物联网在智能文博领域、物联网在 M2M 平台领域等的应用，由于篇幅有限这里就不介绍了。也就是说，物联网的应用不局限于上面的领域，可以说物联网的应用无所不及。当前物联网的应用主要集中在物流物联网、车联网和智慧城市等方面。

10.1.7　物联网的发展

欧洲智能系统集成技术平台在报告《Internet of Things in 2020》中预测了未来物联网发展的 4 个阶段，见表 10-3。

表 10-3　　　　　　　　　　　　　　　　物联网发展的阶段

阶　　段	描　　述
第一阶段 2010 年前	主要是基于 RFID 技术实现低功耗低成本的单个物体间的互连，并在物流、零售、制药等领域进行局部应用
第二阶段 2010—2015 年	将利用传感器网络及无所不在的 RFID 标签实现物与物之间的广泛互连，同时针对特定产业制定技术标准，并完成部分网络融合
第三阶段 2015—2020 年	具有可执行指令标签将被广泛应用，物体进入半智能化，同时完成网间交互标准的制定，网络具有超高速传输能力
第四阶段 2020 年后	物体具有完全智能的相应行为，异质系统能够协同交互，强调产业整合，实现人、物和服务网络的深度融合

从上面物联网的发展阶段可以总结出物联网的发展具有以下特点。

（1）物联网的发展与信息通信技术的发展应具有相似的发展规律，也要经历数字化、IP 化、宽带化、移动化、智能化、云化、社交化和范在化。

（2）信息技术的演进是一个长期并不断深化的过程，物联网也需要一个较长而且深化应用的过程。第一阶段主要为嵌入消费电子应用，第二阶段为行业的垂直应用，第三阶段为社会化应用。

（3）物联网是互联网应用的拓展，是信息化的新发展，将成为未来网络发展的重要特征，未来网络将扩展感知范围和领域。

自从发明 WWW 以来，就进入了互联网的第一阶段，工业界的几乎所有人类活动都被它所感染；当前正处在互联网的第二阶段——移动互联网阶段，几乎所有的人都被它所吸引。在 WWW 和移动互联网之后，正在向互联网革命的第三个和最具潜力的"突破性"阶段——物联网阶段。从物联网可以看到未来网络的特征，未来的网络应具有 IoT（Internet of things）、IoM（Internet of media）、IoS（Internet of services）和 IoE（Internet of enterprises）的特征。从未来网络看物联网，物联网将具备服务感知、数据感知和环境感知的能力，进一步还将拥有社会与经济感知的能力，把物联网与社会和经济发展关联在一起，全面推进物联网的发展。

（4）信息技术助力物联网的发展，物联网与移动互联网和下一代互联网相伴而行。物联网与移动互联网、下一代互联网、云计算、社交网络结合将掀起网络技术和业务运用的新浪潮。

10.2　云　计　算

10.2.1　云计算简介

云计算（cloud computing）是网格计算（grid computing）、分布式计算（distributed computing）、并行计算（parallel computing）、效用计算（utility computing）、网络存储（network storage technologies）、虚拟化（virtualization）、负载均衡（load balance）等传统计算机技术和网络技术发展融合的产物，是目前比较流行的名词，用来形容一种事物的强大。

一、云计算的起源

在传统模式下，企业建立一套 IT 系统不仅需要购买硬件等基础设施，还要购买软件的许可证，需要专门的人员维护。当企业的规模扩大时，还要继续升级各种软硬件设施以满足需要。对于企业来说，计算机等硬件和软件本身并非他们真正需要的，它们仅仅是完成工作、提供效率的工具而已。对于个人来说，我们想正常使用电脑需要安装许多软件，而许多软件是收费的，对于不经常使用该软件的用户来说购买是非常不划算的。可不可以有这样的服务，能够提供我们需要的所有软件供我们租用。这样只需要在用时，付少量"租金"即可"租用"到这些软件服务，为我们节省许多购买软硬件的资金。

我们每天都要用电，但不是每家都自备发电机，它由电厂集中提供；我们每天都要用自来水，但不是每家都有井，它由自来水厂集中提供。这种模式极大地节约了资源，方便了我们的生活。面对计算机给我们带来的困扰，我们可不可以像使用水和电一样使用计算机资源。这些想法最终促使云计算的产生。

云计算的最终目标是将计算、服务和应用作为一种公共设施提供给公众，使人们能够像使用水、电、煤气和电话那样使用计算机资源。

云计算模式即为电厂集中供电模式。在云计算模式下，用户的计算机会变得十分简单，或许不大的内存、不需要硬盘和各种应用软件，就可以满足我们的需求，因为用户的计算机除了通过浏览器给"云"发送指令和接收数据外，基本上什么都不用做便可以使用云服务提供商的计算资源、存储空间和各种应用软件。这就像连接"显示器"和"主机"的电线无限长，从而可以把显示器放在使用者的面前，而主机放在远到甚至计算机使用者本人也不知道的地方。云计算把连接"显示器"和"主机"的电线变成了网络，把"主机"变成云服务提供商的服务器集群。

在云计算环境下，用户的使用观念也会发生彻底的变化：从"购买产品"到"购买服务"转变，因为他们直接面对的将不再是复杂的硬件和软件，而是最终的服务。用户不需要拥有看得见、摸得着的硬件设施，也不需要为机房支付设备供电、空调制冷、专人维护等费用，并且不需要等待漫长的供货周期、项目实施等冗长的时间，只需要把钱汇给云计算服务提供商，就马上得到需要的服务。

基于这样的应用需求，许多 IT 企业开始致力于开发"云"，现将典型的事件介绍如下。

1983 年，太阳电脑（Sun Microsystems）提出"网络是电脑"（"The Network is the Computer"），2006 年 3 月，亚马逊（Amazon）推出弹性计算云（elastic compute cloud，EC2）服务。

2006 年 8 月 9 日，Google 首席执行官埃里克·施密特（Eric Schmidt）在搜索引擎大会（SES San Jose 2006）首次提出"云计算"（cloud computing）的概念。Google "云端计算"源于 Google 工程师克里斯托弗·比希利亚所做的 "Google 101"项目。

2007 年 10 月，Google 与 IBM 开始在美国大学校园，包括卡内基梅隆大学、麻省理工学院、斯坦福大学、加州大学柏克莱分校及马里兰大学等，推广云计算的计划，这项计划希望能降低分布式计算技术在学术研究方面的成本，并为这些大学提供相关的软硬件设备及技术支持（包括数百台个人电脑及 BladeCenter 与 System x 服务器，这些计算平台将提供 1 600 个处理器，支持包括 Linux、Xen、Hadoop 等开放源代码平台）。学生则可以通过网络开发各项以大规模计算为基础的研究计划。

2008 年 1 月 30 日，Google 宣布在我国台湾启动"云计算学术计划"，将与学校合作，将这种先进的大规模、快速计算技术推广到校园。

2008 年 2 月 1 日，IBM（NYSE: IBM）宣布将在中国无锡太湖新城科教产业园为中国的软件公司建立全球第一个云计算中心（Cloud Computing Center）。

2008 年 7 月 29 日，Yahou、惠普和 Intel 宣布一项涵盖美国、德国和新加坡的联合研究计划，推出云计算研究测试床，推进云计算。该计划要与合作伙伴创建 6 个数据中心作为研究试验平台，每个数据中心配置 1 400～4 000 个处理器。这些合作伙伴包括新加坡资讯通信发展管理局、德国卡尔斯鲁厄大学 Steinbuch 计算中心、美国伊利诺伊大学香槟分校、英特尔研究院、惠普实验室和雅虎。

2008 年 8 月 3 日，美国专利商标局网站信息显示，戴尔正在申请"云计算"（Cloud Computing）商标，此举旨在加强对这一未来可能重塑技术架构的术语的控制权。

2010 年 3 月 5 日，Novell 与云安全联盟（CSA）共同宣布一项供应商中立计划，名为"可信任云计算计划（Trusted Cloud Initiative）"。

2010 年 7 月，美国国家航空航天局和包括 Rackspace、AMD、Intel、Dell 等支持厂商共同宣布"OpenStack"开放源代码计划，Microsoft 在 2010 年 10 月表示支持 OpenStack 与 Windows Server 2008 R2 的集成；而 Ubuntu 已把 OpenStack 加至 11.04 版本中。

2011 年 2 月，思科系统正式加入 OpenStack，重点研制 OpenStack 的网络服务。

二、云计算的基本概念

中国网格计算、云计算专家刘鹏给出如下定义："云计算将计算任务分布在大量计算机构成的资源池上，使各种应用系统能够根据需要获取计算力、存储空间和各种软件服务"。

狭义的云计算是指厂商通过分布式计算和虚拟化技术搭建数据中心或超级计算机，以免费或按需租用方式向技术开发者或者企业客户提供数据存储、分析以及科学计算等服务，如亚马逊数据仓库出租生意。

广义的云计算是指厂商通过建立网络服务器集群，向各种不同类型的客户提供在线软件服务、硬件租借、数据存储、计算分析等不同类型的服务。广义的云计算包括了更多的厂商和服务类型，如国内用友、金蝶等管理软件厂商推出的在线财务软件，Google 发布的 Google 应用程序套装等。

通俗的理解是，云计算的"云"就是存在于互联网上的服务器集群上的资源，它包括硬件资源（服务器、存储器、CPU 等）和软件资源（如应用软件、集成开发环境等），本地计算机只需通过互联网发送一个需求信息，远端就会有成千上万的计算机为你提供需要的资源并将结果返回到本地计算机，这样，本地计算机几乎不需要做什么，所有的处理都在云计算提供商提供的计算机群上完成。

但是，云计算并不是一个简单的技术名词，并不仅仅意味着一项技术或一系列技术的组合。它指向的是 IT 基础设施的交付和使用模式，即通过网络以按需、易扩展的方式获得所需的资源（硬件、平台、软件）。提供资源的网络被称为"云"。从更广泛的意义上来看，云计算是指服务的交付和使用模式，即通过网络以按需、易扩展的方式获得所需的服务，这种服务可以是 IT 基础设施（硬件、平台、软件），也可以是任意其他的服务。无论是狭义还是广义，云计算所秉承的核心理念是"按需服务"，就像人们使用水、电、天然气等资源的方式一样。这也是云计算对于 ICT 领域，乃至于人类社会发展最重要的意义所在。

三、云计算的特点

云计算具有以下特点。

1. 超大规模

"云"具有相当的规模，Google 云计算已经拥有 100 多万台服务器，Amazon、IBM、Microsoft、Yahoo 等的"云"均拥有几十万台服务器。企业私有云一般拥有数百上千台服务器。"云"能赋予用户前所未有的计算能力。

2. 虚拟化

云计算支持用户在任意位置、使用各种终端获取应用服务。所请求的资源来自"云"，而不是固定的有形的实体。应用在"云"中某处运行，但实际上用户无须了解，也不用担心应用运行的具体位置。只需要一台笔记本或者一部手机，就可以通过网络服务来实现我们需要的一切，甚至包括超级计算这样的任务。

3. 高可靠性

"云"使用了数据多副本容错、计算节点同构可互换等措施来保障服务的高可靠性，使用云计算比使用本地计算机可靠。

4. 通用性

云计算不针对特定的应用，在"云"的支撑下可以构造出千变万化的应用，同一个"云"可以同时支撑不同的应用运行。

5. 高可扩展性

"云"的规模可以动态伸缩，满足应用和用户规模增长的需要。

6. 按需服务

"云"是一个庞大的资源池，用户按需购买；云可以像自来水、电、煤气那样计费。

7. 极其廉价

由于"云"的特殊容错措施可以采用极其廉价的节点来构成云，"云"的自动化集中式管理使大量企业无须负担日益高昂的数据中心管理成本，"云"的通用性使资源的利用率较之传统系统大幅提升，因此用户可以充分享受"云"的低成本优势，经常只要花费几百美元、几天时间就能完成以前需要数万美元、数月才能完成的任务。

云计算可以彻底改变人们未来的生活，但同时也要重视环境问题，这样才能真正为人类进步做贡献，而不是简单的技术提升。

8. 潜在的危险性

云计算服务除了提供计算服务外，还必然提供了存储服务。但是云计算服务当前垄断在私人机构（企业）手中，而它们仅能够提供商业信用。对于政府机构、商业机构（特别是像银行这样持有敏感数据的商业机构）对于选择云计算服务应保持足够的警惕。一旦商业用户大规模使用私人机构提供的云计算服务，无论其技术优势有多强，都不可避免地让这些私人机构以"数据（信息）"的重要性挟制整个社会。对于信息社会而言，"信息"是至关重要的。另一方面，云计算中的数据对于数据所有者以外的其他云计算用户是保密的，但是对于提供云计算的商业机构而言都是毫无秘密可言。这就像常人不能监听别人的电话，但是在电信公司内部，他们可以随时监听任何电话。所有这些潜在的危险，是商业机构和政府机构选择云计算服务，特别是国外机构提供的云计算服务时，不得不考虑的一个重要前提。

10.2.2　云计算实现技术

一、云计算的核心技术

云计算系统运用了许多技术，其中以编程模型、数据管理技术、数据存储技术、虚拟化技术、云计算平台管理技术最为关键。

1. 编程模型

MapReduce 是 Google 开发的 Java、Python、C++编程模型，它是一种简化的分布式编程模型和高效的任务调度模型，用于大规模数据集（大于 1TB）的并行运算。严格的编程模型使云计算环境下的编程十分简单。MapReduce 模式的思想是将要执行的问题分解成 Map（映射）和 Reduce（化简）的方式，先通过 Map 程序将数据切割成不相关的区块，分配（调度）给大量计算机处理，达到分布式运算的效果，再通过 Reduce 程序将结果汇整输出。

2. 海量数据分布存储技术

云计算系统由大量服务器组成，同时为大量用户服务，因此云计算系统采用分布式存储的方式存储数据，用冗余存储的方式保证数据的可靠性。云计算系统中广泛使用的数据存储系统是 Google 的 GFS 和 Hadoop 团队开发的 GFS 的开源实现 HDFS。

GFS 即 Google 文件系统（Google file system），是一个可扩展的分布式文件系统，用于大型的、分布式的、对大量数据进行访问的应用。GFS 的设计思想不同于传统的文件系统，是针对大规模数据处理和 Google 应用特性而设计的。它运行于廉价的普通硬件上，但可以提供容错功能。它可以给大量的用户提供总体性能较高的服务。

一个 GFS 集群由一个主服务器（master）和大量的块服务器（chunkserver）构成，并被许多客户（client）访问。主服务器存储文件系统所有的元数据，包括名字空间、访问控制信息、从文件到块的映射以及块的当前位置。它也控制系统范围的活动，如块租约（lease）管理、孤儿块的垃圾收集、块服务器间的块迁移。主服务器定期通过 HeartBeat 消息与每一个块服务器通信，给块服务器传递指令并收集它的状态。GFS 中的文件被切分为 64MB 的块并以冗余存储，每份数据在系统中保存 3 个以上备份。

客户与主服务器的交换只限于对元数据的操作，所有数据方面的通信都直接和块服务器联系，这大大提高了系统的效率，防止主服务器负载过重。

3. 海量数据管理技术

云计算需要对分布的、海量的数据进行处理、分析，因此，数据管理技术必须能够高效地管理大量的数据。云计算系统中的数据管理技术主要是 Google 的 BT（BigTable）数据管理技术和 Hadoop 团队开发的开源数据管理模块 HBase。

BT 是建立在 GFS、Scheduler、Lock Service 和 MapReduce 之上的一个大型的分布式数据库，与传统的关系数据库不同，它把所有数据都作为对象来处理，形成一个巨大的表格，用来分布存储大规模结构化数据。

Google 的很多项目使用 BT 来存储数据，包括网页查询、Google earth 和 Google 金融。这些应用程序对 BT 的要求各不相同：数据大小（从 URL 到网页到卫星图象）不同，反应速度不同（从后端的大批处理到实时数据服务）。对于不同的要求，BT 都成功地提供了灵活高效的服务。

4. 虚拟化技术

通过虚拟化技术可实现软件应用与底层硬件相隔离，它包括将单个资源划分成多个虚拟资源的裂分模式，也包括将多个资源整合成一个虚拟资源的聚合模式。虚拟化技术根据对象可分成存储虚拟化、计算虚拟化、网络虚拟化等，计算虚拟化又分为系统级虚拟化、应用级虚拟化和桌面虚拟化。

5. 云计算平台管理技术

云计算资源规模庞大，服务器数量众多并分布在不同的地点，同时运行着数百种应用，如何有效地管理这些服务器，保证整个系统提供不间断的服务是巨大的挑战。

云计算系统的平台管理技术能够使大量的服务器协同工作，方便地进行业务部署和开通，快速发现和恢复系统故障，通过自动化、智能化的手段实现大规模系统的可靠运营。

二、云计算体系的结构和层次

云计算是全新的基于互联网的超级计算理念和模式，实现云计算需要多种技术结合，并且需要用软件将硬件资源进行虚拟化管理和调度，形成一个巨大的虚拟化资源池，把存储于个人计算机、移动设备和其他设备上的大量信息和处理器资源集中在一起，协同工作。

按照最大众化、最通俗地理解云计算就是把计算资源都放到互联网上，互联网即是云计算时代的云。计算资源则包括了计算机硬件资源（如计算机设备、存储设备、服务器集群、硬件服务等）和软件资源（如应用软件、集成开发环境、软件服务）。

1. 云计算的体系结构

云计算平台是一个强大的"云"网络，连接了大量并发的网络计算和服务，可利用虚拟化技术扩展每一个服务器的能力，将各自的资源通过云计算平台结合起来，提供超级计算和存储能力。通用的云计算体系结构如图 10-6 所示。

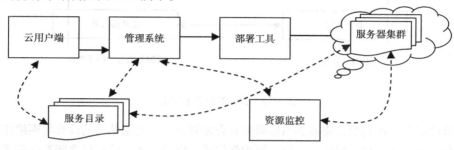

图 10-6 云计算的体系结构

（1）云用户端。

云用户端是提供云用户请求服务的交互界面，也是用户使用云的入口，用户通过 Web 浏览器可以注册、登录及定制服务、配置和管理用户。打开应用实例与本地操作桌面系统一样。

（2）服务目录。

服务目录是云用户在取得相应权限（付费或其他限制）后可以选择或定制的服务列表，也可以对已有服务进行退订的操作，在云用户端界面生成相应的图标或列表的形式展示相关的服务。

（3）管理系统和部署工具。

提供管理和服务，能管理云用户，能对用户授权、认证、登录进行管理，并可以管理可用计算资源和服务，接收用户发送的请求，根据用户请求并转发到相应的程序，调度资源智能地部署资源和应用，动态地部署、配置和回收资源。

（4）监控。

监控和计量云系统资源的使用情况，以便做出迅速反应，完成节点同步配置、负载均衡配置和资源监控，确保资源能顺利分配给合适的用户。

（5）服务器集群。

虚拟的或物理的服务器，由管理系统管理，负责高并发量的用户请求处理、大运算量计算处理、用户 Web 应用服务，云数据存储时采用相应数据切割算法和并行方式上传和下载大容量数据。

用户可通过云用户端从列表中选择所需的服务，其请求通过管理系统调度相应的资源，并通过部署工具分发请求、配置 Web 应用。

2. 云计算的服务层次

在云计算中，根据其服务集合所提供的服务类型，整个云计算服务集合被划分成 4 个层次：应用层、平台层、基础设施层和虚拟化层。这 4 个层次每一层都对应着一个子服务集合，如图 10-7 所示。

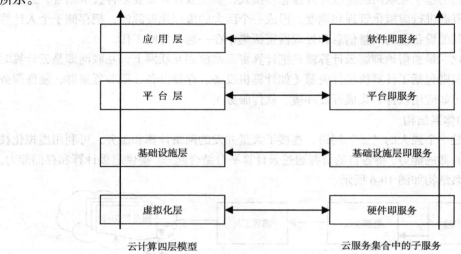

云计算四层模型　　　　　　　　云服务集合中的子服务

图 10-7　云计算的服务层次

云计算的服务层次是根据服务类型即服务集合来划分，与大家熟悉的计算机网络体系结构中层次的划分不同。在计算机网络中，每个层次都实现一定的功能，层与层之间有一定关联。而云计算体系结构中的层次是可以分割的，即某一层次可以单独完成一项用户的请求而不需要其他层次为其提供必要的服务和支持。

在云计算服务体系结构中，各层次与相关云产品对应。

● 应用层对应 SaaS 软件即服务，如 Google APPS、SoftWare+Services。

● 平台层对应 PaaS 平台即服务，如 IBM IT Factory、Google APPEngine、Force.com。

● 基础设施层对应 IaaS 基础设施即服务，如 Amazo Ec2、IBM Blue Cloud、Sun Grid。

● 虚拟化层对应硬件，即服务结合 Paas 提供硬件服务，包括服务器集群及硬件检测等服务。

3. 云计算的技术层次

云计算技术层次和云计算服务层次不是一个概念，后者从服务的角度来划分云的层次，主要突出了云服务能给我带来什么。而云计算的技术层次主要从系统属性和设计思想角度来说明云，是对软硬件资源在云计算技术中所充当角色的说明。从云计算技术角度来看，云计算大约由 4 部分构成：物理资源、虚拟化资源、中间件管理部分和服务接口，如图 10-8 所示。

（1）服务接口。

服务接口统一规定了在云计算时代使用计算机的各种规范、云计算服务的各种标准等，是用户端与云端交互操作的入口，可以完成用户或服务注册，以及对服务的定制和使用。

（2）服务管理中间件。

在云计算技术中，中间件位于服务和服务器集群之间，提供管理和服务，即云计算体系结构中的管理系统。对标识、认证、授权、目录、安全性等服务进行标准化和操作，为应用提供统一的标准化程序接口和协议，隐藏底层硬件、操作系统和网络的异构性，统一管理网络资源。其用户管理包括用户身份验证、用户许可、用户定制管理；资源管理包括负载均衡、资源监控、故障检测等；安全管理包括身份验证、访问授权、安全审计、综合防护等；映像管理包括映像创建、部署、管理等。

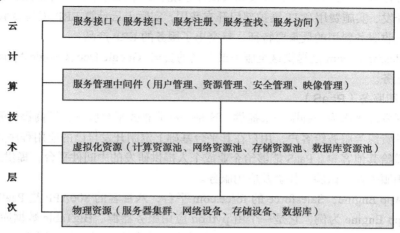

图 10-8　云计算的技术层次

（3）虚拟化资源。

虚拟化资源是指一些可以实现一定操作，具有一定功能，但其本身是虚拟而不是真实的资源，如计算池、存储池和网络池、数据库资源等，通过软件技术来实现相关的虚拟化功能包括虚拟环境、虚拟系统、虚拟平台。

（4）物理资源。

物理资源主要是指能支持计算机正常运行的一些硬件设备及技术，可以是价格低廉的 PC，也可以是价格昂贵的服务器及磁盘阵列等设备，可以通过现有网络技术和并行技术、分布式技术将分散的计算机组成一个能提供超强功能的集群，用于计算和存储等云计算操作。在云计算时代，本地计算机可能不再像传统计算机那样需要空间足够的硬盘、大功率的处理器和大容量的内存，只需要一些必要的硬件设备，如网络设备和基本的输入输出设备等。

三、云计算的主要服务形式

云计算还处于萌芽阶段，有庞杂的各类厂商在开发不同的云计算服务。云计算的表现形式多种多样，简单的云计算在人们日常网络应用中随处可见，如腾讯 QQ 空间提供的在线制作 Flash 图片、Google 的搜索服务、Google Doc、Google Apps 等。目前，云计算的主要服务形式有：SaaS（software as a service），PaaS（platform as a service），IaaS（infrastructure as a service）。

1. 软件即服务（SaaS）

SaaS 服务提供商将应用软件统一部署在自己的服务器上，用户根据需求通过互联网向厂商订购应用软件服务，服务提供商根据客户所定软件的数量、时间的长短等因素收费，并且通过浏览器向用户提供软件的模式。这种服务模式的优势是由服务提供商维护和管理软件、提供软件运行的硬件设施，用户只需拥有能够接入互联网的终端，即可随时随地使用软件。在这种模式下，客户不再像传统模式那样花费大量资金在硬件、软件、维护人员方面，只需要支出一定的租赁服务费用，通过互联网就可以享受到相应的硬件、软件和维护服务，这是网络应用最具效益的营运模式。对于小型企业来说，SaaS 是采用先进技术的最好途径。

以企业管理软件来说，SaaS 模式的云计算 ERP 可以让客户根据并发用户数量、所用功能多少、数据存储容量、使用时间长短等因素的不同组合按需支付服务费用，既不用支付软件许可费用和采购服务器等硬件设备费用，以及购买操作系统、数据库等平台软件费用，也不用承担软件项目定制、开发、实施费用和 IT 维护部门开支费用，实际上云计算 ERP 正是继承了开源 ERP 免许可费用，只收服务费用的最重要特征，是突出了服务的 ERP 产品。

目前，Salesforce. com 是提供这类服务最有名的公司，Google Doc、Google Apps 和 Zoho Office 也属于这类服务。

2. 平台即服务（PaaS）

平台把开发环境作为一种服务来提供。这是一种分布式平台服务，厂商提供开发环境、服务器平台、硬件资源等服务给客户，用户在其平台基础上定制开发自己的应用程序并通过其服务器和互联网传递给其他客户。PaaS 能够给企业或个人提供研发的中间件平台，提供应用程序开发、数据库、应用服务器、试验、托管及应用服务。

Google App Engine，Salesforce 的 force.com 平台，八百客的 800APP 是 PaaS 的代表产品。以 Google App Engine 为例，它是一个由 python 应用服务器群、BigTable 数据库及 GFS 组成的平台，为开发者提供一体化主机服务器及可自动升级的在线应用服务。用户编写应用程序并在 Google 的基础架构上运行就可以为互联网用户提供服务，Google 提供应用运行及维护所需要的平台资源。

3. 基础设施服务（IaaS）

IaaS 即把厂商的由多台服务器组成的"云端"基础设施，作为计量服务提供给客户。它将内存、I/O 设备、存储和计算能力整合成一个虚拟的资源池，为整个业界提供所需的存储资源和虚拟化服务器等服务。这是一种托管型硬件方式，用户付费使用厂商的硬件设施。例如，Amazon Web 服务（AWS）、IBM 的 BlueCloud 等均是将基础设施作为服务出租。

IaaS 的优点是用户只需低成本硬件，按需租用相应的计算能力和存储能力，大大降低了用户在硬件上的开销。

目前，以 Google 云应用最具代表性，如 GoogleDocs、GoogleApps、Googlesites、云计算应用平台 GoogleApp Engine。

4. 按需计算（utility computing）

按需计算，是将多台服务器组成的"云端"计算资源包括计算和存储，作为计量服务提供给用户，由 IT 领域巨头，如 IBM 的 Blue Cloud、Amazon 的 AWS 及提供存储服务的虚拟技术厂商的参与应用与云计算结合的一种商业模式，它将内存、I/O 设备、存储和计算能力整合成一个虚拟的资源池，为整个业界提供所需的存储资源和虚拟化服务器等服务。

按需计算用于提供数据中心创建的解决方案，帮助企业用户创建虚拟的数据中心，诸如 3Tera 的 AppLogic、Cohesive Flexible Technologies 的按需实现弹性扩展的服务器。Liquid Computing 公司的 LiquidQ 提供类似的服务，能帮助企业将内存、I/O、存储和计算容量通过网络集成为一个虚拟的资源池提供服务。

按需计算方式的优点在于用户可以根据用户实际需求提出硬件解决方案，降低成本，节省开销。

5. MSP（管理服务提供商）

管理服务是面向 IT 厂商的一种应用软件，常用于应用程序监控服务、桌面管理系统、邮件病毒扫描、反垃圾邮件服务等。目前瑞星杀毒软件早已推出云杀毒的方式，而 SecureWorks、IBM 提供的管理安全服务属于应用软件监控服务类。

6. 商业服务平台

商业服务平台是 SaaS 和 MSP 的混合应用，提供一种与用户结合的服务采集器，是用户和提供商之间的互动平台。例如，费用管理系统中的用户可以订购其设定范围的服务与价格相符的产品或服务。

7. 网络集成

网络集成是云计算的基础服务的集成，采用通用的"云计算总线"，整合互联网服务类似的云计算公司，方便用户对服务供应商的比较和选择，为客户提供完整的服务。软件服务供应商 OpSource 推出了 OpSource Services Bus，使用的就是被称为 Boomi 的云集成技术。

8. 云端网络服务

网络服务供应商提供 API 能帮助开发者开发基于互联网的应用，通过网络拓展功能性。服务范围从提供分散的商业服务（诸如 Strike Iron 和 Xignite）到涉及 Google Maps、ADP 薪资处理流程、美国邮电服务、Bloomberg 和常规的信用卡处理服务等的全套 API 服务。

云计算在工作和生活中最重要的体现就是计算、存储与服务，当然计算和存储从某种意义上同属于云计算提供的服务，因此也印证了云计算即提供的一种服务，是一种网络服务。

10.2.3　云计算的扩展应用

一、云存储

1. 云存储的概念

云存储的概念与云计算类似，它是指通过集群应用、网格技术或分布式文件系统等功能，将网络中大量各种不同类型的存储设备通过应用软件集合起来协同工作，共同对外提供数据存储和业务访问功能的一个系统。数据量的迅猛增长使得存储成为企业无法回避的一个问题，与之相关的费用开支成为数据中心最大的成本之一，持续增长的数据存储压力使得云存储成为云计算方面比较成熟的一项业务。可以预见的云存储业务类型包括数据备份、在线文档处理和协同工作等。

根据面向客户规模的不同，数据备份业务可以分为面向个人用户和面向企业用户两种形式。个人用户可以通过互联网将数据存储在远程服务提供商的网络磁盘空间里，并在需要时从网络下载原始数据。对于企业用户而言，可以把大规模的数据交由云计算平台托管，省却自己维护信息的设备和人员投入，也可以将现有数据以冗余的形式备份在云计算平台中，当本地数据发生故障时可以恢复到原有的状态。

2. 云存储在线文件夹和文件存储的优势

（1）不必为文件存储硬件投入任何前期的费用。服务提供商一直在大力宣传这个事实，但实际情况是，我们能够租赁服务器硬件和软件，把每个月的费用减少到可以管理的规模，而这两种方式都可以得到已知的预算总数。

（2）主机服务提供商会维护用户文件服务器的安全和更新问题。用户当然可以自己购买或租赁服务器来组建他们的应用。但是，他们却不能预测未来的安全更新、错误和硬件故障，而服务提供商会派专人负责管理存储，保持系统处于最新状态。

3. 云存储的种类

可以把云存储分成 2 类：块存储（block storage）与文件存储（file storage）。

（1）Block Storage 会把单笔数据写到不同的硬盘，借以得到较大的单笔读写带宽，适合用在数据库或是需要单笔数据快速读写的应用。它的优点是对单笔数据读写很快，缺点是成本较高，并且无法解决真正海量文件的储存。

（2）File Storage 是基于文件级别的存储，它是把一个文件放在一个硬盘上，即使文件太大拆分时，也放在同一个硬盘上。它的缺点是对单一文件的读写会受到单一硬盘效能的限制，优点是对一个多文件、多人使用的系统，总带宽可以随着存储节点的增加而扩展，它的架构可以无限制地扩容，并且成本低廉。

4. 云存储技术选择

虽然在可扩展的 NAS 平台上有很多选择，但是通常来说，它们表现为一种服务、一种硬件设备或一种软件解决方案，每一种选择都有它们自身的优势和劣势。

（1）服务模式：最普遍的情况下，当考虑云存储时，我们就会想到其所提供的服务产品。这种模式很容易开始，其可扩展性几乎是瞬间的。根据定义，我们拥有一份异地数据的备份。然而，带宽是有限的，因此要考虑我们的恢复模型，必须满足网络之外的数据需求。

（2）HW 模式：这种部署位于防火墙背后，并且其提供的吞吐量要比公共的内部网络好。购买整合的硬件存储解决方案非常方便，而且，如果厂商在安装、管理上做得好的话，其往往伴随有机架和堆栈模型。但是，这样我们就会放弃某些摩尔定律的优势，因为会受到硬件设备的限制。

（3）SW 模式：SW 模式具有 HW 模式所具有的优势。另外，它还具有 HW 所没有的价格竞争优势。然而，其安装、管理过程中需要谨慎关注，因为安装一些 SW 比较困难，可能需要其他条件来限制人们只能选择 SW。

二、云安全

1. 云安全的提出

紧随云计算、云存储之后，云安全也出现了。云安全是我国企业创造的概念，在国际云计算领域独树一帜。

"云安全（cloud security）"计划是网络时代信息安全的最新体现，它融合了并行处理、网格计算、未知病毒行为判断等新兴技术和概念，通过网状的大量客户端对网络中软件行为的异常监测，获取互联网中木马、恶意程序的最新信息，传送到 Server 端进行自动分析和处理，再把病毒和木马的解决方案分发到每一个客户端。

未来杀毒软件将无法有效地处理日益增多的恶意程序。来自互联网的主要威胁正在由计算机病毒转向恶意程序及木马，在这样的情况下，采用的特征库判别法显然已经过时。云安全技术应用后，识别和查杀病毒不再仅仅依靠本地硬盘中的病毒库，而是依靠庞大的网络服务，实时进行采集、分析和处理。整个互联网就是一个巨大的"杀毒软件"，参与者越多，每个参与者就越安全，整个互联网就会更安全。

云安全概念的提出，曾引起了广泛的争议，许多人认为它是伪命题。但事实胜于雄辩，云安全的发展像一阵风，瑞星、趋势、卡巴斯基、MCAFEE、SYMANTEC、江民科技、PANDA、金山、360 安全卫士等都推出了云安全解决方案。瑞星基于云安全策略开发的产品，每天拦截数百万次木马攻击。趋势科技云安全已经在全球建立了五大数据中心，几万部在线服务器。据悉，云安全可以支持平均每天 55 亿条点击查询，每天收集分析 2.5 亿个样本，资料库第一次命中率就可以达到 99%。借助云安全，趋势科技现在每天阻断的病毒感染最高达 1000 万次。

2．云安全思想的来源

云安全技术是 P2P 技术、网格技术、云计算技术等分布式计算技术混合发展、自然演化的结果。

值得一提的是，云安全的核心思想与刘鹏早在 2003 年就提出的反垃圾邮件网格非常接近。刘鹏当时认为，垃圾邮件泛滥而无法用技术手段很好地自动过滤，是因为所依赖的人工智能方法不是成熟技术。垃圾邮件的最大特征是：它会将相同的内容发送给数以百万计的接收者。为此，可以建立一个分布式统计和学习平台，以大规模用户的协同计算来过滤垃圾邮件：首先，用户安装客户端，为收到的每一封邮件计算出一个唯一的"指纹"，通过比对"指纹"可以统计相似邮件的副本数，当副本数达到一定数量，就可以判定邮件是垃圾邮件；其次，由于互联网上多台计算机比一台计算机掌握的信息更多，因而可以采用分布式贝叶斯学习算法，在成百上千的客户端机器上实现协同学习过程，收集、分析并共享最新的信息。反垃圾邮件网格体现了真正的网格思想，每个加入系统的用户既是服务的对象，也是完成分布式统计功能的一个信息节点，随着系统规模的不断扩大，系统过滤垃圾邮件的准确性也会随之提高。用大规模统计方法来过滤垃圾邮件的做法比用人工智能的方法更成熟，不容易出现误判假阳性的情况，实用性很强。反垃圾邮件网格就是利用分布互联网中的千百万台主机的协同工作来构建一道拦截垃圾邮件的"天网"。反垃圾邮件网格思想提出后，被 IEEE Cluster 2003 国际会议选为杰出网格项目在香港做了现场演示，在 2004 年网格计算国际研讨会上做了专题报告和现场演示，引起较为广泛的关注，受到了中国最大邮件服务提供商网易公司创办人丁磊等的重视。既然垃圾邮件可以如此处理，病毒、木马等亦然，这与云安全的思想就相去不远了。

3．云安全系统的难点

要想建立"云安全"系统，并使之正常运行，需要解决四大问题：第一，需要海量的客户端（云安全探针）；第二，需要专业的反病毒技术和经验；第三，需要大量的资金和技术投入；第四，可以是开放的系统，允许合作伙伴的加入（不涉及用户隐私的情况下或征得用户同意）。

（1）需要海量的客户端（云安全探针）。

只有拥有海量的客户端，才能对互联网上出现的恶意程序、危险网站有最灵敏的感知能力。一般而言，安全厂商的产品使用率越高，反映应当越快，最终应当能够实现无论哪个网民中毒、访问挂马网页，都能在第一时间做出反应。

（2）需要专业的反病毒技术和经验。

发现的恶意程序被探测到，应当在尽量短的时间内被分析，这需要安全厂商具有过硬的技术，否则容易造成样本的堆积，使云安全快速探测的结果大打折扣。

（3）需要大量的资金和技术投入。

"云安全"系统在服务器、带宽等硬件需要极大的投入，同时要求安全厂商应当具有相应的顶尖技术团队和持续的研究花费。

（4）可以是开放的系统，允许合作伙伴的加入。

"云安全"可以是开放性的系统，其"探针"应当与其他软件相兼容，即使用户使用不同的杀毒软件，也可以享受"云安全"系统带来的成果。

10.2.4　典型的云计算平台

1．IBM 云计算：蓝云

IBM 是最早向中国提供云计算服务的国际互联网企业。IBM 在 2007 年 11 月 15 日推出了蓝云计算平台，为客户带来即买即用的云计算平台。它包括一系列的云计算产品，使得计算不仅仅局限在本地机器或远程服务器（即服务器集群），通过架构一个分布式、可全球访问的资源结构，使得数据中心在类似于互联网的环境下运行计算。"蓝云"建立在 IBM 大规模计算领域的专业技术基础上，基于由 IBM 软件、系统技术和服务支持的开放标准和开源软件。简单地说，"蓝云"基于 IBM Almaden 研究中心（Almaden Research Center）的云基础架构，包括 Xen 和 PowerVM 虚拟化、Linux 操作系统映像以及 Hadoop 文件系统与并行构建。

2. 亚马逊云计算：Amazon EC2

亚马逊是云计算最早的推行者，Amazon EC2（Amazon Elastic Compute Cloud）。实际上是一个 Web 服务，通过它可以请求和使用云中大量的资源（换句话说，是由 Amazon 托管的资源）。EC2 提供从服务器到编程环境的所有东西。亚马逊的解决方案的特色在于灵活性和可配置性。用户可以请求想要的服务，根据需要配置它们，设置静态 IP，并显式地设置自己的安全性和网络。换句话说，用户拥有很多的控制权。此外，Amazon 拥有很好的声望和良好的按使用量收费（pay-only-for-what-you-use）的模型，EC2 是云计算拼图中一个重要的、受欢迎的部分。

3. Google 云计算：Google App Engine

从技术上讲，Google 的 App Engine 是 Amazon EC2 的一个竞争对手，但是它们之间又有很大的不同之处。Amazon 提供灵活性和控制，Google 则提供易用性和高度自动化的配置。如果使用 App Engine，用户只需编写代码，上传应用程序，剩下的大部分事情可以让 Google 来完成。和 Amazon 一样，Google 有很大的知名度，也有很大的缓存。与 Amazon 不同的是，Google 开始是免费的，只有当传输量较大，并使用较多计算资源时才收费。另一个不同点是，Google 是以 Python 为中心的架构和设计。若要使用 Google App Engine，则需要使用 Python。这个限制可以被视作一个局限性，也可以被视作一个有帮助的、简化问题的约束。

4. Microsoft 云计算：Windows Azure

Microsoft 以一种完全不同的方式实现云计算。就像 "I'm a PC, I'm a Mac" 这句广告词一样，Microsoft 致力于提供一个非常丰富的、专业的、高端的计算环境。因此，Amazon EC2 和 Google 针对的是那些仍然在 vi 中使用 Python 并喜欢与网络协议打交道的人，而 Microsoft 的 Azure 产品则直接瞄准 Microsoft 开发人员。Visual Studio、可视化工具和可视化环境使得 Azure 对于每天使用 C# 和 SQL Server 的人来说非常亲切和舒服。就像 Amazon EC2 不同于 Google App Engine 一样，Windows Azure 与两者都不相同。最显而易见的是，Azure 就是 Windows。它是基于 Windows 的，它针对使用 Windows 的人；它涉及 C#、SQL Server、.NET 以及 Visual Studio。Azure 就像是 SharePoint 加上一点 CRM。很快就会看到，选择使用 Azure 很少是因为特性，而是因为用户习惯使用的平台。

5. Salesforce

Salesforce 是软件即服务厂商的先驱，它一开始提供的是可通过网络访问的销售力量自动化应用软件。在该公司的带动下，其他软件即服务厂商已如雨后春笋般蓬勃发展。Salesforce 的下一目标是：平台即服务。

Salesforce 正在建造自己的网络应用软件平台 Force.com，这一平台可作为其他企业自身软件服务的基础。Force.com 包括关系数据库、用户界面选项、企业逻辑以及一个名为 Apex 的集成开发环境。程序员可以在平台的 Sandbox 上对他们利用 Apex 开发出的应用软件进行测试，然后在 Salesforce 的 AppExchange 目录上提交完成后的代码。

10.3 云计算与物联网

云计算与物联网各自具备很多优势，如果把云计算与物联网结合起来，就可以看出，云计算其实就相当于一个人的大脑，而物联网就是其眼睛、鼻子、耳朵和四肢等。云计算与物联网的结合方式可以分为以下几种。

1. 单中心，多终端

此类模式中，分布范围较小的各物联网终端（传感器、摄像头或 3G 手机等），把云中心或部分云中心作为数据处理中心，终端所获得的信息、数据统一由云中心处理及存储，云中心提供统一界面给使用者操作或者查看。

这类应用非常多，如小区及家庭的监控、对某一高速路段的监测、幼儿园小朋友监管以及某些公共设施的保护等都可以用此类信息。这类主要应用的云中心，可提供海量存储和统一界面、分级管理等功能，对日常生活提供较好的帮助。一般此类云中心为私有云居多。

2. 多中心，大量终端

对于很多区域跨度大的企业、单位而言，多中心、大量终端的模式较适合。譬如，一个跨多地区或者多国家的企业，因其分公司或分厂较多，要对其各公司或工厂的生产流程进行监控、对相关的产品进行质量跟踪等。

当然同理，有些数据或者信息需要及时，甚至实时共享给各个终端的使用者也可采取这种方式。中国联通的"互联云"思想就是基于此思路提出的。这个模式的前提是云中心必须包含公共云和私有云，并且它们之间的互连没有障碍。这样，对于有些机密的事情，比如企业机密等可较好地保密而又不影响信息的传递与传播。

3. 信息、应用分层处理，海量终端

这种模式可以针对用户的范围广、信息及数据种类多、安全性要求高等特征来打造。当前，客户对各种海量数据的处理需求越来越多，针对此情况，可以根据客户需求及云中心的分布进行合理的分配。

对于需要大量数据传送，但是安全性要求不高的，如视频数据、游戏数据等，我们可以采取本地云中心处理或存储。对于计算要求高，数据量不大的，可以放在专门负责高端运算的云中心里。而对于数据安全要求非常高的信息和数据，可以放在具有灾备中心的云中心里。

此模式是具体根据应用模式和场景，对各种信息、数据进行分类处理，然后选择相关的途径给相应的终端。

习 题 十

一、填空题

1. 物联网应该具备的三大特征分别是_____、_____、_____、_____。

2. 从产业角度来看，物联网产业链可以细分为_____、_____、_____和_____ 4 个环节。

3. 根据物联网技术与应用密切相关的特点，按照技术基础标准和应用子集标准两个层次，应

采取引用现有标准、裁剪现有标准或制定新规范等策略，形成包括_____标准、_____标准、_____标准、_____标准和_____标准的标准体系框架。

4. 云计算的技术层次包括_____、_____、_____和_____。

5. 目前，云计算的 3 种主要服务形式为_____、_____和_____。

6. 可以把云存储分成_____和_____ 2 类。

7. 云存储技术包括 3 种模式，分别为_____、_____和_____。

8. 物联网在工业领域中的应用包括_____、_____、_____和_____。

二、选择题

1. 下面哪一项不是物联网体系结构包含的层次？（　　　）
   A. 感知层　　　　　B. 网络层　　　　　C. 应用层　　　　　D. 链路层

2. 物联网的应用领域包含下面哪些项？（　　　）
   A. 智能家居　　　　B. 城市安保　　　　C. 环境监测　　　　D. 智能电网

3. 下面哪些项是物联网的关键技术？（　　　）
   A. 无线传感器网络　　　　　　　　　　B. 云计算
   C. 人工智能　　　　　　　　　　　　　D. 传感器技术

4. 云计算平台是一个强大的（　　　）网络。
   A. 互连　　　　　　B. 物联网　　　　　C. 云　　　　　　　D. 移动

5. 云计算具有以下哪些特点？（　　　）
   A. 超大规模　　　　B. 虚拟化　　　　　C. 通用性　　　　　D. 高可靠性

6. 按需计算，是将多台服务器组成的"云端"（　　　），作为计量服务提供给用户。
   A. 计算资源　　　　B. 网络资源　　　　C. 信息资源　　　　D. 存储资源

7. 以下哪个不是物联网的应用模式？（　　　）
   A. 政府客户的数据采集和动态监测类应用
   B. 行业或企业客户的数据采集和动态监测类应用
   C. 行业或企业客户的购买数据分析类应用
   D. 个人用户的智能控制类应用

8. 将基础设施作为服务的云计算服务类型是（　　　）。
   A. HaaS　　　　　　B. IaaS　　　　　　C. PaaS　　　　　　D. SaaS

三、简答题

1. 简述当前比较公认的物联网定义。
2. 简述物联网与传感器网络、泛在网络的关系。
3. 列举一些典型物联网的关键技术。
4. 物联网标准体系框架包括哪几部分？
5. 列举云计算的核心技术。
6. 列举典型的云计算平台。
7. 简述云计算与物联网的结合方式。

实训一
双绞线的制作

一、实训目的

（1）熟练掌握网线制作的方法和专用工具的使用。

（2）进一步了解网络硬件的组成及硬件设备之间的关系。

（3）掌握网线（双绞线）的制作方法。

（4）掌握星型局域网的网络硬件的连接方法。

二、实训环境

（1）5类或超5类双绞线1条。

（2）水晶头（RJ-45接头）2个。

（3）专用的压线钳1把。

（4）测线器1个。

三、实训准备知识

1. 双绞线简介

双绞线最多应用于基于载波感应多路访问/冲突检测（carrier sense multiple access/collission detection，CMSA/CD）技术，即10BASE-T（10Mbit/s）和100BASE-T（100Mbit/s）的以太网（Ethernet）中，具体规定如下。

（1）一段双绞线的最大长度为100m，只能连接一台计算机。

（2）双绞线的每端需要一个RJ-45插件（头或座）。

（3）各段双绞线通过集线器（HUB的10BASE-T重发器）互连，利用双绞线最多可以连接64个站点到重发器（repeater）。

（4）10BASE-T重发器可以利用收发器电缆连到以太网同轴电缆上。

2. 以太网中RJ-45连接器的针脚

双绞线以太网中的连接导线只需要两对线：一对线用于发送，另一对线用于接收。但现在的标准是使用RJ-45连接器。这种连接器有8根针脚，一共可连接4对线。对于10BASE-T以太网的，只使用两对线。这样在RJ-45连接器中就空出来4根针脚。对于100BASE-T4快速以太网，则要用到4对线，即8根针脚都要用到。

采用RJ-45连接器而不采用电话线的RJ-11连接器也是为了避免将以太网的连接线插头错误地插进电话线的插孔内。另外，RJ-11连接器只有6根针脚，而RJ-45有8根针脚。这两种连接器的形状如图s1-1所示。

图s1-1　RJ-11和RJ-45连接器

3. RJ–45 连接器 8 根针脚编号的规定

RJ-45 连接器包括一个插头和一个插孔（或插座）。插孔安装在机器上，而插头和连接导线（现在最常用的就是采用无屏蔽双绞线的 5 类线）相连。EIA/TIA 制定的布线标准规定了 8 根针脚的编号。如果看插孔，使针脚接触点在上方，那么最左边是①，最右边是⑧如果看插头，将插头的末端面对眼睛，而且针脚的接触点插头的在下方，那么最左边是①，最右边是⑧。

 有的文献将插头编号的①指定为最右边的针脚，这是因为他们将插头的针脚接触点画在上方（与本书中的图正好旋转了 180 度），实际上指的还是同样的针脚。

在 10Mbit/s 和 100Mbit/s 以太网中只使用两对导线。也就是说，只使用 4 根针脚，那么应当将导线连接到哪 4 根针脚呢？

现在标准规定使用表 s1-1 中的 4 根针脚（1、2、3 和 6），针脚 1 和针脚 2 用于发送，针脚 3 和针脚 4 用于接收。

表 s1-1 针脚功能表

针 脚	针脚 1	针脚 2	针脚 3	针脚 4	针脚 5	针脚 6	针脚 7	针脚 8
功 能	发送+	发送+	接收–	不使用	不使用	接收–	不使用	不使用

四、实训内容与步骤

1. 5 类线电缆与 RJ–45 插头连接

5 类线电缆与 RJ-45 插头连接起来的具体操作步骤如下。

（1）准备好 5 类线、RJ-45 插头和一把专用的压线钳。

（2）用压线钳的剥线刀口将 5 类线的外保护套管划开（小心不要将里面的双绞线的绝缘层划破），刀口距 5 类线的端头至少 2cm。

（3）将划开的外保护套管剥去（旋转、向外抽）。

（4）露出 5 类线电缆中的 4 对双绞线。

（5）按照 EIA/TIA-568B 标准和导线颜色将导线按规定的序号排好。

（6）将 8 根导线平坦整齐地平行排列，导线间不留空隙。

（7）准备用压线钳的剪线刀口将 8 根导线剪断。

（8）剪断电缆线。请注意：一定要剪得很整齐。剥开的导线长度不可太短（10～12mm），可以先留长一些，不要剥开每根导线的绝缘外层。

（9）将剪断的电缆线放入 RJ-45 插头试试长短（要插到底），电缆线的外保护层最后应能够在 RJ-45 插头内的凹陷处被压实。反复进行调整。

（10）在确认一切都正确后（特别要注意不要将导线的顺序排列反了），将 RJ-45 插头放入压线钳的压头槽内，准备最后的压实。

（11）双手紧握压线钳的手柄，用力压紧。请注意，在这一步骤完成后，插头的 8 个针脚接触点就穿过导线的绝缘外层，分别和 8 根导线紧紧地压接在一起。

（12）对完成的 RJ-45 插头用测线器进行测试。

2. 连接两台计算机

将两台计算机用带有 RJ-45 插头的 5 类线电缆直接连接起来。不用集线器或以太网交换机，可以将两台计算机用带有 RJ-45 插头的 5 类线电缆直接连接起来。但应当注意的是，在这种情况下，电缆线两个 RJ-45 插头中的一个与导线的连接方法要改变一下，使得从一台计算机发送出来的信号能够直接进入另一台计算机的接收针脚。具体的连接方法见表 s1-2。

表 s1-2　　　　　　　　　　　　　　　交叉的线序

电缆线的一端	电缆线的另一端
针脚 1	针脚 3
针脚 2	针脚 6
针脚 3	针脚 1
针脚 4	针脚 4
针脚 5	针脚 5
针脚 6	针脚 2
针脚 7	针脚 7
针脚 8	针脚 8

实训二
交换机的配置方法

一、实训目的

通过此实训，使学生了解交换机内部操作系统的工作过程，掌握交换机的配置方法，为下一步进行交换机的应用配置做准备。

二、实训环境

（1）Cisco 交换机 1 台。

（2）配置电缆 1 条。

（3）计算机 1 台。

（4）电源及电源线若干。

三、实训准备知识

随着网络技术的发展，交换机技术也在不断地发展，传统的不需配置的交换机越来越少，取而代之的是需要进行详细配置的交换机。需要在交换机上进行生成树协议、快速以太网通道、虚拟局域网等技术的配置。因此，掌握交换机的配置方法是配置交换机所必需的。

四、实训内容与步骤

1. 实训内容

通过交换机的配置端口，利用 Windows Server 2003 的超级终端配置交换机，同时了解 Cisco 交换的基本配置命令。

2. 实训步骤

步骤一：利用配置电缆将交换机与 PC 相连，如图 s2-1 所示。

（1）将配置电缆的一端接入 PC 的串口。

（2）将配置电缆的另一端接入交换机的 Console 端口。

（3）在 PC 上运行虚拟终端软件。

步骤二：在 Windows Server 2003 中，如果没有安装"超级终端"，首先按如下步骤安装虚拟终端软件。

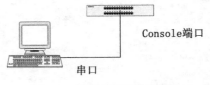

图 s2-1　配置电缆连接示意图

（1）打开"控制面板"中的添加或删除程序。

（2）单击"添加/删除 Windows 组件"。

（3）单击"附件和工具"，然后单击"详细信息"按钮。

（4）单击"通讯"，然后单击"详细信息"按钮。

（5）选中"超级终端"复选框，然后单击"确定"按钮。

步骤三：安装完超级终端软件后，可执行如下操作进入超级终端，如图 s2-2 所示。

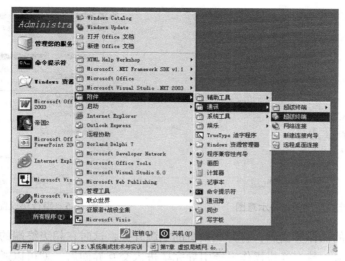

图 s2-2　启动超级终端示意图

（1）单击"开始"按钮。

（2）进入"所有程序"菜单。

（3）进入"附件"菜单。

（4）进入"连接"菜单。

（5）进入"超级终端"菜单。

如果已经建立了超级终端连接，则出现已建立的超级终端的名称，选择名称直接进入超级终端交互界面；否则，需要按照下面的步骤进行超级终端的配置。

步骤四：进入超级终端以后，完成如下的配置。

（1）超级终端参数配置。

在如图 s2-3 所示的"连接描述"对话框中为超级终端与交换机建立的连接命名，并选定一个图标。这样，以后再进行交换机的配置时，使用刚刚建立的连接就可以了。

在如图 s2-4 所示的"连接到"对话框中为建立的连接选择串行端口，在 PC 上一般可选择的串行端口无非是 COM1、COM2、COM3 或 COM4。

（2）串行协议配置。

配置串行协议是保证用来配置交换机的终端与交换机进行通信。只有将超级终端的串行协议参数配置成与交换机

图 s2-3　新建连接示意图

串行通信端口（Console）所具有的串行协议参数相匹配，才能实现配置交换机的终端与交换机之间的通信。串行协议参数包括：每秒位数、数据位、奇偶校验、停止位、数据流控制 5 项，不同厂家的交换机有不同的参数配置。在 Cisco 交换机中，有一个简单的配置方法，即只要单击串行协议配置界面中的"还原为默认值"，即可保证配置交换机的终端与交换机之间正确通信。

在如图 s2-5 所示的"CDM1 属性"对话框中配置串行协议的参数，包括每秒位数、数据位、奇偶校验、停止位和数据流控制 5 个参数。在每台交换机的产品说明书上都明确标明了这些参数，根据要求填写这些参数，确定无误后，单击"确定"按钮，然后进入超级终端操作界面。

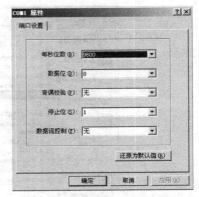

图 s2-4　选择连接所用的设备示意图　　　　图 s2-5　串行协议配置示意图

　　进入超级终端的操作界面后，打开交换机的电源开关，这时在超级终端的界面上出现交换机操作系统的运行结果。待交换机操作系统引导完毕进入交互界面后，就可以通过 PC 的键盘输入交换机操作系统命令，对交换机进行配置和管理。这时需要清楚的是：通过超级终端软件使得 PC 屏幕上显示交换机运行的结果，而此时在键盘输入的任何命令都将被发往交换机，被交换机的操作系统解释执行。

　　（3）进入交换机的操作系统命令界面。

　　进入交换机操作系统命令界面之后，显示如下内容。

```
C2950 Boot Loader（C2950-HBOOT-M）Version 12.1（11r）EA1, RELEASE SOFTWARE（fc1）
Compiled Mon 22-Jul-02 18:57 by miwang
Cisco WS-C2950-24（RC32300）processor（revision C0）with 21039K bytes of memory.
2950-24 starting...
Base ethernet MAC Address: 0007.EC39.8A8C
Xmodem file system is available.
Initializing Flash...
flashfs[0]: 1 files, 0 directories
flashfs[0]: 0 orphaned files, 0 orphaned directories
flashfs[0]: Total bytes: 64016384
flashfs[0]: Bytes used: 3058048
flashfs[0]: Bytes available: 60958336
flashfs[0]: flashfs fsck took 1 seconds.
...done Initializing Flash.
Boot Sector Filesystem（bs:）installed, fsid: 3
Parameter Block Filesystem（pb:）installed, fsid: 4
Loading "flash:/c2950-i6q4l2-mz.121-22.EA4.bin"...
################################################################################ [OK]
               Restricted Rights Legend

Use, duplication, or disclosure by the Government is
subject to restrictions as set forth in subparagraph
(c) of the Commercial Computer Software - Restricted
Rights clause at FAR sec. 52.227-19 and subparagraph
(c)(1)(ii) of the Rights in Technical Data and Computer
Software clause at DFARS sec. 252.227-7013.
        cisco Systems, Inc.
        170 West Tasman Drive
```

San Jose, California 95134-1706

Cisco Internetwork Operating System Software

IOS (tm) C2950 Software (C2950-I6Q4L2-M), Version 12.1(22)EA4, RELEASE SOFTWARE (fc1)

Copyright (c) 1986-2005 by cisco Systems, Inc.

Compiled Wed 18-May-05 22:31 by jharirba

Cisco WS-C2950-24 (RC32300) processor (revision C0) with 21039K bytes of memory.

Processor board ID FHK0610Z0WC

Running Standard Image

24 FastEthernet/IEEE 802.3 interface(s)

63488K bytes of flash-simulated non-volatile configuration memory.

Base ethernet MAC Address: 0007.EC39.8A8C

Motherboard assembly number: 73-5781-09

Power supply part number: 34-0965-01

Motherboard serial number: FOC061004SZ

Power supply serial number: DAB0609127D

Model revision number: C0

Motherboard revision number: A0

Model number: WS-C2950-24

System serial number: FHK0610Z0WC

Cisco Internetwork Operating System Software

IOS (tm) C2950 Software (C2950-I6Q4L2-M), Version 12.1(22)EA4, RELEASE SOFTWARE (fc1)

Copyright (c) 1986-2005 by cisco Systems, Inc.

Compiled Wed 18-May-05 22:31 by jharirba

Press RETURN to get started!

//按回车键开始

Switch>enable

//输入 enable 进入特权模式

Switch#configure terminal

//输入 configure terminal 进入全局配置模式

Enter configuration commands, one per line. End with CNTL/Z.

Switch(config)#

实训三 路由器的配置

3.1 路由器基本配置

一、实训目的

通过本实训，使学生了解路由器的工作原理，掌握路由器的基本配置方法，熟练掌握路由器的基本命令，为后面的实训进行做准备。

二、实训环境

（1）Cisco 路由器 1 台。

（2）运行 Windows XP 操作系统的计算机 1 台。

（3）配置电缆 1 条，连接如图 s3-1 所示。

三、实训准备知识

在工程实践中，经常需要对系统集成项目中的路由器进行配置。简单的配置是利用路由器实现局域网的互连；复杂的配置要在路由器上配置认证、地址转换、访问控制列表等。无论是简单的配置，还是复杂的配置，都离不开路由器的基本配置。

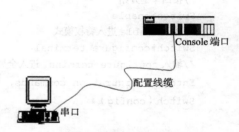

图 s3-1　路由器配置连接示意图

四、实训内容与步骤

1. 实训内容

（1）搭建本地配置路由器的环境。

（2）在路由器上进行多种状态的转换。

（3）保存配置。

（4）配置网络接口 IP 地址。

2. 实训步骤

步骤一：搭建环境，连接路由器。

（1）搭建路由器本地配置环境。

（2）将配置电缆的一端插入路由器的 Console 端口，另外一端插入 PC 的串口，完成路由器和 PC 的连接。

（3）在 PC 上启动超级终端，并新建连接，连接的串行协议参数选择默认值。

（4）进入 PC 新建的连接，打开路由器的电源。

（5）路由器自检之后，进入与用户交互的界面。

步骤二：练习路由器的各种状态的转换。

（1）开机进入普通用户状态 Router>。

（2）在上述状态下输入"enable"回车，进入路由器的特权状态 Router#。在特权状态下输入"disable"回车，返回普通用户状态 Router>。

（3）在特权状态下，输入"config terminal"命令进入路由器的全局状态 Router（config）#，在全局状态下输入命令"exit"，返回到特权状态。

在全局状态下，输入"interface e0（interface s0）"命令，进入口状态 Router（config-if）#，在接口状态下输入"exit"返回到全局状态下。

步骤三：为路由器配置 IP 地址。

（1）在路由器的全局状态下输入"int f0/0"或"int s0/0"命令，进入接口状态。

（2）在接口状态下输入"ip address 192.168.1.1 255.255.255.0"为接口配置 IP 地址。

（3）在接口状态下输入"no ip address"，取消 IP 地址；在接口状态下输入"shutdown"关闭接口；在接口状态下输入"no shutdown"启动接口。

3.2　路由器信息查看

一、实训目的

通过对路由器信息的查看，了解路由器的配置和状态，从而进一步配置、管理和维护路由器。通过本实验，使学生了解路由器信息的作用，并熟练掌握 Cisco 路由器用于查询信息的基本命令。

二、实训环境

（1）Cisco 路由器 1 台。

（2）计算机 1 台。

（3）配置电缆 1 条。

（4）电源及电源线若干。

三、实训准备知识

无论是对路由器进行初始配置，还是进行日常的维护都需要了解路由器目前的状态，只有了解路由器目前的状态，才能进一步进行管理和配置。因此，了解路由器信息是进行路由器进一步配置、管理和维护的基础。

四、实训内容与步骤

1. 实训内容

（1）通过路由器的 Console 端口配置路由器。

（2）查看路由器运行时的配置。

（3）查看路由器启动配置。

（4）查看路由器当前的终端线连接。

（5）查看路由器的内存情况。

（6）查看缓冲利用率。

（7）查看路由表。

（8）查看路由器日志。

（9）查看路由器支持的协议。

（10）查看路由器时钟。

2．实训步骤

（1）利用配置电缆将路由器的 Console 端口与 PC 的串口相连，如图 s3-2 所示。

（2）启动超级终端软件。

（3）进行如下操作。

```
Cisco>enable
```
进入特权状态
```
Cisco#config terminal
```
进入全局配置状态
```
Cisco（config）#show running-config
```
查看运行时配置
```
Cisco（config）#show startup-config
```
查看启动配置
```
Cisco（config）#show user
```
查看当前终端的连线情况
```
Cisco（config）#show processes memory
```
查看内存的使用情况
```
Cisco（config）#show memory
```
查看内存配置情况
```
Cisco（config）#show buffer
```
查看缓冲区利用情况
```
Cisco（config）#show ip route
```
查看 IP 路由表
```
Cisco（config）#show logging
```
查看系统日志
```
Cisco（config）#show protocols
```
查看路由器支持的协议
```
Cisco（config）#show clock
```
查看路由器的时钟

图 s3-2　路由器配置物理连接图

3.3　路由器基本命令训练

一、实训目的

通过本实训，使学生进一步了解路由器的工作原理，理解路由器操作系统的作用，熟练掌握 Cisco 路由器的基本配置命令。

二、实训环境

（1）Cisco 路由器 1 台。

（2）计算机 1 台。

（3）配置电缆 1 条。

（4）电源及电源线若干。

三、实训准备知识

路由器的基本配置命令是保证正确配置路由器的前提条件,只有熟练使用这些基本配置命令,才能进一步配置路由器。

四、实训内容与步骤

1. 实训内容

（1）通过路由器的 Console 端口配置路由器。

（2）配置主机名为 CCUT。

（3）配置明文密码为 ccutsoft。

（4）配置加密密码为 network。

（5）进入接口状态。

（6）为接口配置 IP 地址。

（7）设置协议封装类型。

（8）管理关闭和启动接口。

（9）备份运行时配置。

（10）从启动配置恢复运行时的配置。

2. 实训步骤

（1）利用配置电缆将路由器的 Console 端口与 PC 的串口相连。

（2）启动超级终端软件。

（3）进行如下操作。

```
Cisco>enable                                    //进入特权状态
Cisco#config terminal                           //进入全局配置状态
Cisco（config）#hostname CCUT                    //配置主机名为 CCUT
CCUT（config）#enable password ccutsoft          //配置名文密码为 ccutsoft
CCUT（config）#enable secret network             //配置加密密码为 1a5eyu
CCUT（config）#interface ethernet 0              //进入接口配置状态
CCUT（config-if）#ip address 192.168.1.1 255.255.255.0   //为 0 号以太接口配置 IP 地址为
192.168.1.1 子网掩码为 255.255.255.0
CCUT（config-if）#encapsulation ppp              //封装 PPP
CCUT（config-if）#shutdown                       //关闭接口
CCUT（config-if）#no shutdown                    //启动接口
CCUT（config-if）#exit
CCUT（config）#copy running-config startup-config    //将运行时配置备份到 NVRAM 上
CCUT（config）#copy startup-config running-config    //从 NVRAM 中恢复运行时配置
CCUT（config）#exit
CCUT#disable
```

实训四
拨号接入 Internet

一、实训目的
（1）认识调制解调器。
（2）掌握通过电话线拨号连接 Internet 的方法。

二、实训环境
1. 实训设备
（1）PC。
（2）调制解调器。
（3）电话线。
（4）电话机。

2. 实训软件
Windows 98 系统安装盘、调制解调器驱动程序。

三、实训准备知识
调制解调器。是为数据通信的数字信号在具有有限带宽的模拟信道上进行远距离传输而设计的，它一般由基带处理、调制解调、信号放大和滤波、均衡等几部分组成。调制是将数字信号与音频载波组合，产生适合于电话线上传输的音频信号（模拟信号），解调是从音频信号中恢复出数字信号。

调制解调器一般分为外置式、内置式和 PC 卡式 3 种。可通过电话线或专用网缆，外置调制解调器与计算机串行接口。内置式调制解调器直接插在计算机扩展槽中。PC 卡式用于笔记本计算机，直接插在标准的 PCMCIA 插槽中。

调制解调器的性能及速率直接关系到联网以后传输信息的速度，调制解调器的速率有 14.4kbit/s、19.2kbit/s、28.8kbit/s、33.6kbit/s 和 56kbit/s 等，目前 56K 使用较为普遍。CCITT 建议调制解调器的 V.34 标准，其最大的特点是"自适应速率传输"，即在传输过程中，根据当地用户线路的质量好坏，产品有自动调节传输速率的功能，这样能使所在地区线路不佳的联网用户也可以享受到高速传输的连接效果。而 V.37 标准具有 9.6~128kbit/s 信号速率、四线全双工通信方式、同步、单边带调制方式和 60~108kHz 基群电路等功能。v.42 标准具有 5.6kbit/s 信号速率、全双工通信方式、同步和拥有数据压缩及差错控制技术等功能。

四、实训内容与步骤
1. 安装调制解调器
安装调制解调器，就是完成调制解调器、计算机与电话系统三者之间的连接。

（1）外置式 modem 的安装。

① 连接信号电缆，关闭计算机电源，把 modem 电缆的接口插入 modem 后面标有 RS-232 的接口中并拧紧螺丝，然后把电缆的另一头与计算机背后的 COM1 或 COM2 串口相连。

② 连接电话线，将电话外线从电话机上拆下，插入 modem 后面的 Line 插口。

③ 连接电源线，将与 modem 配套的稳压电源上的电源插头插入 modem 背面的电源插孔，另一端插到外接电源插座上。

④ 打开 modem 的开关，然后打开计算机，此时 modem 面板的 PW 灯亮，MR 灯亮但不闪烁，表明 Modem 硬件安装成功。

（2）内置式 modem 的安装。

如果内置式 modem 支持即插即用，那么安装比较简单，只要将 modem 插入计算机扩展槽内，Windows 98 就会自动进行检测和配置。如果不支持，则可以按下述方法安装 modem。

① 关闭所有设备的电源，打开计算机箱盖，把 modem 插入主板 PCI 扩展槽内。

② 连接电话线，将电话线的 RJ-11 插头插入 modem 后面的 Line 插孔中。

③ 连接电话机线，把电话机的 RJ-11 插头插入 modem 后面的 Phone 插孔中。这样内置调制解调器在不用时，电话就能正常使用。

④ 如果想通过软件实现语音通信，可以将外接的耳机或音箱接入内置调制解调器的耳机接口（Phone 口），将麦克风接入麦克风接口（MIC 口）。

⑤ 重新盖好机箱，完成安装。

2. 安装调制解调器的驱动程序

由于目前的系统都能够很好地识别并引导用户自动完成调制解调器驱动程序的安装，所以这里不做过多介绍。

3. 创建连接和拨号上网

（1）创建新连接。

使用调制解调器上网，实际上就是通过调制解调器拨通 ISP 服务器的电话号码，然后进行数据传输。下面以中国电信提供的"163"网为例，介绍建立拨号连接的具体步骤。

① 双击"控制面板"中的"网络连接"图标，然后双击"网络连接"窗口中"建立新连接"图标，打开"新建连接向导"对话框。

② 单击"下一步"按钮，在打开的"选择网络连接类型"对话框中选择"连接到 Internet"选项。

③ 单击"下一步"按钮，在打开的对话框中选择"手动设置我的连接"选项。

④ 单击"下一步"按钮，在打开的"Internet 连接方式"对话框中选择"用拨号调制解调器连接"选项。

⑤ 单击"下一步"按钮，在"ISP 名称"文本框中为新建的连接设置名称（如拨号连接）。

⑥ 单击"下一步"按钮，在"电话号码"文本框中输入要拨打的 ISP 服务器的电话号码（如163）。

⑦ 单击"下一步"按钮，在"用户名"文本框中输入用户在 ISP 申请的账户名，在"密码"文本框里输入用户密码。

⑧ 单击"下一步"按钮，在打开的对话框中单击"完成"按钮，即可成功创建新的连接。

（2）拨号上网。

建立拨号连接后，现在就可以拨号连接到 Internet 了。如果用户的计算机中已经安装了 Internet

的各种应用软件，用户就可以浏览 Internet 资源、享受 Internet 服务了。

① 双击"控制面板"中的"网络连接"图标，然后双击"网络连接"窗口中新建连接的图标（如拨号连接）。

② 单击"拨号"按钮，在等待几十秒后，拨号线路接通，就可以浏览 Internet 资源和享受 Internet 服务了。

实训五
ADSL 接入 Internet

一、实训目的

（1）认识 ADSL modem。

（2）掌握通过 ADSL 虚拟拨号软件连接 Internet 的方法。

二、实训环境

1. 实训设备

装有网卡的计算机、ADSL modem。

2. 实训软件

Windows 98/2000/XP、EnterNet500。

三、实训准备知识

不对称数字用户线（asymmetric digital subscriber line，ADSL），是利用现有公众电话网（PSTN）用户双绞线向用户提供高速宽带业务的一项技术。传输速率最高可达 8Mbit/s 下行和 800kbit/s 上行的双向信道，同时不影响普通电话业务，真正实现同一传输媒质中话音与数据的分离。

ADSL 业务是电信面向公众提供的通过 ADSL 方式高速接入 Internet 的服务。用户计算机通过 ADSL 终端设备与节点局的 DSLSAM 局端设备进行通信，访问所申请并得到授权的信息资源。该方式是目前宽带业务中发展最快，也是用户最容易接受的首选宽带接入方案。

四、实训内容与步骤

依次将电源接口、ADSL 进线接口、网线接口和 RS232 接口分别与对应的电源线、电话线等连接起来，接通电源。

EnterNet500 的安装与设置步骤如下。

（1）安装 EnterNet500。执行 EnterNet500 安装文件夹内的 SETUP.EXE 程序。单击"next"按钮，系统自动开始安装。

（2）设置 EnterNet500，在"开始"菜单中选择"程序"→"EnterNet500"命令，弹出"profiles-EnterNet500"窗口。

（3）选择"Create New Profile"，安装提示分别输入拨号程序的名称、用户名、密码以及选择网卡型号。

（4）单击"下一步"按钮，选择连接协议 PPPoE。

（5）单击"下一步"按钮，选择刚建立的图标（我的 ADSL），单击"Connect"按钮，即可连接 ADSL。

一、实训目的与要求

（1）了解 IE 的基本设置。

（2）熟悉浏览器的基本操作技巧。

（3）掌握保存与管理有价值信息的方法。

二、实训内容与步骤

在使用 IE 浏览网页之前，需要了解 IE 基本设置。在控制面板中设置 Internet 属性：常规、安全、内容、连接等选项。

（1）"常规"选项卡的设置。

- 将主页设置为 http://www.163.com。
- 将 Internet 临时文件所占磁盘空间设置为 128MB。
- 查看磁盘上的 Internet 临时文件。
- 删除 Internet 临时文件。
- 将浏览过的网页保存在计算机上的天数设置为 5 天。
- 清除历史记录。

（2）"安全"选项卡的设置。

- 查看并适当调整 Web 区域的安全级别，并放弃所做的修改。
- 自定义级别，将安全级设为"高"，并恢复为默认级别。
- 将"www.sohu.com"添加到受信任的站点。
- 将"www.hao123.com"添加到受限制的站点。

（3）"内容"选项卡的设置。

- 选择"启用"，在"级别"选项卡中将暴力设为 3 级。
- 选择"自动完成"，在对话框中，清除表单和密码（如果是 IE 6 可以选择"自动完成"）。

（4）"高级"选项卡的设置。

- 在多媒体中设置播放网页中的动画、声音、视频。
- 在浏览中禁止脚本调试。

实训七
网卡的配置方法

一、实训目的

通过本实验，使学生了解网卡各种参数的意义，掌握网卡的配置，熟练掌握在 Windows Server 2003 操作系统下设置网卡及网络相关参数。

二、实训环境

（1）1 台集线器或交换机。

（2）1 台预装了 Windows Server 2003 的 PC。

（3）1 块 PCI 总线的网卡。

（4）1 条双绞线跳线。

（5）电源及电源线。

（6）工作台椅。

三、实训准备知识

任何一个智能网络终端要接入网络，都必须经过合适的配置。配置网络终端是网络系统集成工程师的基本任务，熟练掌握网卡配置是对网络系统集成工程师的基本要求。

四、实训内容与步骤

1．内容

（1）在 Windows Server 2003 下安装网卡。

（2）利用网卡配置工具查看网卡的参数并修改参数。

（3）在 Windows Server 2003 下配置网卡。

2．步骤

（1）打开 PC 主机箱，将网卡插在主板上的一个 PCI 扩展槽内，固定网卡，盖上主机箱。

（2）打开 PC 电源，Windows Server 2003 会自动发现网卡，并安装网卡，如果是特殊的网卡，在安装过程中会提示提供网卡的驱动程序。

（3）网卡安装完毕，执行"开始"→"运行"命令，输入"CMD"进入命令行状态下，运行网卡诊断程序，查看网卡的参数，并尝试改变参数。

（4）回到桌面状态，在"控制面板"中单击"网络连接"图标，在打开的窗口中用鼠标右键单击"本地连接"选择快捷菜单中的"属性"命令，进入网络设置界面。

（5）单击"配置"按钮，设置网卡的参数。

（6）在"高级"属性中着重配置"Link Speed/Duplx Mode"、"Receive Buffer Size"。

实训八
无线宽带路由器的配置

一、实训目的

通过本实训，使学生了解无线宽带路由器的工作原理，掌握基本配置方法，能够为家庭用户创建小型有线与无线一体的办公网络。

二、实训环境

（1）无线宽带路由器 1 台。

（2）运行 Windows 操作系统的计算机 1 台。

（3）双绞线跳线 1 条。

宽带路由器的连接如图 s8-1 所示。

图 s8-1　宽带路由器的连接

三、实训准备知识

目前的家庭用户多数都不止一台计算机连接互联网，并且有些用户还是台式计算机、笔记本电脑相结合、有线与无线相结合。在这种环境下，无线宽带路由可以很好地为我们完成这样的工作。

四、实训内容与步骤

1．实训内容

（1）搭建本地配置无线宽带路由器的环境。

（2）配置无线宽带路由器使用户访问互联网。

（3）设置无线宽带路由器的无线安全参数。

2．实训步骤

（1）把自己的网卡设定为自动分配 IP 地址，然后连接路由器之后看看自己获得了什么 IP，这样比较容易确定网关，也就是路由器的配置地址，如图 s8-2 所示。

（2）这台计算机获得的 IP 地址是 192.168.1.101，网关也显示了，是 192.168.1.1。在浏览器中输入 192.168.1.1，进入路由器配置界面，TP-LINK 的产品用户名与密码都是 admin，如图 s8-3、图 s8-4 所示。

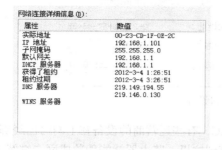

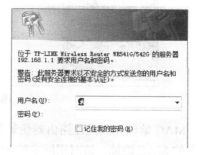

图 s8-2 网卡配置   图 s8-3 登录宽带路由器

图 s8-4 宽带路由器主界面

（3）配置之前先确定宽带接入方式，一般路由器支持的种类很多，如图 s8-5 所示。

这里以 ADSL 为例，选择 PPPoE，然后在上网账号与上网口令中输入运营商提供的用户名与密码。如图 s8-6 所示。

（4）LAN 口的设定，这里主要是设定路由器的配置 IP，默认的是 192.168.1.1，如图 s8-7 所示。

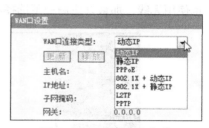

图 s8-5 选择宽带接入方式

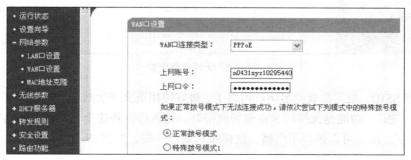

图 s8-6 填写上网账号、口令

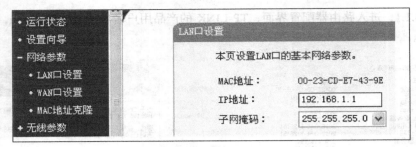

图 s8-7　LAN 口设置

（5）MAC 地址克隆是让路由器伪装自身的 MAC，有些运营商的设备在上网时已经绑定了计算机网卡的 MAC 地址，这时把网卡的 MAC 地址填到这里，路由器就能伪装成网卡继续上网了，如图 s8-8 所示。

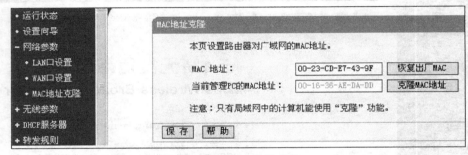

图 s8-8　MAC 地址克隆

（6）无线的设定。首先是频道，有的产品有 AUTO（自动）选项，但有些没有，如 TP-LINK 的设备。一般情况下选择 1、6、11 即可，如果有 AUTO 选项，则可以打开自动，最好不要设定到 11 以后，因为各国标准不一样，可能有些网卡刷不出 11 频道以后的无线信号。如果你有邻居也使用无线，那最好协商一下选择不用的信道，如图 s8-9 所示。

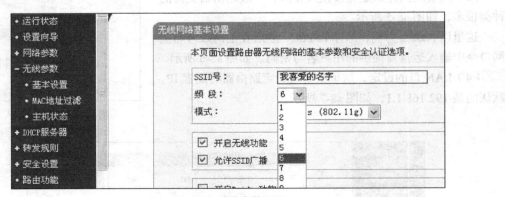

图 s8-9　无线参数配置

然后设置 SSID，填写喜欢的名字就可以了，最好使用英文或者数字，而下面有一个选项叫作"允许 SSID 广播"，功能是无线网卡在刷新网络时，是否可以将这个无线网刷新出来，如果你知道 SSID 的名字，那么可以选择不广播，这样相对安全一些，如图 s8-10 所示。

图 s8-10 无线基本参数配置

（7）加密方式。加密方式有很多种，一般情况下使用 WPA-PSK 这种个人级别的 WPA 加密，安全性不错，也不会影响多少速度，加密方式可以固定到 TKIP，因为许多手机终端在连接时都要选择。然后输入密码，如图 s8-11 所示。

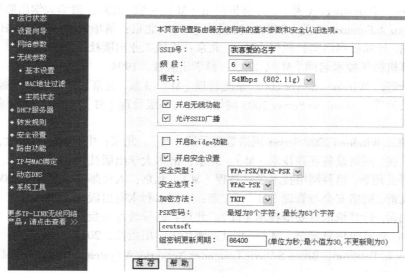

图 s8-11 无线加密参数配置

完成以上步骤就可以使用有线和无线设备来访问互联网了。

［1］谢希仁. 计算机网络［M］.5 版. 北京：电子工业出版社，2008.

［2］解文彬等. 计算机网络技术与应用［M］. 北京：电子工业出版社，2010.

［3］骆耀祖. 计算机网络实用教程［M］. 北京：机械工业出版社，2005.

［4］张金菊，孙学康. 现代通信技术［M］. 北京：人民邮电出版社，2005.

［5］聂真理，李秀琴，李啸. 计算机网络基础教程［M］. 北京：北京工业大学出版社，2005.

［6］姚幼敏. 组网技术实训教程［M］. 广州：华南理工大学出版社，2005.

［7］吴功宜. 计算机网络教程［M］. 北京：电子工业出版社，2003.

［8］Andrew S.Tanenbaum（美）. 计算机网络［M］.4 版. 北京：清华大学出版社，2004.

［9］Behrouz A.Forouzan（美）TCP/IP 协议族［M］. 北京：清华大学出版社，2006.

［10］陈鸣. 计算机网络实验教程［M］. 北京：机械工业出版社，2007.

［11］计算机科学技术名词［M］. 北京：科学出版社，1994.

［12］高升等. Windows Server 2003 系统管理［M］.3 版. 北京：清华大学出版社， 2010.

［13］赵松涛等. Windows Server 2003 网络配置与高级管理［M］. 北京：人民邮电出版社，2004.

［14］李劲. Windows 2000 Server 网络管理手册［M］. 北京：中国青年出版社，2001.

［15］梁广民. 网络设备互联技术［M］. 北京：清华大学出版社，2006.

［16］思科公司著. 思科网络技术学院教程［M］. 北京：人民邮电出版社，2004.

［17］戚文静. 网络安全与管理［M］. 北京：中国水利水电出版社，2003.

［18］步山岳. 计算机信息安全技术［M］. 北京：高等教育出版社，2005.

［19］马利. 计算机信息安全［M］. 北京：清华大学出版社，2010.

［20］Larry L. Peterson，Bruce S.Davie.Computer Networks A Systems Approach［M］. 北京：机械工业出版社，2007.

［21］Andrew S.Tanenbaum. 计算机网络［M］.4 版. 北京：清华大学出版社，2004.

［22］James F.Kurose，Keith W.Ross. 计算机网络自顶向下方法与 Internet 特色［M］. 北京：机械工业出版社，2006.

［23］Behrouz A.Forouzan， Sophia Chung Fegan. 数据通信与网络［M］. 北京：机械工业出版社，2007.

［24］Rita Pužmanová. 路由与交换［M］. 北京：人民邮电出版社，2004.

［25］于德海，王亮，王金甫，胡冠宇. 计算机网络技术基础［M］. 北京：中国水利水电出版社，2008.

［26］王金甫，王亮，胡冠宇. 陈明. 物联网概论［M］. 北京：北京大学出版社，2012.